风景园林美学基础理论

主　编　岳红记

副主编　夏宇佳

编　者　刘菁菁　李富强

 陕西师范大学出版总社

图书代号　JC22N1822

图书在版编目（CIP）数据

风景园林美学基础理论 / 岳红记主编 . —西安：
陕西师范大学出版总社有限公司，2022.9
ISBN 978-7-5695-3147-3

Ⅰ.①风…　Ⅱ.①岳…　Ⅲ.①园林艺术—景观美学
Ⅳ.① TU986.1

中国版本图书馆 CIP 数据核字（2022）第 153968 号

风景园林美学基础理论

FENGJING YUANLIN MEIXUE JICHU LILUN

主编　岳红记

责任编辑	杨　凯
特约编辑	王恒博
责任校对	曾学民
封面设计	鼎新设计
出版发行	陕西师范大学出版总社
	（西安市长安南路 199 号　邮编 710062）
网　　址	http://www.snupg.com
经　　销	新华书店
印　　刷	西安日报社印务中心
开　　本	787 mm × 1092 mm　1/16
印　　张	15.75
字　　数	320 千
版　　次	2022 年 9 月第 1 版
印　　次	2022 年 9 月第 1 次印刷
书　　号	ISBN 978-7-5695-3147-3
定　　价	78.00 元

前　言

风景园林美学是美学的一个分支，它涉及的知识比较多。比如，我们在欣赏中外古代园林时，不仅要具备风景园林基本知识，同时还要有历史、文学、绘画、书法、哲学、宗教、雕塑等方面的知识，才能悟出其中的内涵和寓意。

目前关于风景园林设计的专著、教材比较多，关于风景园林美学内容的教材比较少。而这些有限的风景园林美学教材也多是讲述中国园林美学，涉及西方园林美学的知识比较少。针对以上情况，本教材在汲取前人研究成果的基础上，兼顾了中国园林美学和西方园林美学，并对二者进行了较为深入地研究和比较。本教材分八章，内容涉及风景园林美学理论、传统园林美学发展历程、风景园林整体审美、风景园林空间审美、风景园林要素审美等。因为中国古典园林是中华传统优秀文化的代表之一，它既是中华民族宝贵的文化遗产，也是世界人类文明的珍贵文化遗产，被公认为世界园林之母和世界艺术之奇观。中国古典园林是一门融中国建筑、山水画、书法、诗词、古代哲学等知识为一体的综合艺术，蕴含着中华民族传统文化的精髓，以追求自然精神境界为最高目的，最终追求"虽由人作，宛自天开"的审美境界。故本教材在编写中选取的中国园林美学内容占比大于西方园林美学的内容，并着重介绍了中国古代园林美学中的天人合一、崇尚自然的思想以及中国传统的诗意、画境、美感、情趣在园林中的具体呈现，这将有助于读者理解中国传统文化思想在中国古典园林中的应用，有利于传承和弘扬中华优秀传统文化。

2020 年 6 月，教育部印发了《高等学校课程思政建设指导纲要》的通知，要求高校教师加强中华优秀传统文化教育，引导学生深刻理解中华优秀传统文化中讲仁爱、重民本、守诚信、崇正义、尚和合、求大同的思想精华和时代价值。本教材旨在培养当代大学生从美学角度理解风景园林的整体审美、空间审美、元素审美等知识，引发大学生对当代园林美学内涵的思考。通过本教材相关案例分析，旨在让学生明晓如何欣赏中外古代园林的美、当代园林的美，以提高学生自身的审美素养。另外，希望通过本教材让学生了解到，风景园林的审美，不仅仅是停留在公认的视觉"美"层面上，唯有深入历史的、文化的学习和研究，才能使我们超越表面的"观"，达到心灵深处的"景"。本教材可供风景园林专业、建筑学专业、环境设计专业的本科生以及该专业的研究生使用，同时也可以作为园林从业者提升自身美学素养的读物。

本教材由长安大学建筑学院岳红记担任主编，西安交通大学城市学院夏宇佳担任副主编，西安财经大学行知学院艺术系刘菁菁、新疆农业大学林学与风景园林学院李富强参与编写。编写具体分工如下：第一章和第二章由岳红记编写，第三章和第四章由夏宇佳、岳红记编写，第五章和第六章由刘菁菁编写，第七章和第八章由李富强、岳红记编写。最后由岳红记负责统稿、修改并定稿。

本教材是建立在现有中外园林史、中外园林美学、中外园林文化等研究内容基础上完成的。在编写中参考和运用了一些前辈及同行的论著成果，在此深表谢意。同时，非常感谢长安大学教务处、长安大学建筑学院将本书列为学校立项教材，并给予出版支持。另外，还要感谢我的硕士研究生唐赟、江诗馨、赵丰等参与本书稿的校对及相关图片的处理工作。由于时间仓促和编写水平所限，书中难免有遗漏和错误之处，恳望同行专家及读者批评指正。

岳红记

2022 年 6 月

目　录

第一章　绪论 / 1

第一节　风景园林概念探究 / 1

第二节　风景园林美学研究现状 / 10

第三节　风景园林美学审美的内容及学习风景园林美学的意义 / 14

第二章　风景园林美学理论 / 22

第一节　中国园林美学思想 / 22

第二节　西方园林美学理论 / 36

第三节　当代风景园林美学理论 / 40

第三章　传统园林美学发展历程 / 46

第一节　中国传统园林美学发展历程 / 46

第二节　西方传统园林美学发展历程 / 79

第三节　中西方传统园林美学思想比较 / 98

第四章　现代风景园林审美思潮及发展趋势 / 104

第一节　现代风景园林审美嬗变的时代背景 / 104

第二节　现代艺术观念下的风景园林审美 / 108

第三节　现代风景园林审美的发展趋势 / 123

第五章　风景园林整体审美 / 133

第一节　中国园林整体审美 / 133

第二节　西方园林整体审美 / 149

第三节　现代风景园林整体审美 / 154

第六章　风景园林空间审美 / 163

第一节　中国园林空间审美 / 163

第二节　西方园林空间审美 / 180

第三节　现代园林空间审美 / 184

第七章　风景园林要素审美 / 190

第一节　风景园林要素类型 / 190

第二节　中国古代园林要素审美 / 192

第三节　西方古代传统园林要素审美 / 210

第四节　现代风景园林景观要素审美 / 215

第八章　风景园林审美评价 / 226

第一节　风景园林审美评价的特点和意义 / 226

第二节　风景园林审美评价理论 / 228

第三节　风景园林审美评价体系 / 232

参考文献 / 244

第一章　绪论

造园艺术是人类文明的重要组成之一，历史久远。在历史发展的长河中，人类居住环境随着自然、社会、文化、政治等因素的影响不断发生变化。人类首先在洞穴、巢穴等保护自身安全的物质基础上进行室内空间装饰和美化，比如后期发现的洞穴壁画等，体现了早期人类的室内环境审美意识。

随着人类文明进一步发展，人类在物质空间保障和安全的基础上产生了体现社会价值及交流等方面的更高需求，于是，将建筑活动延伸到与其有关的庭院、园林等空间中去，最终形成了与人类生存与居住有关的外部空间。

从20世纪20年代风景园林进入中国发展至今，风景园林审美也随着时代的发展而不断变化。当代中国风景园林审美正处于一个不稳定、多方向的时代。一方面，不断进行的全球化使当今中国景观设计师拥有更广阔视野和活跃思维，尤其是接受过西方教育的设计师越来越多，其思想表现出多元特点，并开始以不同的视角审视中国传统园林；另一方面，目前中国风景园林设计虽然在向前发展，但还存在不少问题，如缺少理论支撑、缺少评论、缺少好作品、缺少广泛的认知度，其深层次的原因是缺乏风景园林美学相关知识。

第一节　风景园林概念探究

风景园林是一个合成词，但从其名字理解，反映了人与自然的关系。这个概念及其内涵、外延也在发展中不断变化和完善，在不同时期对其有不同的理解和认识。

一、风景园林概念的由来

"风景园林"是值得让人思索的一个概念。从现代汉语词组结构来分析，它属于联合词组，由"风景"加"园林"两部分内容构成。英文为"Landscape Architecture"，其中"Landscape"意为"景观"，而"Architecture"有"建筑学、建筑式样、建筑风格、体系结构、架构"等含义，这个词今天所代表的内容与它刚开始的含义、外延等已经有了很大区别。

"Landscape"一词源于荷兰画家的术语"Landschape"（如画、美丽的），这便涉及西方美术史中风景画的起源与发展。

西方风景画最早可以追溯到古希腊时期，古希腊是美的发源地。由于当时社会生产力低下，人们对自然的认识和了解有局限性，自然界不能成为人们的审美对象，因而最早的绘画内容大都与人类的日常生活有关，多表现为劳动、狩猎、模仿等。罗马人被认为是风景画的先驱者，他们在诗歌、书信集、演讲中都表达了对乡村风景的热爱。从古罗马最古老的城市庞贝城留下来的风景画，我们也可以看到很明显的田园诗成分，自然在古罗马人的诗、画与心目中已经被塑造为一个统一的风景。

到14世纪意大利文艺复兴初期，风景仍旧是作为陪衬出现在绘画中，如乔托（1267—1337）在表现宗教题材的作品中背景所画的风景画面，只是作为整幅作品的一个点缀而存在，为情节而服务，不是实际景物的面貌，往往是光秃秃的山加上几棵点缀的树，没有完全地解决透视、物象的色彩、质感等问题，看上去显得不真实，充满图式化和装饰性。

在达·芬奇的传世之作《蒙娜丽莎》中，人物后面的背景有古老的岩石、高山以及岩石间蜿蜒流淌的河流，淋漓尽致地展现了画家奇特的烟雾状笔法，广阔的自然风光衬托着人物，向无限的远方伸展开去，画中的风景，起到了意想不到的背景衬托作用。

15世纪尼德兰（荷兰）艺术家杨·凡·埃克对绘画进行了大胆革新，其作品《根特祭坛画》中对花草、树木、岩石、飞鸟的描绘，整个画面充满诗意，奠定了画家创造丰富完美自然风光的基调。从15世纪到16世纪，风景画题材逐渐从教会的束缚下解放出来走向独立。

在文艺复兴时期，对古典文化感兴趣的人文主义者，通过富有诗意的田园图画培养了公众新的感受力。由于生活环境的影响，威尼斯画派很重视自然风光的描绘，在他们的作品中，风景充满了抒情的诗意和明亮的色彩，如画家乔尔乔涅（1477—1510）从自然的山林之中研究云彩、树木和岩石的形状，这是欧洲绘画史创作的一个重大转变，在他的代表作《暴风雨》中，充分展现了风雨欲来时的景色。

到了 16 世纪，随着欧洲资本主义经济发展，新兴资产阶级为了维护自身利益以及出于对天主教会的不满，要求摆脱天主教的枷锁。在这些因素影响下，画家们为迎合社会多元化审美需要，绘画题材出现了普通市民们日常生活写照和优美多姿的大自然风光。艺术题材的扩大导致了表现形式的多样化。于是，独立的风景画、静物画、动物画以及个体和群体肖像画皆富有浓郁生活气息，并具有一定的风俗性，该画风深受新兴资产阶级欢迎。因此，出现了专事某一种题材的画家，风景画便是其中之一。比如文艺复兴时期代表画家彼得·勃鲁盖尔将尼德兰风景画推向高峰，他的作品打破了尼德兰传统绘画中的庄严宗教气氛，其代表作《雪中猎人》（图 1-1）整幅画运用了鸟瞰式的构图取景方式，从近景处的猎人到中景处的城市，再到远景处的风景都尽在画中，画面远近及透视关系明显，绘画内容展现了冬日里乡村严寒雪景中的自然景色。画家把自然与人们的生活联系起来加以描绘，突出了真实性和生活性。虽然画面中的景物还是分布在人物周围，但风景已逐渐取得了独立地位。

图 1-1 彼得·勃鲁盖尔的《雪中猎人》

1581 年 7 月 26 日，来自荷兰各起义城市的代表在海牙郑重宣布：废除西班牙国王对荷兰各省的统治权，宣布成立荷兰共和国（正式名称为尼德兰联合共和国）。独立前荷兰的工商业就很发达，资产阶级革命的胜利推翻了腐朽没落的封建制度，进一步促进了资本主义工商业的发展。在整个 17 世纪，荷兰在商业、海洋运输业、金融业各方面都占有绝对优势，成为海上的霸主，也因此被史学家认为 17 世纪是荷兰的"黄金时代"。这为荷兰风景画快速发展提供了社会环境。

在 17 世纪，风景画不仅赢得了独立，还出现了凡·格因（1596—1656）、雅·各布凡雷斯达尔（1628—1682）、霍贝玛（1638—1709）等为代表人物的一批风景画家，他们基本上立足于荷兰本土，对荷兰特有的风光景物进行描绘，绘画题材大多是风车、磨坊（图1-2）、田舍等，通过对常见自然风光的真实描绘传达出质朴

图 1-2　雅各布·凡·雷斯达尔的风景画《埃克河边的磨坊》

的诗意和美感，为西方自然主义风景画的发展奠定了基础，其中霍贝玛的《林间小道》成为这个时代的代表作品。之后，在西方绘画中出现了以表现自然景观与建筑物、人、田野、树木、河流等元素相结合的风景画。于是，"Landscape"（风景画）一词从荷兰画家的术语中出现，逐渐影响并传入语言学中，用于表达大地风景、内陆自然风景绘画。

二、风景园林概念的确立

1764 年英国诗人沈斯通提出风景造园师（Landscape Gardener）的概念，并将在场地上创造风景画般的赏心悦目的景观称为风景式造园（Landscape Gardening）。

1824 年英国麦松出版了《意大利伟大画家的风景建筑》（*The Landscape Architecture of the Great Painters of Italy*）一书，建议设计师学习普桑、洛兰等画家的风景画作品中建筑与其环境之间的关系。这是历史上首次有人运用"Landscape Architecture"这个用语。当时著名的园林作家劳登注意到了"Landscape Architecture"这一用语，并借这一用法作为自己编撰的《H·莱普顿先生晚期的风景式造园与风景建筑》（The Landscape Gardening and Landscape Architecture of the Late H. Repton Esq）一书的书名用语。

美国的奥姆斯特德和沃克斯在 1858 年合作纽约中央公园设计竞赛的方案时，自称为"风景建筑师"（Landscape Architects）。由于奥姆斯特德在这一行业中的影响力，Landscape Architecture 作为行业的用语逐渐被大家接受，另外，由于奥姆斯特德大量

从事公园和公园系统方面的工作，因此人们自然地将这一名词更多地与公共项目联系起来。

1899 年美国风景园林师协会（American Society of Landscape Architect，ASLA）成立。1900 年哈佛大学首次开设了 Landscape Architecture 专业，从此，Landscape Architecture 作为专业和学科的名称在美国得到确立，随后也逐渐被欧洲的设计师所接受。1948 年，来自欧洲和北美的 15 个国家的代表在英国剑桥成立了国际风景园林师联合会（International Federation of Landscape Architects IFLA），从此，Landscape Architecture 作为专业和学科的名称在国际上得到承认。

20 世纪 20 年代 Landscape Architecture 作为一个专业术语从国外传入中国，1930 年陈植先生首次将此翻译为"造园学"，并在 1935 年给造园学下过一个定义，即"关于土地之美的处置，而为系统的研究也"，这个解释可以说与同时期国际上对 Landscape Architecture 的定义是基本一致的。当时中国一些农学院的园艺系、森林系或工学院的建筑系相继开设"庭院学"或"造园学"课程。新中国成立后，原北京农业大学园艺系和清华大学营建学系在 1951 年联合成立"造园组"，第一次成为一个独立的高等教育专业。1956 年随着国家院系大调整，该专业转入原北京林学院（现北京林业大学），并借鉴苏联高等教育体系改名为"城市及居民区绿化系"，从 20 世纪 70 年代末到 21 世纪，该专业名称又从"园林"发展为"风景园林"并固定下来。20 世纪 90 年代以后，越来越多的院校设立了与 Landscape Architecture 相关的专业，但是中文对应名称并不统一，有的称"园林""风景园林"，也有从英文直译为"景观建筑""风景建筑"等，比如佟裕哲称其为"景园建筑"[①]。2011 年国务院学位委员会和教育部将风景园林学列为一级学科，自此 Landscape Architecture 在中国大陆的官方名称得到确定。

总而言之，风景园林学是关于土地和户外空间设计的科学和艺术，是一门建立在广泛自然科学和人文艺术学科基础上的应用学科。它通过科学理性分析、规划布局、设计改造、管理、保护和恢复的方法得以实践，其核心是协调人与自然的关系。它涉及气候、地理、水文等自然要素，同时也包含了人工构筑物、历史文化、传统风俗习惯、地方色彩等人文元素，是一个地域综合情况的反映。因此，风景园林学是一个涉及多

①佟裕哲：《中国传统景园建筑理论》，陕西科学技术出版社，1994 年，第 2-4 页。

学科、多知识，相对复杂的应用科学。

相对于现代风景园林学 100 多年的历史，风景园林艺术和人类文明的历史一样久远，形成并发展了几千年。但是，在历史上这些工作并不是由"风景园林师"来完成的，而是由各种不同地位职业的人所从事，比如国王、贵族、官员、诗人、画家、文人、建筑师、园丁、工匠、农民、僧侣、风水先生等。如果我们以现代风景园林美学眼光来审视这门学科的历史，就会发现它包含在园林史、建筑史、城市发展史、水利史、农业史等人类改造环境、建设家园的历史当中。

三、风景园林概念的发展

Landscape Architecture 从形成到确立为专业名称，其含义一直在不断发展变化。

1910 年，美国风景园林师协会主席 C.W. 埃利奥特认为 Landscape Architecture 主要是一门艺术，它最重要的作用是创造和保存人类居住环境和更大郊野范围内的自然景色的美；但它也涉及城市居民的舒适、方便和健康的改善。

美国园林历史学家诺曼·纽顿 1971 年在他的著作《大地上的设计》中认为 Landscape Architecture 是安排土地以及土地上的空间和物体的艺术，以使人类能够安全有效地对之加以利用，并达到增进健康和快乐的目的。如果愿意，也不妨称之为科学。历史上无论何时何地，只要这种艺术被从事，那么它的方法和结果，用今天的术语讲，都叫 Landscape Architecture。它一般包括分析问题、提出解决办法并指导措施的施行。什么问题呢？说起来也许宽广无边，但它所涉及的内容一直都与人类对户外空间以及土地的利用相关。

2000 年，美国风景园林师协会（ASLA）指出，Landscape Architecture 可以广泛地定义为有关土地的分析、规划、设计、管理，以及保护和恢复的艺术和科学，Landscape Architecture 涉及建筑学、市政工程学和城市规划学，所有这些设计职业将它们各自的要素加以整合，利用这些要素设计出人与土地之间具有美学和实用价值的关系，通过为人类和其他生物做出最佳场所设计，来提高他们的生活质量。

《简明大不列颠百科全书》中对于 Landscape Architecture 的解释如下：是为了满足人们的物质和精神生活的需要而对土地和地上物体进行布置的艺术。除了园林与景观设计以外，还有总平面设计、土地规划、总体规划、城市设计、环境规划等方面的内容。

杰弗里·杰里科和苏珊·杰里科在《牛津园林指南》一书中认为 Landscape Architecture 是使用土、水、植被和构筑物等材料来设计和整合大地上自然和人工要素的科学和艺术。它肩负着为各种用途及居住创造场所的责任。

从上述相关资料可以看出，20 世纪初人们对于这一概念的认识仍然带有相当的美学倾向，意味着一个美的自然场所。而随着时代的发展，随着专业实践领域的拓展，人们的认识在逐步改变，这个词汇涵盖范围越来越宽广，也越来越脱离了美学评判，工作领域从居住环境和郊野扩展到整个大地，服务对象从人类扩大到所有生物，定义上的变化反映了该行业在过去 100 多年的发展历史。

四、与风景园林相关的名词

"园林"的英文为"garden"或者"park"，为什么"风景园林"的英文是"Landscape Architecture"而不是"Landscape Garden""Landscape Park"呢？另外，风景、公园、园林、景观几个概念与"风景园林"有什么联系和区别？

（一）风景

风景是指由光照对物反映所显露出来的一种景象，犹言风光或景物、景色等，其英文为"scenery"多等同于"景观"，注重自然风光、自然景色。但在一定程度上还包含着人的因素渗透于其中，因为只有满足人的欣赏才是风景。

（二）公园

公园意思是供公众游览休息的园林。古代是指官家的园子，而现代一般是指政府修建并经营，作为自然观赏区和供公众休息游玩的公共区域。在旅游景点中，通常简称为"园"。《公园设计规范》中定义："公园是供公众游览、观赏、休憩、开展科学文化及锻炼身体等活动，有较完善的设施和良好绿化环境的公共绿地。"公园具有改善城市生态、防火、避难等作用，一般可分为城市公园、森林公园、主题公园、专类园等。

（三）园林

园林是指特定培养的自然环境和游憩境域。在一定的地域运用工程技术和艺术手段，通过改造地形（或进一步筑山、叠石、理水）、种植树木花草、营造建筑和布置园路等途径创作而成的美的自然环境和游憩境域，称为园林。人工的成分比较多，是其主要特点。在中国传统建筑中，古典园林建筑独树一帜，与传统民居建筑相比较，更注重造型，它是中国传统文化中的一种艺术形式，受传统"礼乐"文化影响很深。中国古典园林将地形、山水、建筑群、花木等作为载体衬托出人类主体的精神文化。当代园林有很多外延概念，如园林社区、园林街道、园林城市（生态城市）、国家园林县城等。现代生活方式和生活环境对于园林有着迫切的功能性和艺术性的要求。

园林和公园的英文为 garden 或 park，但是，在中西方古典园林中多用 garden。1843 年建造在英国利物浦市的伯肯海德公园，标志着第一个城市公园的诞生；纽约中央公园（Central Park）诞生于 1858 年，是美国乃至全世界最著名的城市公园，其意义不仅在于它是全美第一个并且是最大的公园，更重要的是在其规划建设中诞生了一个新的学科——景观设计学。中国在辛亥革命以后才有了真正意义上的公园。由此，涉及古典园林，中西方多用 garden，涉及近现代园林多用 park，特别在现代景观中，园林和公园相互替代，混用比较多。

（四）景观

景观（Landscape）无论在西方还是在中国都是一个美丽而难以说清的概念。词典中对"景"的解释是景物、景色、景象、风景等意思，等同于英语的 scenery，通常是指风景，更是指自然景色，但其在优美程度上存在不同程度的差别；"观"是指人对"景"各种主观感受的结果，词典中对"观"解释有，观察、观测、观摩、观光、观看、观赏等意思，含有主体的认知、欣赏的意思。当"景"与"观"组合成"景观"一词后，就被视为空间的总体和视觉触及的一切整体，即人在视觉体验中得到的自然景象并在参与、改造活动中使其发挥自然景观美而形成的场景。英语的翻译是风景、风景画、乡村风景画、地形等，看出具有人工的成分。如果没有人类的改造，再美的自然也只是风景，而不是景观。因此，景观在一定意义上是指人类参与自然的过程，表现为一定环境，一种场景、一种场所，一种美学理想地，它表达了某种理念、思想，唤起某种情感、共鸣、愉悦以及联想与思考。各学科对景观认识不同，并从自己的学科给其定义。地理学、生态、园林学、建筑学、文化学、艺术学、哲学、美学等学科都与其有关联，并从各自的学科对景观进行定义。

地理学家把景观作为一个科学名词，定义为一种地表景象，或综合自然地理区，或是一种类型单位的通称，如城市景观、森林景观等。

艺术家把景观作为表现与再现的对象，等同于风景；建筑师则把景观作为建筑物的配景或背景；生态学家把景观定义为生态系统或生态系统的系统。生态学上的景观是指由相互作用的团块或生态系统组成，以相似的形式重复出现的一个空间异质性区域，是具有分类含义的自然综合体。它主要由斑块、廊道、基质模型作为基本元素组成。

旅游学家把景观当作资源，而更常见的是景观被城市美化运动者和开发商等同于城市的街景立面、霓虹灯、园林绿化和小品等。

文学家则宽泛地认为，景观是能用一个画面来展示，能在某一视点上全览其景象，而一般意义上是指一定区域呈现的景象，即视觉效果。这种视觉效果反映了土地及土地上的空间和物质所构成的综合体，是复杂的自然过程和人类活动在大地上的烙印。

（五）园林与景观的联系与区别

园林和景观这两个概念，在现实中常通用。严格意义上说，风景所包含的外延广阔，更多的是包含了自然元素，人工景观相对少一点；另外，自然景观中的山水、花木、山石等则是原生态的、自然的。而园林有较多的艺术策划和人为加工因素，优秀的园林被称为"第二自然"，如中国的园、囿、苑、造园、景园和西方的花园（Garden）、公园（Park）等，都属于这个范畴。园林和景观相比较，园林的精神文化性内容要丰富复杂得多。但是，园林里面的建筑、山水、泉石、花木呈现出来的景观，也就是风景。园林里处处有风景，没有风景，就不称其为园林。特别是中国古代的皇家园林中，如上林苑、承德避暑山庄中，有着大面积的原生态峡谷、森林、草原、河流等原生态的自然风景，由此看出，园林和景观，既有区别，又有紧密联系，二者是不能分开的。

人类建造园林历史比较悠久，因为人类祖先的造园活动是为了创造更美好的生活环境。早期园林往往与生活实际需求紧密结合，实用性大于观赏性，因此与建筑、农业等行业关系更为密切。随着时代与社会发展，园林结合城市发展，顺应了城市居民的需要。19世纪英国植物园艺发展促使自然景园的形成，20世纪伴随西方科学技术的发展，生产率的提高，社会经济水平、生活水平的改善，人类对居住环境有了新的需求。在西方兴起城市公园的影响下，园林较之古代造园有了更大、更宽的覆盖面。除了一般城市园林外，诸多如森林公园、风景名胜区、自然保护区等逐步与园林一词联系起来。

在最近100多年，随着工业化和现代化对自然环境、人类生产生活方式的改变以及城市扩张、交通拥挤和环境污染等现实问题的出现，传统造园学理论和方法越来越不能满足时代需求，因此，这个学科不断地吸收科学技术成果和相关学科理论及实践经验，不断发展壮大，视野更为宽广、地位日益重要。当城市绿地系统的出现把公园、滨河绿地、林荫道作为城市重要组成部分后，园林拓展为城市与自然结合的景观，无论从园林的功能、类型以及创作风格，都走向更高层次。自然界的客观存在能够被人感知并达到审美认知的"景"与"观"，即将审美对象"景"与审美主体的活动"观"二者相结合，再按照生态、环境、可持续发展理念，建立起城市各种绿地系统来改善生态环境，于是，就不能仅仅以"园林"词义来概括了。

另外，现代景观设计不仅是局部地块形象工程设计，而应是把局部置于整体城市环境之中，使局部景观品质得以提升，并全面协调生态、形态、心态的统一。可见，景观设计最终目的是解决人与自然、社会之间存在的问题，为实现人与自然、人与人之间的协调发展提供方法与途径，它在与多学科及其理论的相互渗透中拓展自己的研究领域，完成了从"造园—园林—风景园林"三个词的转变以及"景园—景观"名称的更迭，最终确立"风景园林"（现多将"风景园林"称为"景观"）。这一学科经历了一个长期发展过程，使风景园林从较编狭内容发展到复合内容，以至多学科交叉、相互渗透、融合的综合性专业与学科，其发展演变反映了人与自然环境、社会环境以及生理环境的协调与共生、改造与适应的人类生存发展史与生态史。

第二节　风景园林美学研究现状

美学属于人文学学科，是一门理论较强的学科，其理论主要是研究人类的审美活动。风景园林美学属于美学的一个分支，但风景园林专业属于工科，被誉为"工科中的文科，"因此，风景园林美学具有人文学科美学和工科学科美学双重属性，也是一门新兴边缘交叉学科。

一、风景园林美学的内涵

风景园林学美学主要从哲学、心理学、社会学角度研究风景园林艺术本质特征及其艺术共同点和不同点。狭义风景园林美学是对风景视觉的欣赏，广义风景园林美学即拓展了景观生态维度，并从生态整体观念出发对景观进行参与体验。

风景园林学美学理论主要关照风景园林学价值观，反映风景园林学的科学与艺术、精神、物质相结合的特点，它融合中国传统自然思想、山水美学、西方古代园林思想以及现代环境哲学、环境伦理学等方面的内容。它关注人类在土地上将自然景观与人工景观组合后形成的生态系统关系的和谐度，它还关注传统的地理学、植物学、艺术学等学科美学以及现代学科的环境生态、城市规划、景观资源等方面的美学。

风景园林美学也是环境美学的重要内容之一。陈望衡认为，"如果就它们的联系来说，可以将环境美学看成是景观学的一种理论上的指导，也可以看成是环境美学形而下的一种延伸"①。风景园林美学研究自然美的保护和加工，探讨自然美的成因、特征、种类以及开发、利用和装饰自然美的方法、途径等，研究范围涉及自然景观、人工景观和人文景观，它们的美学特征、审美价值、构造规律等都是景观美学所研究的对象。

二、风景园林美学的研究对象

审美活动是人类的一种精神活动，也是人类区别于动物的最根本特征，它揭示了人类与世界之间的关系。风景园林美学研究对象是审美人类历史上以及当代人所从事的园林活动。

人们在对风景园林艺术作品进行审美时所产生的一种高级的、复杂的心理活动，我们称之为美感，这既是一种主客观统一的过程，也是一种主客观统一的满足感和愉悦感。一切园林审美活动都以引起园林美感为目标，不能引起园林美感的活动是无效的活动，也是不成功的活动。人们在游赏园林时渴望达到精神满足和身心愉悦，园林设计作品也正是为了这个目标而努力，这是中外历史上园林设计师和当代园林景观设计师共同追求的目标。

人类通过制造工具和使用工具改造了自然，使人的定居和生活有了物质保障，这是人类审美活动的前提。人类历史上的造园行为既属于创造物质的活动，也属于创造精神的活动，当然属于人类审美活动范畴。风景园林的美离不开人的观赏、认识和体验，而任何观赏都带有一定的主观性、创造性，即使同一景观在不同人面前也显示为不同

---

①陈望衡、丁利荣：《环境美学前沿》第二辑，武汉大学出版社，2012，第7-8页。

的景象，由此产生了不同蕴意和美感。

风景园林美学在不同的历史时代、不同民族具有差异性。比如中国园林和西方园林的审美就有很大不同。西方园林景观显示的是人工美，不仅布局对称、规则、严谨，就是花草树木也修剪对称方正，从而呈现出一种几何图案美，从中看出西方造园思想主要立足于用人工方法改变其自然状态。中国园林景观所呈现的则是山水环抱，曲折蜿蜒，花草树木自然之原貌，即使人工建筑也尽量顺应自然而参差错落。

另外，即便是同一民族，在不同时代对园林审美也有差异性。比如在西方园林历史发展中，古代、中世纪、文艺复兴的园林各呈现不同风格，特别是文艺复兴时期法国古典主义园林风格与其他国家的园林风格差异更为显著。从中国古代园林发展史可以看出，不同时期的园林也有着各自美学特征。比如秦汉时期利用人工叠成规模巨大的假山，明清时期是以小见大手法营造山水意境，这不仅是造园风格的变化，也是造园审美思想的变化。

中西方园林风格基于不同哲理和美学思想而形成并各领风骚。但随着历史发展和文明进步，无论是西方古典园林还是中国古典园林都先后偏离了原来的轨道，纯粹古典形式的园林已不复存在。因此，从哲理、文化层面对中西园林美学思想比较，有助于我们思考当代风景园林美学的发展趋势。

三、风景园林美学研究的现状

风景园林美学研究成果目前主要有两大体系。一是景观美学研究成果；二是园林美学研究成果。在景观美学研究体系中，研究成果多是运用西方美学研究方法，涉及中国园林美学内容比较少。以美国的史蒂文·C.布拉萨 (Steven C. Bourassa) 的《景观美学》[1]为代表，他从生物层面、文化层面、个人生存层面建立理论体系研究景观美学；刘晓光的《景观美学》[2]，在分析"景观"概念的基础上，探讨了 landscape、environment 和 place 的区别后，以 landscape 作为其专著的研究术语，接着确定了 landscape 内容，将其分为艺术、人工制品和自然物，在此基础上分析 landscape 的美学

---

①史蒂文·C.布拉萨：《景观美学》，彭锋译，北京大学出版社，2008。
②刘晓光：《景观美学》，中国林业出版社，2012。

特征，还专门探讨了建筑审美特征以及它与景观的关系。王长俊的《景观美学》①虽然提出了"美即生命"，在论述景观概念的基础上分析了人工景观美学、自然景观美学等内容，但不是从风景园林的角度来探讨和分析。

园林美学研究成果多集中在中国古典园林美学的研究成果方面。早期童寯、刘敦桢、陈植、陈从周、彭一刚等学者对中国园林史、园林艺术的研究成果奠基了中国园林美学思想基础。比如陈从周的《说园》生动地论述了富有情趣的中国园林的本质，提出了"园有静观，动观之分"的著名论断②，他的《园韵》用文学的笔法分析中国园林美学，揭示中国园林的意境之美；另外，余树勋《园林美与园林艺术》，张承安等多位专家编写的《中国园林艺术词典》，周武忠的《园林美学》③，张小元的《园林美学》，梁隐泉的《园林美学》、万叶的《园林美学》、褚泓阳、屈永建的《园林艺术》，冯茔的《园林美学》等专著，从不同角度对中国园林进行综合论述。关于中国古典园林美学专题研究成果有余开亮的《六朝园林美学》④、夏咸淳，曹林娣主编的《中国园林美学思想史》⑤等。

目前，金学智在中国园林美学领域研究成果比较突出，他的《中国园林美学》⑥专著，内容比较丰富，结构比较系统，并多次再版；他的《风景园林品题美学——品题系列的研究、鉴赏与设计》⑦主要研究中国历代园林中书法题记，他将其称为品题，并且认为是中国美学迥异于西方美学的重要范畴，也是中国园林的特色；他的《诗心画眼——苏州园林美学漫步》⑧属于对地域园林美学的专题研究。

本书在汲取以上研究成果基础之上，涉及风景园林美学范围比较宽泛，既包括中西方古代园林审美发展历程，还包括中西方园林整体审美、园林空间审美、园林要素审美以及当代园林、景观的审美等内容。

---

①王长俊：《景观美学》，南京师范大学出版社，2002。

②陈从周：《园韵》，上海文化出版社，1999。

③周武忠：《园林美学》，中国农业出版社，2011 年，第 15 页。

④余开亮：《六朝园林美学》，重庆出版社，2007。

⑤夏咸淳，曹林娣：《中国园林美学思想史》，同济大学出版社，2015。

⑥金学智：《中国园林美学》，中国建筑工业出版社，2000 年。

⑦金学智：《风景园林品题美学：品题系列的研究、鉴赏与设计》，中国建筑工业出版社，2011。

⑧金学智：《诗心画眼：苏州园林美学漫步》，中国水利水电出版，2020。

第三节　风景园林美学审美的内容及学习风景园林美学的意义

从美学包含内容来说，风景园林美学属于狭义美学范畴，它的美是建立在风景园林物质基础上，并且具有一定的内涵和外延。风景园林美学根本任务就是揭示风景园林美的本质、美的来源以及如何分析它的美，使欣赏者、使用者在美的享受中陶冶自身情操，使风景园林学专业、建筑学专业学生在提高自身修养的同时，并将这些美学知识运用到具体的景观设计中，为人类创造美的环境。

一、风景园林美学审美的内容

风景园林审美是一个复杂的心理活动及过程，主要包括审美主体、审美对象（客体）、审美过程等内容。

（一）风景园林审美主体

风景园林审美主体是指审美活动中的人，既是审美活动的生产者，也是审美接受者，在风景园林审美中起主导作用。审美主体主要包括园林创作者（设计者、建造者）、欣赏者（游客）、园林艺术批评者（园林评论家）三种类型。审美主体在园林审美活动中所承担的作用不相同，其审美角度、方法、目的不相同，审美能力也存在一定的差距。这与他们的审美感知能力、想象力、理解能力、情感要素等方面的内容有很大关系。

（二）风景园林审美对象

风景园林的审美对象就是人类在审美活动中与审美主体相对应的审美客体，具体来说就是风景园林的作品。风景园林既是一门科学又是一门艺术，同时又与自然关系密切。所以风景园林审美对象包含的内容比较广泛，主要包括风景园林自然审美、艺术审美、工程审美。

风景园林自然审美是指园林在环境中所呈现的自然美，是一种人为加工的，与自然和谐的美，中国园林所倡导的"虽由人作，宛自天开"就是园林自然美的最高追求。风景园林艺术审美是指园林设计师从生活、自然、社会、历史中寻找设计灵感和素材，经过提炼、加工后形成高于自然美的园林艺术作品。风景园林工程审美是指在园林施工中、运用现代工艺、科学、新材料而形成技术、工艺等方面的美学。

1. 从构成考察风景园林审美

从构成分类看，风景园林审美对象包括物质形态、艺术形态、时空形态、人文形态。风景园林物质形态审美主要包括建筑、假山、叠石、台地、水体、植物等。艺术形态审美是指风景园林设计师通过物质形态表现出来审美情感、观点、艺术表现等。时空形态审美是指风景园林所表现出的时间艺术、空间艺术。人文形态审美是指风景园林设计师在作品中所表现出来的人类对自然、生命、人与自然、信仰与道德等问题观照所产生的情感审美。

2. 从组景构图考察风景园林审美

从组景构图来看，风景园林的美学因素主要由以下构成：①点，指的是某种具体的景观要素所呈现的美。②线，指的是运用直线、曲线以及二者结合所产生的美感。如运用曲线型的花格、漏窗、墙顶、小品建筑等，使人工线条和自然线条和谐地结合在一起。③面，指的是圆形、矩形、方形、菱形等几何形状所产生的美感。如长轴线上布置景物，多采用顺应轴线的矩形、椭圆形面体，如水池、花坛、长廊等中国园林很重视多面体的组合，如园林中的六角、八角亭，十字锦、万字锦等平面构成的亭台。另外，还有运用红、绿、蓝、黄、紫等色彩的美感，在配色时运用平衡、节奏、微差、统一等原则，结构上要注意疏密、风格上的统一等。

3. 从艺术品评角度考察风景园林审美

从园林艺术品评角度来看，园林的审美风格主要有优美、清奇、幽邃、雄伟、愉悦等。①优美，是指园林布局结构顺理成章，又具有自己的地方特点。景物的比例与尺度处理得当，色彩形式立意新颖，可给人以舒畅、安静感。如园景中流畅的线条（按飘积原理设计的曲线）；浑圆的形体（像西安青龙寺空海塔前庭的圆形纪念雕塑）；淡雅的色调和平滑细腻的形象等（如北京御花园色卵石铺面效果）。许多具有这类特性的景物，运用具体的美学因素手法，可以使园景设计达到优美的程度。②清奇，是指景物性状奇特，个性显著，手法新颖，如中国园林中注意运用线条多作曲折的变化；组织多取粗糙的结构；空间大小开合的序列以及丰富的光影对比效果等，都使景物具有清新奇异感。中国的树石组景与假山石立峰，以及立岩垂萝等，多有此效果。③幽邃，是指中国园林景物布局很讲求导游序列、程序与景物延续的深邃感。有人总结为："切忌一览无余"。但中国园林并不是完全忌"一览无余"，而是导游到一定的、相当的时间和深

15

度时，设置平视、俯视的眺望点，使观众或者游人可得到心胸开朗，全园景物尽收眼底的机会。如颐和园排云殿前湖滨广场（平视）和佛香阁（俯视全园）。幽邃感就像诗句中："峰回路转疑无路，柳暗花明又一村"的布景手法，使得园林空间能出现一次到多次的一种幽深曲折的境地，以满足游园者的心理要求。④雄伟，是指这类景物在人工园林中不易塑造，但与自然山川、草原森林结合时，大有文章可作。运用借景手法，把自然山峰起伏多变的轮廓线展现于园内视线上。如远处森林的轮廓线，开阔的田野、草原、水面；近处的泉涌、瀑布、巨石、立岩等。借用得当，主题突出。会产生自然、景观的雄伟、浩瀚无际的气魄。⑤愉悦，是指风景园林设计给人以愉快喜悦之感。比如豁然开朗，延续开敞的草坪，睡莲浮水，溪流瀑布，石螭吐水等。此类景物的手法宜小巧玲珑，处理细致。切忌简陋、草率。

（三）风景园林审美过程

风景园林的审美过程是一种心理再创造的审美活动，它是一个从感知到认可，从投入到升华的过程，是通过以下阶段进行的。审美过程的初级阶段是通过感知获得表象，形成对园林的基本印象和认识，从而对园林形成综合性印象；表象是对园林形象化的记忆，在主体大脑中储存了概括性的园林形象和全貌；中级层次是审美主体依靠对表象之间的联想与想象，激发出情感形成体验性的记忆，主要是借助借喻、象征等手法来完成的；高级层次则是对园林的深层次理解，审美主体在以上基础上获得理念上的升华，完成主客体之间，天人之间的交融互动，在这个阶段，审美主体在园林欣赏中获得了自己的兴奋点，对园林产生了情感，被园林美景深深吸引，进入了"沉浸体验"，与园林作品可产生思想共鸣。

总的来说，风景园林审美过程是一个反复不断的过程。不同的审美主体在不同的层次中获得审美感受是不同的。要达到最高层次的审美，就必须不断地增加自己的知识储备，丰富自己的阅历和见识，同时要善于联想，就能容易与审美对象"交流"与"对话"，获得自身的美感。

二、学习风景园林美学的意义

风景园林美学是一门综合性比较强的课程，是在学生掌握了风景园林专业基础知识并具备文学、书画、雕塑等知识前提下开设的课程，旨在培养学生的审美能力，提高对美的鉴赏能力。该门课程对于促进学习其他专业课程，激发学习兴趣，并对专业知识综合运用等具有一定作用和意义。

（1）有助于提高大学生的审美修养。

人和动物的最大区别就是在追求物质使用之外还有精神需求。精神需求的最大体现就是审美活动，通过该活动获得喜悦、幸福感、成就感。人类在建造园林的过程中就是在追求自我心灵的慰藉和人性回归。特别是中国园林具有综合艺术价值，有精神文化生态和自然生态互补共生优势，将自然美的慰藉和高雅精神文化的熏陶结合在一起，帮助人消除忧虑，净化灵魂。

中国古典美学反映着我国历代劳动人民在漫长历史时空中沉淀、凝聚成稳定的审美趣味，与其他文明审美不同，它与我国古典美学、宗教、哲学、文学相互交织，形成了独一无二的中华美学。在我国古典美学审美视角下，园林的设计尽可能自然，却又不同于自然，它是一种综合性的艺术品，结合了建筑、山水和植物的精气神以及"天人合一"的哲学思想。这是一种源于老庄哲学的审美趣味，也是我国传统道教的审美倾向，体现的是人与自然的和谐统一至臻追求。比如金学智对苏州园林就是如此评价：

> 在苏州园林里，景物参差错落，天机融畅，自然活泼，生意无尽，而建筑物的粉墙黛瓦，不但富于黑白文化的历史底蕴，而且抚慰人的眼目，安宁人的心灵，使人"见素抱朴""不欲以静"。在苏州园林，游息于柳暗花明的绿色空间，盘桓于人文浓郁的楼台亭阁、品赏于水木明瑟的山石池泉，徜徉于曲径通幽的艺术境界，人们会感到无拘无束，逍遥自在，清静闲适，悠然自得，也就是说，能在布局的自由中获得身心的自由，在生态的自然中归复人性的自然，自然美和人性美通过园林艺术美而交融契合……[①]

另外，风景园林中的乡村景观美学所蕴含的"纯净""生态""亲和""朴素"等美学内容中体现着耕读传家的传统精神、身心安顿的家园意识以及道法自然的天人关系，也有利于塑造当代大学生的美学品格和景观设计师的灵魂。

[①]金学智：《中国园林美学》，中国建筑工业出版社，2000年，第15页。

（2）有助于提高大学生的审美能力。

学习风景园林美学，不仅能让学生深入了解中国古典园林审美中包含的艺术、文学、绘画、书法等美学知识，而且有利于塑造当代大学生的美学品格，提高大学生对生活美的鉴赏能力，更重要的是让大学生把所学中国古典园林美学知识运用到生活中，使他们对生活中的居住环境有自己审美评价与分析，促进他们在生活中、学习中感受环境之美；另外，还有助于大学生在旅游和调研中感受祖国名山大川的自然之美，山水形胜之美。因此，学习风景园林美学有利于大学生正确理解和认识当今"园林城市""国家公园""历史遗址公园"中的文化之美、建筑之美、植物之美、空间之美，以提高他们的审美感受和对环境审美的认知能力，使大学生对我国当今生态文明建设有正确的理解。

（3）有助于大学生正确理解当代社会生态文明建设。

在我国古典园林的设计尽可能自然却又不同于自然，表面看它是将建筑、山水、植物、文学、书画融为一体的综合性艺术，但其实质是以"天人合一""崇尚自然""纯净""生态""亲和""朴素"等中国传统美学为指导思想。学习中国古典园林美学有利于学生理解当今我国社会主义建设中的"绿水青山就是金山银山""生态文明建设""生态美学""诗意居住"等观点中蕴含的美学思想。比如生态美学研究的核心问题即人与自然的关系，而当下人类最迫切的问题就是如何处理好人与自然、社会与自然以及技术与自然三者的关系。建筑方面就是绿色建筑审美，具体地说就是如何最大限度地节约资源（节能、节地、节水、节材）、保护环境和减少污染，为人们提供生态健康、自然和谐共生、适用和高效的使用空间。在城市规划、景观设计方面的"诗意居住"，其核心就是设计出适合当代人在水绿、草青、天蓝和富有中国文化韵味的环境中居住。

（4）有助于提升大学生创造生活美的能力。

学习风景园林美学不仅是注重欣赏美，发现美，而是将所学知识用于具体设计中，最终为我们的现实生活创造美，形成可持续发展城市绿色人居环境，提高人民群众的居住品质，增强人民群众的获得感、幸福感、安全感。因此，通过学习风景园林美学，有利于大学生理论联系实际，将所学的相关美学知识用于以后工作中的城市规划、公园设计、乡村景观设计、文化遗产景观设计中，有助于他们设计出不但具有陶冶情操、文化特色明显，而且还具有传承中国传统文化、富有教育意义的景观作品。因此，风景园林美学教育不仅在于"博古"，更需要"通今"，教育和教学过程不是一成不变。因为时代背景赋予了我们应该用不同的视角去回顾已经发生的历史，比如引导学生挖掘传统文化中的荒野自然景观、乡村景观、城市景观，从历史传统中汲取智慧，同时也注重传统与当代的对话，关注科技发展、经济发展、社会变迁等知识对风景园林美学的影响，以拓展该课程的应用价值。

三、学习风景园林美学的方法

无论是中国古典园林美学还是西方古典园林美学，其历史都比较悠久，都有各自的优势。故在掌握园林美学基本理论及知识的基础上，应注意以下几个方面，才能学好风景园林美学。

（1）立足于中国园林文化。

当代美学理论家叶朗认为："美学和一个民族的社会、心理、文化、传统有着十分密切的联系。中国学者研究美学，要有自己的立足点，这个立足点就是我们自己民族的文化和精神。"[1]学习和研究园林美学也是这样，我们首先要立足于中国园林文化学习和研究中国园林美学，在此基础上学习西方园林文化，要有兼容并蓄和包容开放的精神。

中国古典园林作为中国传统文化的重要组成部分，蕴含了儒、释、道等哲学或宗教思想，并受山水诗、画等传统艺术的影响而形成的空间哲学，折射出中国人的自然观、人生观和世界观。它集山水、植物、建筑为一体，熔精巧人工与自然天工于一炉，不但体现出劳动人民的智慧，而且折射出中国文化取法自然的深邃意境。作为一种建筑艺术形式，中国园林有着悠久的历史和博大精深的思想内涵，是世界三大园林体系（中国、欧洲、阿拉伯园林）中历史最悠久、内容最丰富的园林。

中国古典园林艺术也是人类文明的重要遗产，被人们称为"世界园林之母""世界艺术之奇观"。中国的造园艺术以追求自然精神境界为最终和最高目的，从而达到"虽由人作，宛自天开"的审美旨趣。中国古典园林蕴含着中国文化的精髓，是中国5000年文化史造就的艺术珍品，也是中华民族内在精神品格的生动写照，亦是我们今天需

---

①叶朗：《美学原理》，北京大学出版社，2009，第24页。

要继承与发展的瑰丽事业。比如，古代私家园林中包含着主人的思想情感、处世哲学、人生追求、道德情操等内容，需要我们深刻地体味和领会，并将其灵魂用于今天的园林设计中，改善当代人居住环境质量，提升我们的生活品质。

（2）拓展自己的知识面。

从风景园林学科树形来说它属于工科，有人认为它是"工科中的文科"，涉及的知识比较多，包括中国古典园林、西方古典方园林，同时还涉及艺术学、历史学、建筑学、规划学、文学、哲学、工程学、生态学等其他学科的相关知识与内容。由此决定了学习风景园林美学时应该具备比较宽泛的知识，才能提高自己的审美知识和审美体验。除过学习和了解与风景园林相关的知识之外，还可通过以下方式进行，比如就某一问题请教风景园林学科的专家，关注该行业发展前沿的研究成果及相关理论观点，参与风景园林项目的具体实践。

学生可以利用假期外出考察，比如到苏州考察拙政园、狮子林、网师园等江南私家园林，到北京考察颐和园、圆明园等皇家园林，在实际场所中感知、体会中国古典园林之美；另外，还可以考察学校所在城市或者自己家乡所在城市新建的森林公园、遗址公园等，通过对相关园林的考察调研，使自己理解当代城市建设中如何继承中国古典园林美学及其文化，最后运用所学相关知识，就考察对象写一篇调研报告，以强化自己对风景园林美学的理解和应用。

（3）丰富自己园林艺术欣赏的直接体验。

风景园林从深层次来理解属于艺术，东西方古典园林的设计都与美术有很大关系，古代很多造园家本身就是画家、文学家。比如计成，虽然以《园冶》留名于中国园林史，但他开始主要还是山水画家，后来转向造园理论的研究和具体实践，确切地说，他是把中国山水画的意境运用于造园设计。宗白华认为："学习美学首先得爱好美，要对艺术有广泛的兴趣，要有多方面的爱好，美学研究也不能脱离艺术，不能脱离艺术的创造和欣赏……"[1]学习和研究园林美学，就要热爱艺术，多看和了解中国山水画、西方风景画以及艺术史等，最好系统地学习中国书法史、中国美术史、西方美术史、中国园林史、西方园林史等方面的知识，以充实自己的艺术养分，这样在欣赏园林时，就可以获得直接的审美体验。

---

①宗白华：《〈美学导向〉寄语》，载《意境》第一卷，北京大学出版社，1978，第357页。

在古代，造园与绘画、音乐都是一种艺术活动。历史上，园林受到同时代艺术思想的影响，与其他艺术一起呈现出相近的艺术特征。因此，一些艺术风格术语可以应用于同时代的园林、建筑、绘画和音乐等艺术门类。虽然工业革命之后，相比于传统造园学，现代风景园林学科已经有了更为广阔的内涵和外延，但它仍然与艺术有着密切关系，它既是一门艺术，也是一门科学。艺术领域的思想变化不可避免地会影响到风景园林的实践。

同时，相比于古典艺术，现代艺术范畴和表现形式也有了很大变化，比如很多雕塑、装置艺术作品被设置在户外空间，具有大众性和普遍性，人人可以近距离欣赏、触摸、体验。这类公共艺术与其所处空间密不可分，是室外空间设计中的主要要素之一。特别是现代艺术中的大地艺术，它以自然环境为载体，将艺术与大自然有机结合，在场地、材料、手法上与风景园林有很多相似之处，能给观众带来与古典园林艺术不一样的感受。

思考题

1. 如何理解风景园林的英文是"Landscape Architecture"而不是"Landscape Garden"？

2. 如何理解"景观"和"园林"之间的关系与区别？

3. 如何学习风景园林美学？

第二章 风景园林美学理论

风景园林美学的基础是哲学所包含的价值观和导向，由于中西方园林的哲学起源、思想及价值观不同，也就相应地产生了不同的风景园林美学及思想。

第一节 中国园林美学思想

中国园林之所以被誉为世界园林之母，与其所蕴含的深厚文化底蕴有着密不可分的关系。虽然中国古代园林没有系统完整的美学理论体系，但中国传统文化追求的"言外之意""象外之象""韵外之旨"，蕴含儒家的"比德""言志"说和道家的"道法自然""大象无形"论以及禅宗的"境界"等美学思想，都对中国山水写意园林的艺术理念与审美追求产生了深刻影响。[①]

一、阴阳及风水美学观

阴阳是中国古代文明中对蕴藏在自然规律背后的、推动自然规律发展变化的根本因素描述，是各种事物孕育、发展、成熟、衰退直至消亡的原动力，它奠定了中华文明逻辑思维基础的两个核心要素。风水就是在阴阳理论基础上产生的，二者关系密切，甚至可以相互替代。

（一）阴阳和谐美学观

阴阳首先用于对道的描述。《黄帝内经》认为，"阴阳者，天地之道也"，《易传》

---

①曾繁仁：《虽有人作，宛自天开：山水写意园林之美学理念及其当代价值》，《文艺研究》2018年第7期。

中说"一阴一阳为之道"。"阴"与"阳"的原始含义就是反映太阳光照,"阳"意味着朝向太阳、接受光照,"阴"代表着背向太阳、缺少光照。东汉经济学家、文学家许慎在《说文解字》中《阜部》一节中解析"阴""阳"二字最初含义来源时称,"阳,高明也"。这里的"高明"指的是因为物体所处地理位置较高,从而接受了足够的光照而显得明亮宽敞的地方,由此也可以引申出阴阳早期文字内涵的形成与地理信息相关。另外,《说文解字》对"阴"的描述为,"阴,暗也,水之南,山之北也。"从地形分析来看,山北水南之地确属太阳光无法照射的地方,呈现为缺少光线的阴暗状态。

1. 阴阳美学含义

阴阳的引申含义是在后世不断发展中形成的,其初始所反映的内容在很长一段时间内一直未与太阳、光照等朴素原始的概念脱离。梁启超先生在《阴阳五行说之来历》一文中认为"阴""阳"二字脱开单独含义合为一词,表示两种抽象对立事物的性质时"盖自孔子或老子始",认为商周史前文字记载中出现的提及"阴""阳"二字只是描述"自然界中一种粗浅微末之现象",并没有包含更加高深含义。

阴阳从何时开始脱离经验层面用来形容解释自然界两种此消彼长或两种相互对立的势力,目前学术界比较普遍的一种观点认为是始于西周末年周幽王时期太史伯阳父对地震之论的阐述。

在中国古代,先哲们是用"阴阳"二字取代"矛盾"来表述对立统一的哲学思维模式,通过对"阴阳"关系的阐述与演绎来表达自己对矛盾势力双方的理解。古代先哲们一般是用此消彼长来阐述阴阳的运动变化,"阴阳皆长,阴阳皆消",反映的就是阴阳的同一性;"阴消阳长,阳消阴长",则可理解为阴阳双方之间的斗争,是和阴阳的对立制约关系相联系的。

老子在《道德经》中说:"万物负阴而抱阳,冲气以为和",即宇宙的本质和运行规律就是阴阳的相互作用和相互转化,可以说是从这里开始阴阳被赋予了哲学概念。从这句话也可以看出,阴阳属性具有普遍性,普遍地存在于自然以及人类社会之中,涵盖了各类事物与现象。由此引申出天下万物本身都是具有阴阳属性,从通常思维模式来看,"阳"的概念涵盖光明、温暖、雄性、积极等,与之对应"阴"的概念涵盖黑暗、寒冷、雌性、消极等方面。遵循实体为阴、虚体为阳的原则。

由此可见,阴阳特性渗透入生活中的方方面面。在阴阳理念哲学观点中,自然界所有事物都包含着阴和阳两种相互对立面，且对立的双方又是相互统一的。

2. 中国传统园林中阴阳美学起源

万物之间本身存在的关系是互相在追求一种"和谐"的平衡，这是中国传统的宇宙观，也称得上是中国古典美学思想的基本精神。"和谐"是阴阳二气运动达到平衡的效果。中国园林从整体上来说，是一座"阴阳园"，它往往创造着一种妙极自然的生活境域：欲扬先抑、藏露结合、繁中求简、以少胜多、小中见大、虚实衬托、多样统一、起结开合……它以远与近、虚与实、静与动、藏与露等手法引人由静思动，由近思远，由实思虚，由露思藏，去寻幽探源，使人步履其间，感受自然、淳朴和天真，使烦恼超脱，净化于大自然之中。

阴阳理念对古典园林意象的直接影响是神仙境界的营造。在中国传统文化中，阴阳有着双重身份，阴阳首先是哲学辩证思想的开端，这是它科学的一面；另一方面阴阳亦代表着宗教神学甚至巫术，而且还具有浓厚神秘色彩。

根据《史记·封禅书》所记载："自（齐）威、宣、燕昭使人入海求蓬莱、方丈、瀛洲……盖尝有至者，诸仙人及不死之药皆在此焉"，此处"东海仙山"的神话后来与西部的"昆仑山"神话一起，成为中国古代两大神话系统的起始点。其中以东海仙山内容最为丰富，并对中国园林影响更为广泛。

从战国时期的齐威王、齐宣王、燕昭王起，到秦始皇、汉武帝，这一期间中国社会出现的一次又一次求仙封禅的高潮，代表着中国神仙思想在阴阳理念的影响下从诞生逐步进入了蓬勃发展。在中国古代形成了独特的隔离于人世间的仙境体系。从最初的东海蓬莱、方丈、瀛洲三岛之说，又增加了"岱舆"与"员峤"二岛，最终成为五岛之说。

阴阳理念作为中国社会最早产生的文化思想之一，同中国神仙思想的产生与发展始终联系在一起。中国园林由"台""囿"发展而起，可以说它自诞生之初就与阴阳、与神仙思想密不可分，随着历史的推进与神仙思想内容的丰富，古典园林对神仙境界产生了多样的表达方式。

早期园林"台"的通神功能起源于帝王狩猎活动，而"台"的诞生则是为了"考天人之际，查阴阳之会"，具有神圣的主题。根据《吕氏春秋》中的高诱注，台的最初定义就是"积土四方而高"，就是用土堆积而成的方形高台。古时生产力不发达，人们为探寻天道，寻求心灵慰藉而建高台，在高台观天象以求与神灵建立联系。

由阴阳术士所掀起的齐、燕两国东海寻仙热潮带动了东海仙山神话的发展，然而东海的仙山"终莫能至"，齐、燕君主"莫不甘也"，到了秦代，秦始皇派遣徐福东海寻仙仍是未果，于是退而求其次，将自己对神仙方术的追求转嫁到宫苑之中，在兰池宫中引渭水建池，池中修建山岛，模拟东海仙山仙境，开启了皇家园林中"挖池筑岛"，作求仙象征的先河，对后世宫苑"一池三山"营造模式的形成产生了重要影响。

"一池三山"是中国古典园林中最具代表性的一种山水构建手法。"一池"指太液池，"三山"即为神话中东海上的三座仙山——蓬莱、方丈、瀛洲。"一池三山"的模式通常在皇家园林中最为常见，从西汉建章宫开始出现完整形态，一直延续到清代，这种"宫苑＋仙境"的组合模式是帝王求仙问药、追求长生不老意识形态在园林中的体现。

3. 中国传统园林中阴阳美学的体现

中国古代传统文化中"壶中天地"思想在古典园林中的表现比较多，因为"壶"有着仙境媒介的内在含义。"壶中天地"典故出自《后汉书·方术传下》中费长房的故事，讲其偶遇卖药老翁，受邀进入老翁壶中，发现壶内见朱栏画栋宛若仙山琼阁，别有一番天地。与之相似的故事还有《云签韦隻·一十八治》中的"壶公"，"常悬一壶如五升器大，变化为天地，中有日月，如世间，夜宿其内，自号"壶天"。

在中国的神话传说中，"壶天"又被看作是神仙境界的代称。在古典园林中，"壶"所象征的是带有仙境意味的、与尘世隔绝的避世居所。园主人造园时力图在半亩小园中经营出"一花一世界"的意蕴，在有限的空间中创造出包容天地的艺术空间而成为自身的安居之处。

古典园林中与"壶中天地"相类似的还有"芥子纳须弥"的概念。"芥子须弥"出自于佛家典故，"芥子"指草巧，"须弥"为佛教名山，"芥子须弥"即意为至小可容至大。"芥子须弥"虽不属于中国本土的神仙思想，但所代表的以小见大、自成天地的造园启示与"壶中天地"理念是相似的。

中国古代园林与"壶"有关题名的景点不少，比如豫园绮藻堂堂前有一天井，内有匾额"人境壶天"，个园"抱山楼"题匾额为"壶天自春"（见图 2-1），是取《个园记》中"其目营心构之所得，不出户而壶天自春，尘马皆息"之意，其意是个园空间虽不及名山大川，但自比为世外桃源；明左都御史陈察命名自家园林为"壶隐园"；扬州有"小方壶园"；甚至皇家园林中也有"壶"的意象，如北海琼华岛后山北坡有"一壶天地亭"；圆明园四十景中有以仙山楼阁为题材的"方壶胜境"一景等，皆蕴含着丰富的中国传统文化信息，有着别具一格的景观空间想象和建筑象征意义。

图 2-1　扬州个园中抱山楼的"壶天自春"

中国古典园林将"虽由人作，宛自天开"奉为造园宗旨，并被称为是自然山水式园林，其自然山水意象的背后是对"自然"这一哲学命题的追求，"自然"成为了园林山水审美意识形成的起点。古典园林崇尚"法自然"，"自然"这一概念里所包含的自然而然的纯粹之美，正是反映在自然界山水之中。在传统思想中，"自然"的状态是在阴阳规律的作用下完成的，同时天地万物保持自然也是阴阳运作的最佳状态，"自然"一词本身就具有丰富的阴阳含义。

阴阳平衡、万物和谐的"自然"蕴藏在自然界之中，就不难理解为何古人对自然山水有着别样的追求。在中国美学史上，古人对自然山水的崇拜与效法一直占据主流，无论是文学、书法、绘画、雕刻，还是园林与建筑，都能在其中找到"法自然"的理念。明代计成《园冶》一书中的许多理论不仅适用于园林，其所提出的"虽由人作，宛自天开"的美学命题，高度概括了"法自然"的终极目标，即从人为的艺术创作之中抹去刻意的痕迹，达到近似于所模仿对象的自然状态。无山水，不园林，山水几乎是中国园林的标志，园林中即使是拳山勺水，反映的也定是对"自然美"的追求。

（二）风水的自然美学观

风水，也是中华民族历史悠久的一门深奥学问，可以追溯到悠久的远古时代。风，指的是元气和场能。水,指的是流动和变化。风水本为相地之术,即临场校察地理的方法,也叫地相、古称堪舆术,它是一种研究环境与宇宙规律的哲学,人是自然的一部分,自然也是人的一部分。

在西安半坡遗址可以看到新石器时代仰韶文化聚落遗址中原始人在选择居住地址时合理利用山、水等地势的场景,其中就包含有早期朴素的风水意识。风水的核心思想是人与大自然的和谐,达到"天人合一"的理想境界,早期的风水主要关乎宫殿、住宅、村落、墓地的选址、坐向、建设等方法及原则,是一门选择合适居住地址、理想方位的学问。

中国风水最早起源于甘肃陇东和关中西部的黄土高原,最晚是周人从甘肃陇东(庆阳、宁县、正宁、合水、平凉一带)迁到关中西部,在其长期生活经验总结中形成的。后来逐渐传到全国各地,成为影响全国的一种建筑—景观—规划—哲学—美学。

古时候人们用"阴阳"一词来代称"风水"。早在《诗经·大雅·公刘》中就有"既景乃岗,相其阴阳,观其流泉"这样的诗句,《汉书·艺术志》根据刘歆《击略·术数略》将阴阳术士分支分为天文、历谱、五行、蓍龟、杂占、形法六种,而其中形法就是"风水"之术的源头。风水学的思想根源是建立在阴阳思想的基础上,后形成了一个庞大的系统。在传统阴阳观中,包括人在内的万物都是宇宙自然的产物,因而人生前的活动住宅和与死后的葬地必须安排得与"自然之力""协调一致",这"自然之力"简而言之就是风水。

比较完善的风水学问兴起于战国时代。风水学的理论系统涵盖范围非常之广,体系错综复杂,从辩证哲学、美学及地理学,到天文、地理、生理、气候生态等,无所不谈,贯穿于整个宇宙系统,其综合性知识体系具有中国传统文化中重要的文化价值。风水最为核心,也是最关键的部分就是与阴阳联系最为紧密的"气"论。最早在《淮南子·天文训》中就已经有论断认为天地之气化为阴阳两股,阴阳交合而生万物:"道始于一,一而不生,故分而为阴阳,阴阳和合而万物生"。在中国传统思想中,"天地合气,万物乃生",万物皆由气所生,山水亦是气之产物,从阴阳理念中有形、无形的定义来判断,山为实体,属阴性,水为虚体,属阳性[①]。从气的角度而言也是如此,东汉班固在《终

---

①李选选:《风水观念更新与山水城市制造》,《建筑学报》1994年第4期。

南山赋》中说山水形成的原因是"流泽遂而成水，停积结而为山"。这与气一分为二，后清者为阳、浊者为阴的理念也是吻合的。

建筑、景观是风水文化的重要组成部分之。人类经过不连续性的选择、建造和迁徙的过程，把一些特别景观特征和意识相互联系在一起，经过长期的日积月累，形成了风水观念并贯穿于中国传统建筑活动的选址规划、建筑单体、园林小品、室内外装修设计等过程中，风水也就成了人类选择理想的环境进行居住的本能体现。评判是否为理想居住地的标准是，一是不受自然灾害的影响，二是栖息地有多种多样的食物，三是快速有效地繁衍和养育后代。

风水也是人类最古老的景观哲学美学理想体系，凝集着中国古人在景观学方面的丰富智慧，形成了一套较完整的理论体系，并成为中国古代景观学理想模式。它包含的中轴对称景观原理，重整体的景观气度，富于层次的景观结构，围合封闭的景观安全性，"人作似天成"的景观意境，以及要求曲线美、动态美的审美标准，加上它对山形水势审美的大量经验总结，景观"形势"论等，构成一个成型的景观美学体系。比如中国古代园林中的山水本身就代表着"一气化阴阳"的两个部分，把握山水与气以及阴阳之间的关系，是古典园林选址相地及其美学欣赏的一个关键部分。园林作为供人活动的场所，将风水学问应用于其相地选址之上，实属是中国古人顺应自然的一种体现。

二、道家思想的美学观

自春秋时期老子创立道家学说后，在逐步地发展中融入地理、天文等知识，成为中国传统文化重要组成部分，倡导顺应自然，尊重万物自然本性的观点。道家学说对中国古典艺术、园林艺术及人的审美意识有着非常重要的影响。

（一）"崇尚自然"的美学观

庄子继承并发展了老子"道法自然"的思想，提出"法天贵真"，强调自然无为的本然存在，主张尊重自然规律，顺应自然不违背事物本性，同时又肯定人的主动性，通过"心斋""坐忘"，遵从天地万物运动的自然规律，把自己放入恰当的位置，实现天人合于自然，从而在精神上领悟自然，融入自然。其核心是强调天人之间的融合与协调。

　　道家"崇尚自然"思想对古人的影响比较深远，促使他们在名山大川中求超脱，找寄托，自然山水成为他们在现实生活中居住、休息、游玩、观赏的精神依存。但是人又不可能实现游遍天下名山大川的理想，就在庭园中布置山水花木，既可实现自己山林简朴的生活理想，又可以慰藉获得神游宇宙的乐趣，寄托神仙境界，还可以视其为超越尘俗清心养虑之所。另外，文人雅士们为了摆脱传统礼教的束缚，也喜爱营造山水园林，以寄情遣性，抒发自身的思想感情。

　　"道法自然"包含的"见素抱朴，少私寡欲""淡然无极而众美从之"思想影响中国传统园林的造园，在艺术上追求那种不加修饰的自然本性，即质朴到极点便会得到世上最美的景色，园林中推崇自然天成，怡和养身，排斥人工雕琢、富丽堂皇，重视人们热爱山水之美的自然情感，在一丘一壑中感受精神升华。另外，受"道法自然"影响，园林创作尤喜淡泊质朴，园林景观浑然天成，崇尚不事雕琢的天然之美，排斥镂金错彩的富丽美。于是，中国传统园林充满原始自然野趣，在这里没有一列成行的植物，没有经过精心雕琢的草坪花坛，园中只有"木欣欣向荣，泉涓涓而始流"的生机盎然。

　　"虽由人做，宛自天开"是中国传统园林文化的至高境界，传统园林之所以追求自然有两方面原因：一是通过山水随心定位，花木自然式散植等对自然形式美的模仿，构成宛如自然天成的园林景境，体味"山重水复""柳暗花明"的意境。另一方面是探寻事物本身潜在的自然之"道"才是至关重要的，需要人们深刻了解自然景物本性，例如花木生长及形态特征，认识并遵守其中自然规律性。在园林营建遵循事物的本性，展现景观自然天真之美，实现有若自然的理想。这便是所谓的"外师造化，中得心源"，即通过具体的造园活动，模仿自然山川的外在美，从中提炼内在美的精华，将园主的思想情感融入景观，展现自然美的纯真、纯朴在建造过程中，秉承天地之无为而无不为的"道"，运用虚实相生、动静相合、欲扬先抑、人化景物等造园手法在园林中将造园者与景物结合。通过对自然规律的认识，营建园林便是归于自然，同时将个人情感以恰当方式表达在其中，园林便能达到"自然天成般"的境界。

　　（二）"天人合一"的美学观

　　"天人合一"是中国哲学最为重要的思想之一和精神支柱，并且影响着每个历史时期的文化，儒、释、道各家学说都认同和主张这一精神追求，强调人与自然和谐交融的生态哲学理念。

1. "天人合一" 的内涵

《老子》提出 "人法地、地法天、天法道、道法自然。" 在这个逻辑关系中，人、地、天共同的就是道，有道才能形成最高级的自然。老子的 "天人合一" 指的是天、地、人三者合一，而不是两者合一，若省略 "地"，则缺失中间的环节，难以构成 "人—地—天—道—自然" 的思维链条[①]。之后，庄子在该思想基础之上进一步发展。《庄子·知北游》中有 "天地大美而不言"，在《天道》中提出 "虚静恬淡，寂静无为" 是 "万物之本"。庄子又在《天道》中说 "静而圣，动而王，无为也而尊，朴素而天下莫能与之争美"。在《天运》中说 "淡然无极而众美从之。此天地之道，圣人之德也"。朴素才是天下之美，只有自然才是真正的朴素。朴是没有加工的木头，素是没有染色的绢。

"天人合一" 是以道家思想为主，儒家和佛家为辅，共同阐释的哲学概念。其根本意义在于把人与自然的外适，与由此导致身心健康的内和，作为人生根本的享受思想。[②]在儒家的 "万物一体" 思想中，认为天是道德观念和原则的本原，人心中天赋具有道德原则，这种天人合一乃是一种自然的，不自觉的合一。禅宗的 "悟" 将人和自然看作一个整体的 "天人合一" 观念。

从今天来看，"天人合一" 中 "天" 指的是大自然和自然规律，"人" 指的是人类。"合一" 就是共存。天与人两者的关系可分为三种关系：天人相和、天人相分、天人相克。人类适应自然规律就是合，人类有能力改造自然，但过度会遭到报复，就是克[③]。

2. "天人合一" 美学思想对中国园林的影响

"天人合一" 的美学思想对中国园林的总体布局、空间布局、内容、形式、结构以及艺术表现有着非常重要影响，也是中国传统园林追求的审美境界。

园林是建筑的延伸和扩大，也是建筑进一步和自然环境中的山水、花木相结合的艺术综合。中国传统园林集建筑、山水与花木的自然景观、传统文化于一体，具有深邃的文化美学思想，其内涵是要求人类在尊重自然规律的同时积极改造自然，同时要满足人与自然的和谐统一。"天人合一" 思想要求中国园林的选址与布局要关注人与大

---

①刘庭风：《园道》，中国建筑工业出版社，2020，第 171 页。
②徐德嘉：《古典园林植物景观配置》，中国环境科学出版社，1997，第 33 页。
③汤国华：《岭南传统建筑的天人合一》，《广州大学学报》（综合版）2002 年第 5 期。

自然的关系，即"合乎自然"则为大美。如颐和园西借玉泉山、燕山，取"悠然见南山"的"真意"，苏州私家园林以情趣、韵律取胜，体现的是清雅脱俗的诗意美。

在园林要素设计中也讲求"天人合一"。中国古典园林以建筑为核心，具有突出的实用居住功能，但又不仅限于此。无论是建筑造型设计成姿态灵动的飞檐翼角、还是处理建筑与周边环境要素，都在追求"和谐"，将建筑与叠山理水，花草树木融合为一体，有意识地营构自然生态，最终在有限的土地面积上构筑出了会通天人的"城市山林"。

中国古典园林的"天人合一"设计具备强烈的人文色彩，从结构布局到一山一水、一草一木的设计，在取其象、求其意、用典故、致境界等方面皆具有人文因子，并融汇了诸多文化符号，展现出浓厚的文化积淀，以艺术化了的生态环境，兼纳高度升华了的社会意识，从而生成园林整体性的审美意蕴。以此构成有情景的天地空间，犹如世外桃源，人在其中，如鱼得水。这一切虽然是以人的意志为核心，但追求目标的是人与自然生态的和谐统一。这种审美化了的园林生活空间对后世影响广泛而深远。

三、儒家思想的美学观

儒学肇始于先秦时期，自汉代"独尊儒术"以来，儒家学说成为中国哲学文化的正统，影响并主导传统文化发展。孔子的儒学思想崇尚仁义礼乐，提倡中规中矩、不偏不倚的"中庸思想"及其美学观，对中国传统园林的总体规划及其建筑规则的对称布局有重大影响。

（一）礼乐美学观

礼乐文明萌生于虞舜，完善于周公。究其源头，它发源于上古先民祭祀仪式中带有自然原始色彩的乐舞，后经夏商时代以戎祀为核心的阶级国家秩序的汲取转化，再到周代人伦政治制度的丰富升华，达到鼎盛状态，最终成熟定型成为中华文明的基本精神内核。礼乐文明是儒家文化的源头，它是孔子在继承、吸收夏、商、周上古三代文明成果基础上创立，并形成的一个完整思想体系。以孔子为代表的儒家，是西周礼乐文化的最大拥护者、传承者和创新发展者，除已经失传的《乐》外，儒家经典《诗》《书》《礼》《易》《春秋》就是他传承这种文化的结晶。《论语·先进篇》曰："莫春者，春服既成，冠者五六人，童子六七人，浴乎沂，风乎舞雩，咏而归"，表述了暮春三月在沂水旁舞雩台的惬意休闲状态，也展现了园林化的活动场所。

礼的起源，与古人祭祀和巫术有关。王国维对甲骨文的"禮"字进行考证指出，礼的象形意是用器皿盛着两块玉祭祀神灵，用器皿盛酒祭神灵，这些行为就是"礼"。后来，随着文明的进化与成熟，人类将这种对神灵的祭祀行为引申发展为人的社会行为准则。乐的产生也与原始祭祀有关，无论是祭天地、鬼神还是先人，人们为满足表达情感的需求，要使用发明的乐器奏乐，烘托气氛和场景。古人祭祀活动早期是在与天对话的活动场所中进行，为早期园林环境赋予了审美意义。

礼乐思想在皇家园林和私家园林的布局中得到集中体现，园林布局多讲究"顺天理，合天意"的礼制，尤其是皇家园林，强调轴线及尊卑等级秩序，在中轴线上安排主要建筑。园区中心在位置、高度上处于统领地位，此处的建筑布局主次相辅，左右对称，偏重统一性，山石花木仅作为陪衬、点缀园路，目的是为了体现皇家崇尚严整的"中庸"思想。北京故宫建筑景观布局就是如此。

孔子提出"兴于诗，立于礼，成于乐"的教育理念，把"乐"视为道德和审美修养的最高境界，把"礼"视为社会的标准尺度。"礼乐思想"是完美人格塑造的基石，随着后代对理想人格的不断实践和完善，为自然山水赋予了人生道德理想价值，扩展了"礼乐"的内涵，成为后世"山水比德"思想的基石。

（二）比德美学观

比，比况类比。德，为所比的内容，即所比对象的德性、功能。"比德"思想是儒家最重要的美学观点之一，是"将自然现象与人的精神品质联系起来。从自然景物的特征上体验到属于人的道德含义，将自然物拟人化，这种将文人士大夫的某种道德情操与自然物的某些特征相联系的审美观，构成了儒家"比德"美学思想的核心内容。

儒家"比德"美学思想将对中国古典园林的审美从表象、肤浅的物质形态提升到深层、内涵的精神神态，并由此激发园林观赏者与造园者的思想共鸣，奠定了中国古典园林所蕴含的深层次意境，从而使中国古典园林体系因其独特的"意境"内涵得以屹立于世界园林之林，并历经千年之久而不衰。

"比德"说是儒家的自然审美观，主张从伦理道德的角度来体验自然美，大自然的山水花木，鸟兽鱼虫等之所以能引起欣赏者的美感，就在于它们的外在形态、生理性质以及神态上所表现出的内在意蕴都与人的本质发生同构、对位与共振，也就是说与人的本质、形态、性质、精神相似的花木都可以与审美主体的人比德，即从山水花木欣赏中体会到人格美。

"比德"思想的表达在中国古典园林中随处可见，其涵盖范围之广、影响力之深刻，按其所比拟对象的不同，大致可分为比德天地、比德如玉、山水情结、植物情结等。比如《论语·雍也篇》中的"知者乐水，仁者乐山。知者动，仁者静。知者乐，仁者寿"的这句话是孔子最早提出的山水自然审美命题，说的就是山水比德，他比德天地的核心就是"天人合一"思想。这句话也是儒家自然审美观念的重要体现，它和《易经》提倡的人应该"与天地合其德"的外化与物化思想是一致的。

（三）卷勺山水美学观

《中庸》天地之道中提到："今夫山，一卷石之多，及其广大，草木生之，禽兽居之，宝藏兴焉。今夫水，一勺之多，及其不测，鼋鼍、蛟龙、鱼鳖生焉，货财殖焉。"引出了"卷勺山水"的理念，通俗地讲就是一卷代山，一勺代水[①]。在中国古代朴素辩证法的影响下，形成"咫尺山林""以小见大"的审美意识，对中国园林的空间构成和组织产生了深远影响。"卷勺山水"审美概念的提出使江南古典园林不再拘泥于"原型"山水的简单再现和模仿，而是通过抽象概括景观，以假山代真山，以数株古木代草木丛林，以园亭代远山休憩处，再加以空间分隔、障景、借景等造园艺术手法，最终形成了"以小见大""咫尺山林"的审美模式，构成了中国古典园林小型化的理论基础。

四、禅宗美学的自然观

美学大师宗白华先生曾经指出："禅是中国人接触佛教大乘教义后体认到自己心灵的深处而灿烂地发挥到哲学境界与艺术境界。"[②]

（一）禅宗美学核心

禅宗是将印度传入的佛教中国化并与中国传统文化融合发展的产物，它对中国哲学思想及艺术思想上有着重要的影响，唐代以来禅宗的盛行对美学产生了极大的影响，最终禅与儒、道一起成为建构华夏美学框架的三大学术流派之一。禅宗是儒、释、道三家融合的重要思想体系，对中国传统园林产生广泛而深远的影响，并进一步赋予古

①史文娟：《一卷代山，一勺代水：谈李渔与〈闲情偶寄·居家部〉》，《华中建筑》2008年第10期。
②宗白华：《美学与意境》，人民出版社，1987，第215页。

典园林以精神居住的核心意义，具有特殊的文化价值。

禅宗美学中最重要的核心内容是心性论。禅宗美学将现实中的大千世界、自然山水内心化，这种美学理论蕴含着浓郁的人本主义色彩，从修行者本身出发由"悟"入"定"，由"定"至"慧"，突破现实的自然山水和人文精神对美的束缚，在平淡的生活环境中实现对美的重新定义——清净解脱之美。

禅宗美学建立在心性论与自然主义审美基础上，禅宗美学切实做到自然美与心性美统一，禅宗反对人为装饰和雕饰，强调欣赏自然美，强调运用纯粹的、简朴的材料，通过简洁的处理方式来营造外物，从而营造出简洁、淡然、宁静与顿悟的意境，反映内心的空灵、淡远与冥想。

禅宗的主要特色是"教外别传，不立文字。直指人心，见性成佛"。唐代僧人慧能被称为中国禅宗的实际创始人，它所创立的南宗禅主要特点是在心性本净的基础上，强调识心见性、顿悟成佛。惠能在心性论上提出自性本自具足，在修行方法论上是自悟自修、不假外求。

（二）禅宗追求的"意境美"

叶朗先生曾精辟地指出："禅宗主张在日常生活中，在活泼的生命中，在大自然的一草一木中，去体验那无限的、永恒的、空寂的宇宙本体。这种思想进一步推进了中国艺术家的形而上追求，表现在美学理论上，就结晶出'意境'这个范畴，形成了意境的理论。"[①]

意境是一种特殊的艺术境界，它表现的就是创作主体的心境。宗白华先生认为，意境是造化和心源的合一，是客观的自然景象和主观的生命情调的交融渗化，即情景交融。艺术家以心灵映射万象，代山川而立言，他所表现的是主观的生命情调与客观的自然景象交融互渗，成就一个鸢飞鱼跃、活泼玲珑、渊然而深的灵境；这灵境就是构成艺术之所以为艺术的意境。

意境美是中国古典园林艺术的最高境界，园林意境是造园主所向往的，从中寄托着情感、观念和哲理的一种理想审美境界，也是造园家将自己对社会、人生深刻的理解，通过创造、想象、联想等创造性思维，倾注在园林景象中的物态化的意识结晶；通过

---

①叶朗：《再说意境》，《文艺研究》1999 年第 3 期。

园林的形象所反映的情意使游赏者触景生情，产生情景交融的一种艺术境界。另外，禅宗生态观的哲学基础是"缘起论"，佛教认为，宇宙间一切事物和现象的生起变化，都有相对的互存关系或条件。缘起思想充分说明了人与世间万物有着休戚相关、互为因果的密切关系，根据缘起的思想，人类与生态环境成为一个和谐又完整的宇宙生命体系，对生态环境的破坏，会使支持生命存在的完整体系解体。

在漫长的造园历史中，这种以"自然天成"禅境为基础的造园理念，深深地扎根于中华民族的传统审美与园林意境的营造中。在禅宗美学濡染下，园林意境提升至"物我同一、立意深邃""造景奇妙、虚静空灵"的高度，形成了它特有的饱含自然情趣的写意化自然之美和山水性情。物我两忘，小中见大，虽由人作，宛自天开的境界，给人物我合一的精神享受，成为世界造园系统中独有的情景交融、写意空灵的造园模式。①

（三）禅宗美学对文人士大夫造园的影响

自古以来园林一直为中国的文人雅士所喜爱，诗歌、山水绘画是文人寄情山水的精神表现，那么园林则为山水意境的实物折射，伴随着禅宗美学对诗歌文艺，山水美学意境的影响，文人士大夫好山乐水，将山水浓缩于园林，视为心灵的寄托栖憩之地。士大夫在园林营造中开始追求"空、灵、超、旷"的禅界，并将自己内心精神的家园融入其中，目的是在禅的意境中，获得精神的解放与灵魂的超越。

禅宗美学对园林艺术最重要的影响在于意境营造，随着文人士大夫对内心宁静，清淡恬静，超尘脱俗为核心的禅宗美学的追求，使士族趋向于清幽自然，平淡高远的闲适之情，书、画、音乐等艺术渐渐兴起意境和禅境混然为一的审美。"空、寂、灵、妙"的韵味成为新的美学追求。禅宗这种"空、寂、灵、妙"的审美意蕴是丰富多彩的，涵盖了山川的自然美、意境的含蓄美以及世俗的人文美，它渗透到了造园的艺术手法和造园要素的选择。中国古典园林的叠山理水艺术技法都受到这种情趣的影响。

文人士大夫把禅宗的空灵超旷的境界融入中国园林创作中，建造了自己内心精神家园，把园林视为心灵的寄托之所，心志的栖憩之地。"恬然怡然，硕然悠然，园人合一，冥视六合"，人与园林完全汇融一体，与园中的一切，花草树木、飞鸟野兽、亭台楼角

---

①任晓红：《禅与中国园林》，商务印书馆，1994，第73-75页。

完全相通、相融。这样生活在园林中的文人士大夫就获得了精神的解放，灵魂的寄托与超越。自禅宗兴盛以来，除了皇家园林，寺庙园林与文人园林处处都可发现禅者的足迹，并且处处都可感受到禅的意味。

文人们对自然美的欣赏是要在任何时候都能使它变成美的境地。如对花影要考虑到粉墙，听风要考虑到松，听雨要考虑到荷叶，月色要考虑到柳梢，斜阳要考虑到梅竹等，从而使理想中的幻景能付诸实现。无论是叠石构屋，凿水穿泉还是栽花种竹，安排一石一木，都寄托了丰富的情感、哲理与联想，靠景物形象的鲜明、具体、生动，诱发观赏者产生内心共鸣，怡情于园林艺术之中。

白居易在洛阳建造的履道坊宅园，体现了他"人间有闲地，何必隐林丘"的追求，道破了禅意的人生情趣与文人园林兴起的内在联系。王维也有诗曰："晚年唯好静，万事不关心。自愿无长策，空知返旧林。松风吹解带，山月照弹琴。"他在西安蓝田修建的辋川别业，其中的规划和布局体现了他的参佛悟道，在中国历史文人园林中具有一定的代表性。文人士大夫在园林中除诗文、绘画活动之外，还以鸟兽虫鱼为伴，刻意追求人兽亲和，物我同一的审美境界，使人的精神同大自然的幽密达到了非凡的融合。士大夫们在这充满禅意的园林中，感受到自然的亲近和物我相融的意境，悟出生命的真谛与意义。

第二节　西方园林美学理论

西方园林美学一开始就受到西方哲学思想的影响，作为一种形式美学，它源自早期毕达哥拉斯及其学派的学说，以"数"作为万物本体。由"数"的元素，一种有限与无限结合而成的"一元"成为万物始基，做为造就一切的"形式"的基础，由此派生出质料，即二元，这种质料或形式的各种具体数目形成的顺序产生了点、线、面，然后从平面产生立体、由立体生出水、火、气、土四元素，再结合为万物，构成球形的和谐世界。这就是由数派生出的世界总体的和谐性，首次明确了美的本源问题。如毕达哥拉斯发现5∶8数量关系形成的黄金分割率的范式，这种和谐的数之关系产生自然之美——"整个天是一个和谐，一个数目。"另外，宇宙中的各个星体围绕宇宙的"中心火"运动，因各自的大小、体积、运行轨迹、运行速度不同，以及和"中心火"的距离不同，各要素间形成复杂有序的数的关系，构成"科斯莫斯"（cosmos），由此建立起宇宙秩序，奥林波斯、诸神、科迪摩斯形成由高到低的三位一体的天体运转模式，古典主义美学的既定法则由此诞生。而由这种一脉相承的和谐观构成了延续至今的审美定势，甚至成为了格式塔"异质同构"原则的始基，影响着柏拉图、亚里士多德的艺术功能学说。

一、摹仿自然

"艺术摹仿自然"（Art Imitates Nature）是西方美学史上的一个重要概念。"摹仿"（Imitation）一词可能起源于原始仪式中祭司的表演行动。公元前460年—公元前370年）摹仿具有了一种哲学上的含义：人的一切行动都源于对自然的摹仿，织网是摹仿蜘蛛，造房是摹仿燕子，唱歌是摹仿天鹅和夜莺；同样，艺术也是摹仿自然。西方古代的自然（nature）一词蕴含有两层含义：自然物和本性。自然物表示自然事物之总和，在这个范畴内，自然既指动物、植物，也指人；而本性则指代自然物产生的原则，是构成真实世界的形式①。

（一）美的"数理"理论

西方美学从一开始就建立在"数"的"形式"基础之上，并走上了一条主客体分离的道路。古希腊和古罗马哲学家用以形容美的名词，如"协调""整齐""和谐""比例""尺度""秩序""匀称""明确""统一"等，都是用量化和科学化的术语去阐释美和审美规律的，他们对美与艺术的自然规律进行阐释，并用普适的哲学式思考替代对美的经验感受。这种将自然独立出来进行观察的实体明晰精神，体现在审美上，就是把人固定于一点，对审美对象采用"焦点透视"的构图。

古希腊美学中存在的大量以人体作为完美范本的雕塑、绘画以及摹仿人行为的戏剧，这无疑表达了美学的第一要义"摹仿自然（此处尤指人）"，而哲学家们对于"自然"本性的思考则使得西方艺术的半壁江山被一种以对称、秩序、比例为特征的和谐审美理想形式所统治。

美在物体形式的表现是西方学者对美的最早认知，并很长时期内在西方美学中占

---

①沈洁：《西方园林的美学演进：兼论西方园林的"自然"》，《风景园林》2017第9期，第91–98页。

据着统治地位。从毕达哥拉斯学派到普洛丁（公元前 6 世纪—公元 3 世纪）近千年的历史中，先后出现 4 种关于形式的概念。毕达哥拉斯（Pythagoras）学派提出的"数理形式"、柏拉图（Plato）作为精神范型的先验"理式"（Form）、亚里士多德（Aristotle）与"质料"相对应的形式、罗马时代贺加斯（Horatius）的"合理"与"合适"，奠定了西方形式美学的理论基础，统治了整个西方美学 2500 年，至今仍有重要影响。古希腊哲学家们都将自然的本源规定在一个彼岸的世界。人们必须站在此岸向彼岸遥望，对自然本源进行观察、认知和思考。因此，人成为了把握自然的主体，自然则是与人相对立的认识客体。

（二）"数理"理论下的摹仿自然园林美学

自古希腊以来，西方古代美学家就致力于寻找美与艺术的本质和来源，并把美与"比例""尺度""秩序"等"数理"的形式等同起来，认为美与数学的形式规则可能确实存在某种联系，这种美学思想及观念，影响着艺术、园林设计、建筑设计的艺术风格及其审美。

园林作为艺术的一个门类，同样遵循"艺术摹仿自然"的规律。西方最早的规则式园林出现于古埃及。古埃及大部分地区干燥炎热、近似沙漠，环境恶劣。尼罗河流域周边富饶丰硕的灌溉农田景色自然成为了古埃及人心目中最美的"天堂"。这种对灌溉农业景色的摹仿可能就是最早的西方园林。其后，几何式的平面划分、规整的植物种植（由于土地的平坦和灌溉的需要）、矩形的水池、笔直的道路和水渠等元素逐渐沉淀下来，成为了西方古典园林的主要形式。西方人对于外在自然——富饶的灌溉农业景色的摹仿产生了西方园林雏形，而对于内在自然——"构成真实世界的形式"的思考和映射，则推动着西方古典主义园林不断发展和成熟。

西方主客对立的哲学关系决定了西方古典艺术趋向于探索外部世界的形式规律，这也是西方古典艺术（包含古典园林）追求形式美，注重"摹仿"的原因所在。这种对"艺术摹仿自然"的强调和建立在秩序、对称与比例概念之上的美的"数理"理论一直占据着统治地位，直到启蒙运动时期经验主义的出现才有所改变。西方早期对美与自然的理解和认知方式完全地反映在了在这一时期的园林设计中，且一直影响并近乎统治着西方的美学思想和园林设计。时至今日，我们在对风景园林进行专业讨论时仍能经常听到许多相同的名词概念。

二、理想化的自然

理想化的自然美学理论提出，美不仅是自然的模仿，并且要修正自然。1753 年，英国启蒙主义画家威廉荷加斯出版了《美的分析》（*The Analysis of Beauty*）一书。在这部著作中，荷加斯反对新古典主义美学观念，系统地阐述了他的 6 项原则，并提出"蜿蜒线赋予美以最大的魅力"的著名命题，他摒弃了古希腊时代以来"数理"化的几何形式，却并未摆脱对形式美学的追求。而他把蜿蜒形的曲线看作最美的线形，也是由于它最符合"寓变化于整齐"的原则。这些线条并不像圆形或方形那样符合古典主义的和谐完美，但是与大自然随意而参差不齐的线条相比又更具有概括性。这种线条中流露出一种对新古典主义的忠诚，即从自然界的偶然与变化以及永恒的"理式"美之中寻求一个理想化的自然。对于风景园林师而言，这一审美取向意味着自然是可以修正和改善的，因此造就了英国自然风景园的理念，设计师认为，园林摹仿自然之美，并且修正自然。自然风景园的设计就是在自然界中选择最美的景观片段加以取舍，去除所有不美的因素，例如布朗改造的伯利园就是依据蜿蜒形的曲线美作为设计美学进行的，体现了对现实世界自然的摹仿与修正。

西方几个世纪以来对"自然"含义的理解在逐步转变。在柏拉图提出"艺术应该摹仿自然"时，他对于自然的描述还是"理式"的世界。而到了 18 世纪末期，英国风景园林师们所摹仿的"自然"，已经是自然界丰富多样的现实本身，而非柏拉图"理式"的理想世界了。从古代希腊到 18 世纪的英国，是一种从"世界的自然"到"自然的世界"的转变，这也可以看作是西方传统园林设计从古典主义向浪漫主义的转变。

三、抽象美学

希腊艺术经过了 2000 多年的发展，在 20 世纪初期开始"反叛"。"美"和"审美"地位的动摇开始于 18 世纪，古典主义美学中的崇高、秀美、隽美等观念逐渐从"美"中分化出来，美的领地不断被缩减。至 18 世纪末，人们就"美"是否能成为艺术价值的唯一标准开始了争论，争论中导致了"丑"的升值，首先是从美与艺术的分野开始的。

由于审美趣味的转变，"艺术等同于美"这个在传统美学中至高无上的概念的失落，直接引发了现代艺术对于传统美学的反叛。对于现代艺术而言，是否具备"美"不再是判定一件物品是否属于艺术的必要条件，美与艺术也就从此分道扬镳了。美与艺术的分野冲破了"美的艺术"的樊篱，为艺术的发展带来了广阔的自由。将现代艺术引领上了"抽象"之路，使其从早期的印象主义、野兽派、未来主义、立体主义、超现实主义、风格派、构成主义发展到后来的大地艺术、极简艺术、波普艺术、观念艺术等。

西方园林作为艺术的一种形式，在2000多年以来一直遵循着"摹仿自然"美学哲学的园林设计，随着现代艺术的发展及其审美的变化，风景园林美学开始试图冲破以往"理想自然美"的界限，以一种抽象的方式打破了过去的规则式与自然式两者非此即彼的程式，并在新的艺术思潮和艺术形式中寻找可借鉴的艺术思想和形式语言。如布雷·马克斯（Roberto BurleMarx）、托马斯·丘奇（Thomas Church），直至后来的彼得·沃克（Peter Walker）、玛莎·施瓦茨（Martha Schwartz）、乔治·哈格里夫斯（George Hargreaves）等人设计的园林艺术作品具有一定的代表性，广泛受到该时期艺术思潮、艺术审美的影响。

第三节　当代风景园林美学理论

风景园林学科本身就是一门边缘交叉学科，因此，风景园林美学和传统的园林美学、建筑美学以及旅游美学、生态环境美学和地理科学都有着千丝万缕的联系，面对丰厚的中外古典园林艺术遗产和东西方园林艺术的交流历史，今天的风景园林美学研究不仅具有丰厚的继承内容，还有广阔的开拓空间。一方面，可以从传统的造园理念，特别是古典园林美学中的自然观上获得启迪。另一方面，现代风景园林还需要在扬弃古典园林自然观的基础上，不断有新的开拓。这种拓展主要表现在两个方面：一是由"摹仿"自然，向生态自然拓展；二是静态自然向动态自然的拓展，即现代景观设计，将景观作为一个动态变化系统。

一、当代风景园林美学价值

在整个西方园林史的发展过程中，美与艺术的价值追求占据了历史的绝大部分篇幅。如果说上千年的积淀为西方园林美下了清晰的定义，而现代主义以后的风景园林却希望跨越理想美，以艺术为己任，由此，在环境科学影响下的风景园林则走上了重新定义什么是美的道路。

风景园林学是一门科学与艺术相融合的学科，对美与艺术的探索在很大程度上仍在学科中占据着重要地位，但正如宾夕法尼亚大学风景园林系前系主任亨特（John Dixon Hunt）所指出的，现代的风景园林设计学科已经是一门从区域的战略规划到后院和花园的设计、从污染地的生态重建到历史的设计复兴、从公共广场到私人花园图案的设计，覆盖了广阔领域的专业，在这样的学科背景下，风景园林设计师对美与艺术的追求与艺术家纯粹的艺术追求有着本质的区别。现代风景园林学应当有比"为艺术而艺术"更高的价值理念，它需要平衡和考量社会、生态、文化等多方价值。

19世纪90年代，面对西方园林历史上轰轰烈烈的规则式与自然式之争，小尔斯·艾略特（Charles Eliot，Jr）提出了一个颇有先见之明的论点，他认为，美在本质上不依附于任何形式，现实或许难以解释，但对于科学来说，有一点是普遍存在的，即每个生命所具备的形式都是被百万年的自然选择所塑造的，它体现在功能、优势或便利性等方面。而美，则是这种演化的一个结果，如果有人不顾前提条件，而执意将某种特定的风格跟模式强加于筹划土地以及与之相关的景观之上，他必定是不学无术之人，因为他忽视了一个重要的基本常识，即虽然是适宜（Fitness）的，未必是美的，但任何外表上的美必须首先是适宜的。真正的艺术，在它成为美之前，都首先具有表现力，他的意思是，提出了美是条件的，对于景观设计来说，造型之美要和功能结合起来。

二、生态景观美学

20世纪以来，随着西方各国工业化进程的加速发展，环境不断恶化，这直接影响到了人类的生存与生活质量。于是，以欧美为中心，一场日益高涨的环境保护运动爆发了。

此外，环境生态学、环境伦理学、环境心理学等环境学科纷纷涌现，以一种联系、有机的生态学范式取代了以往孤立、割裂的机械论范式，一种基于有机整体和普遍联系的当代环境思想逐渐形成。这些思想也逐步地浸淫着西方艺术美学的观念，最终融合成一股声势浩大的洪流，导致自黑格尔以来忽略自然美的艺术美学开始面临着学科重构的危险与契机。

在国外，生态美学主要从生态审美角度探索实践模式，它的理论基础和研究内容主要来源于传统的自然美学和环境美学，从欣赏自然到探索环境，再到认知生态，这种承接逻辑体系使其不同于自然美学与环境美学，并将审美场理论作为一种普遍理论融入景观设计中。

生态美学是生态学和美学的有机结合，是中国学者在 1990 年以后提出的一种新兴学科。从广义上讲，生态美学包括人类与自然环境、与社会、与他人及自身之间的生态审美关系，是一种与现代生态法则非常吻合的存在论美学，它通过形态美、整体美、参与美、过程美和功能美的有机结合展现了人与自然之间和谐共存的美好画面。曾繁仁是当代中国生态美学的奠基人，曾经出版《生态美学导论》一书，论述了生态美学的产生、理论指导、中西资源、理论内涵以及发展路径等内容。

环境、生态、景观本来就是浑然不可分割的一个整体，共同营造了人类生存的外部空间。环境美学属于美学的一部分，最初概念产生于 20 世纪 60 年代的欧美发达国家，它是在传统美学的基础上忽视自然生态环境美学的新观念，研究的主要内容是人类对生存环境的审美要求，强调的是"自然全美"。

景观美学是环境美学的重要内容之一，其研究范围包括自然、人工和人文景观。景观美学是生态美学和环境美学的具体体现，而生态美学是自然景观在传统美学观念上的另一种审美方向，强调自然、生物的过程和格局。

在生态美学中，审美对象如何呈现很大程度上取决于审美主体是如何欣赏它，简单地说，审美方式塑造审美对象。生态美学研究内涵包括人与自然间接"对话"关系的生态自然美维度，是在自然美学的基础上附加了有关生态的美学研究。生态美学不同于传统美学，它旨在通过诗意栖居、家园意识、场所意识、四方游戏说等独特的审美方式来构建生态审美观，从而深化生态美学的原理研究。

生态美学的产生实现了美学从技术到观念，从人文到生态的转变，它的关注焦点由美的实体转变为对人与自然物及无机环境关系的探讨，削弱了人的主体力量和人对自然的驾驭权利，强调人与自然物的平等关系和共生状态，体现了人们对于自然美的理解与超越，也是"自然祛魅"到"自然复魅"的回归，生态学和伦理学的向度将美学引领至崭新的领域，

在此影响下，生态景观呈现出一种与传统园林美相异的形态结果。它强调一个区域内的诸多要素联系过程和功能的多维耦合，注重这些因素组合在时、空、量、构、

序范畴上相互作用,形成人与自然的复合生态网络。它不仅包括有形的地理和生物景观,还包括了无形的个体与整体、内部与外部、过去和未来以及主观与客观的系统生态联系。它强调人类生态系统内部与外部环境之间的和谐,系统结构和功能的耦合,还注重过去、现在和未来发展的关联以及天、地、人之间的融洽性。

三、文化景观美学

文化景观作为一个重要的学术概念起源于文化地理学,目前在遗产保护以及规划设计等领域也被同时应用。

认知视角下的文化景观认为,19世纪下半叶拉采尔(Ratzel)在其《人类地理学》中,阐述了与文化景观概念相似的历史景观概念,即"人类活动所造成的景观,它反映出文化体系的特征和一个地区的地理特征"。《中国大百科全书·地理卷》指出文化景观的构成要素包括"自然风光、田野、建筑、村落、厂矿、城市、交通工具和道路以及人物和服饰等"。由于构成要素的复杂性,划分的方法也很多,常被提及的文化景观类型包括:聚落景观、城市景观、乡村景观、工业景观、农业景观、牧业景观、宗教景观、建筑景观、政治景观、乡土景观等,还有学者根据景观的文化属性差异,将文化景观分为物质文化景观和非物质文化景观两大部分。

保护视角下的文化景观认为,文化景观这一概念是在1992年12月在美国圣菲召开的联合国教科文组织世界遗产委员会第16届会议上提出并纳入《世界遗产名录》中。世界遗产分为:自然遗产、文化遗产、自然与文化复合遗产和文化景观。文化景观是指《保护世界文化和自然遗产公约》第一条所表述的"自然与人类的共同作品"。一般来说,文化景观有以下类型:

一是由人类有意设计和建筑的景观。包括出于美学原因建造的园林和公园景观,它们经常(但并不总是)与宗教或其他概念性建筑物或建筑群有联系。

二是有机进化的景观。它产生于最初始的一种社会、经济、行政以及宗教需要、并通过与周围自然环境的联系或适应而发展到目前的形式。它又包括两种次类别:(1)残遗物(化石)景观,代表一种过去某段时间已经完结的进化过程,不管是突发的或是渐进的。它们之所以具有突出、普遍价值,就在于显著特点依然体现在实物上;(2)持续性景观,它在当地与传统生活方式相联系的社会中,保持一种积极的社会作用,而且其自身演变过程仍在进行之中，同时又展示了历史上其演变发展的物证。

三是关联性文化景观。这类景观列入《世界遗产名录》，以与自然因素、强烈的宗教、艺术或文化相联系为特征，而不是以文化物证为特征。此外，列入《世界遗产名录》的古迹遗址、自然景观一旦受到某种严重威胁，经过世界遗产委员会调查和审议，可列入《处于危险之中的世界遗产名录》，以待采取紧急抢救措施。

由以上文化景观的概念和内涵可看出，文化景观美学主要研究景观中所呈现的文化之美。文化之美是人所创造的美，不同于天然的美。"生存"是文化美学的一个核心范畴。"人的存在"构成了生存的基本含义，它有两种存在方式，一种是形而上的、道的、精神价值的、意义的方式，另一种是形而下的、器的、物质价值的、效用的方式。它们水乳交融地存在于一个完整人的身上。另外，文化景观美学主要包括建筑之美、民俗风情美、历史文化美、饮食特色美等内容。

四、具有中国特色的景观美学

当代景观设计目的在于建立一个自然的过程，也不是建立一成不变的如画景色，而是有意识的接纳相关自然因素的介入，并力图将自然的演变和发展的进程，纳入开放的景观美学体系之中。典型的例子如 20 世纪 90 年代荷兰的 WEST8 景观设计事务所设计的鹿特丹海堰旁的贝壳景观工程。

此外，现代景观在功能定位上，也不同于古典园林以宫廷贵族和少数文人士大夫为主要服务对象，而是更多考虑大众的多元需求和开放式空间中的种种行为现象，充分运用环境心理学、行为心理学等学科方法来为大众"量身定做"。总之，现代景观美学在全面吸收与继承古典园林美学成就的基础上，更加开放与自由，艺术手法亦有很大的创新。

现代景观美学理念下的创作视角会兼顾不同人群的兴趣，这一景观美学的创作视角和思维方式符合当今全球化和多元文化社会的需要，将对全世界范围内关注当代社会中自然观的文化多样性的人们有重大的启发。由此，如何创造性地表现中国传统文化背景下景观设计的独创性和与场所的对话性，是景观设计的一个发展方向。在景观美学理论建构中辨析和处理好与旅游美学、生态环境美学和地理科学文化景观美学的关系，加强对国外景观文化和景观设计思想的译介和消化吸收，都是促进中国本土景观美学思想逐步走向成熟的有效方式。可见，新的景观思维方式与当代中国问题的结合，可以产生中国特色的当代景观美学。

自 1979 年至今，我国园林借鉴西方的景观形式，将现代科技与本土精神通过大尺度的空间综合表述出来。园林设计凭借不同的象征符号可以表现出不同的空间递进手法，如写实—隐喻、隐喻—象征、象征—神话（更为复杂的象征）等。另外，还引入西方现代园林的历史象征性叙事场景、集体记忆、场所精神等设计理念，构成具有文化内涵的自然景观资源特征，并且将西方现代反映地域文化表意性符号的手法运用到点题造景之中。

在景观设计中借鉴西方现代景观色彩的处理手法，增添了环境审美趣味，特别是住宅区绿地景观设计的中心绿地组团，由泳池、小溪喷泉、跌水与花池草坪构成，同时点缀了张拉膜结构的休憩亭。各组团还使用不同色相的浅色系列，地面空间分割使用尖圆弧、波曲面与锯齿状、尖叶形等形状，有的通过不同的色彩，不同高差迭级进行拼合、镶嵌、错缀，再配以现代雕塑和装帧为造型的设计母题，形成了城市新景观设计美学思想。

思考题

1. 如何理解中国园林美学的基本理论？

2. 如何理解西方园林美学与艺术美学的关系？

3. 如何理解当代风景园林美学理论？

第三章 传统园林美学发展历程

园林美学的发展是一个渐进历程，无论是中国古代园林还是西方传统园林，都经历了一个从萌芽到发展，再到成熟阶段，也都是从早期的园林美学观点逐渐发展为比较完整的理论。

第一节 中国传统园林美学发展历程

中国古代园林是我国传统文化的重要组成部分，虽然它没有系统的美学理论，但它的发展历程与中国历史、中国古代园林史、中国传统文化中的儒、释、道思想密切相关。因此，依据中国历史发展分期来分析中国古代园林美学发展历程，能够更加深入地理解中国古代园林美学。

一、先秦及秦汉园林审美

作为一种艺术形态，中国园林的萌生经过了长时期的孕育，然后在此基础上开始其自身发展。就其功能秉性来说是多元的，并在历史进程中不断扩展、衍化。从历史进程看，秦、汉以前是中国古代园林审美历程第一个大阶段，即为萌生和开始阶段，这一阶段分为先秦和秦汉两个时期。

（一）皇家园林

中国古典园林发轫与先秦的"台""囿""苑""圃"有关，它们被认为是中国园林的雏形或先导。在距今约 5000 年前的黄帝时代，就出现了园林的雏形——玄圃。玄圃，亦称悬圃、平圃、元圃，玄，通"悬"。在《山海经》等古籍中，是传说中的"黄帝之园"，处于昆仑山顶的神仙居所。尽管"圃"的本意是种菜之地，但玄圃在传说中却充满奇花异石，"登之乃灵，能使风雨"。

距今3000年前的殷商时代，在甲骨文中出现了囿和圃，此后又出现了"苑"和"园"。先秦时期，囿是就一定的地域加以圈定，让天然的草木和鸟兽滋生繁育，以供帝王贵族狩猎游乐的用地，也是欣赏自然界景物和动物生活的审美享受场所。这时的囿，就其功能来说，比较单纯，除了夯土筑台，掘沼渔养为人工设施外，其他都是天然景物和野生的动植物，可称为西周的令囿，是我国园林最初形式。

至于苑和囿的区别，解释有所不一。《吕氏春秋·慎小》："鸿集于囿"。高诱注："畜禽兽，大曰苑，小曰囿。"《说文解字》则说，"囿，苑有垣"，从墙垣的有无来区分囿和苑，有垣曰苑，无垣曰囿。另外囿和苑皆养畜禽兽，但面积较大者为苑，面积较小者为囿，圃的功能主要为种菜，没有垣篱，苑种花果，有垣篱。

先秦时期苑、囿特征如下：一是面积广袤，这当然也是畜养禽兽和进行渔猎等活动所必需的；二是以天然为主，先秦时期的苑囿和秦汉苑囿相比，特别是和后来私家园林的建筑密集、雕山琢水相比，其物化了的人工成分不突出；三是苑、囿中多畜养禽兽；四是游乐性质，这也是当时苑、囿所共有的，或是"乐戏"，或是"乐此"，或是"与民偕乐"，不管怎样，都是一种"乐"。

秦汉时期的苑、囿是在继承古代囿的传统基础上，根据新的生活内容要求向前发展而形成。苑中养百兽，供天子秋冬射猎游乐。因此，在保留了狩猎娱乐功能基础上，又扩展到苑中有苑和宫。特别是离宫别馆相望，周阁复道相属的宫室建筑群已成为苑的主题。也就是说，秦汉建筑苑囿实质上是圈定广大地区中的囿和宫室建筑群的综合体，如秦代就有上林苑、宜春苑、兰池宫、阿房宫等。到了汉代，上林苑面积和规模更大，以长安为中心，南抵终南山北坡，北依渭河以北的九嵏山南坡，内有昆明池、宫、观等建筑。

秦汉时期在修建规模宏大的皇家园林中，宫、殿、堂、亭、台、楼、阁、廊、榭等园林建筑纷繁争辉。囿、苑、圃中的主要建筑是台和榭。早在夏、商、周三代就有了台的建构，比如西周周文王的灵台（图3-1）负有盛名。在《关中胜迹图志》记载为"灵囿在长安县西四十里，跨户县境"，还收录了《诗经·大雅》的记载"王在灵囿"，《孟子》记载"文王之囿方七十里"，《左传》记载"周之故台，今之户县东五里有丰宫，又东二十里有令囿，囿中有台"，《三黄辅图》对周文王灵台的记载是"台高二长，周四百二十步，台下有囿，囿中池沼"[1]，此处的池沼指的是灵沼。

图 3-1　周文王时期的令囿、灵台、灵沼

另外，春秋战国时期楚国楚灵王的章华台和吴国的姑苏台，秦代上林苑中的台也很壮观。

《荀子·成相》中记载"大其苑囿高其台。"许慎的《说文解字》记载"台，观四方而高者。"可见，台的特点就是高耸，其作用是可以观四方。台除了呈四方的平面造型外，主要特点是筑土坚高而成。《说文解字》还提到，台"与室屋同意，榭，台有屋也"，这说明台上往往建有室屋，不过，所建的室屋又往往被称为"榭"，另外，台和榭的这种界限只是相对的，有室屋之台往往也被称为台，"台榭"往往连用，几乎成为一个合成词，还可用以统称建有室屋之台或泛称各种建于高处的建筑。

另外，囿、苑、圃内开挖了许多池沼、河流，栽种名果奇卉，豢养珍禽贵兽，供帝王观赏与狩猎之用。宫中除了各式楼台建筑外，还有河川、山冈等，特别是汉代建章宫中挖池筑台、筑山，形成太液池，池中筑有蓬莱、方丈、瀛洲三岛，形成了"一池三山"的空间布局，对后世造园影响很大。

---

①毕沅：《关中胜迹图志》，张沛校点，陕西新华出版传媒集团，2021，第191页。

（二）汉代私家园林

西汉时期园林在秦代基础上有了新的变化和发展，前期由于朝廷崇尚节俭，私人营园并不多见。汉武帝以后，贵族、官僚、地主、商人广置田产，开始建造私家园林。特别是后期私家园林进一步增多，王卿贵族的宅第池园、均规模宏大、楼观壮丽豪华，如曲阳侯王根的宅园，成都王商的宅园，茂陵袁广汉的私家园，都是园内水池面积辽阔，土石假山绵延数里，假山高十余丈，园内豢养奇禽怪兽，种植大量的树木花草，构筑有徘徊连属、重阁修廊等建筑物。[①]东汉时期，私家园林见于文献记载的已经比较多了，建在城市及其近郊的宅、第、园池分布范围比较广，一人拥有园林数量之多，如开国大将梁冀的园囿和菟园，规模比较大，园内高楼迭起，他在河南的荥阳、鲁阳等地有园林，尤以洛阳西郊的菟园最为著名。

另外，随着庄园经济的发展，在郊野的园林化经营表现出一定程度的朴素特征。由于东汉后期政治黑暗，一些世家大族为了躲避灾难和迫害，有的辞官回到庄园隐居，与山林结缘，出现了隐士庄园。这种庄园既是物质财富，也是精神家园，还是心灵的寄托地，如文学家和科学家张衡、仲长统等人的庄园表现得朴实无华，亲近自然，有隐逸之风，具有原生态味道。这种将生产、生活和大自然融为一体流露出的悠然自适情愫，在当时不仅具有代表性，也开启了魏晋南北朝别墅园林的先河。

汉代私家园林的发展状况，在近些年来出土的汉画像石、画像砖中可以看到其规模。其上刻画的住宅、宅院（图3-2）、庭院、建筑、园林（图3-3）等很形象、细致、具体、生动。庭院的风貌有多重院落、水榭等景致，当时的私家造园已经成为一种风尚，一些豪强和文人官僚热衷于在城市以外的郊野山林地带修筑庄园。庄园规模大小不一，与农田、鱼塘、树木结合在一起，具有明确的生产功能，同时又远离城市喧嚣，与自然山水进一步融合，带来怡人的景致和宁静的生活环境，并逐渐发展为一种新型的别墅园林。

---

①周维权：《中国古典园林史》，清华大学出版社，2008，第103页。

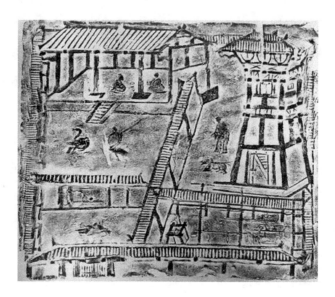

图 3-2　汉画像中地主宅院

图 3-3　汉画像中的园林

（三）先秦及秦汉时期园林审美特征

先秦及秦汉时期的园林所表现的审美特点与当时社会的政治、经济、文化密切相关，园林艺术也是当时社会的一个缩影。

1. 自然寥廓、雄伟壮观的大气之美

先秦时期周文王在城郊建的灵台、灵沼、灵囿，在总体上构成规模甚大略具雏形的贵族园林。另外，春秋战国时期，诸侯国贵族园林的规模都比较大，建筑装饰华丽，著名的有楚国的章华台，吴国的姑苏台。汉时期的园林，多是接近自然山林，用墙垣包围，占地面积巨大，有从西到东横跨周至、户县（现为鄠邑区）、长安（现为长安区）、蓝田4县，南至终南山麓。如汉代上林苑苑墙长度130千米至160千米，园内的平原宽广、丘陵绵延起伏、河流遍布、森林苍茫，呈现出自然、粗犷、寥廓大气之美，建筑物只是简单散布、铺陈、罗列在其中，整个园林几乎没有多少统一规划，比较粗放，但其整体却显示出壮丽宏伟，雄伟壮观的大气之美，体现了泱泱大国之气势，无论是秦代的阿房宫，还是汉代的建章宫均是如斯气势。

2. 天人合一的和谐之美

先秦及秦汉苑囿中的台，主要功能是通神、望天神仙，还含有古人对自然变化神秘莫测的敬畏以及对上天的恐惧和崇拜，其目的是想尽可能地认识自然，利用自然为人类造福，在一定程度上体现了古人对大自然的改造精神。比如汉代建章宫的渐台，《长安志·（汉）太液池》记载："《关辅记》长安故城西，建章宫北，有太液池，以象北海。池中起三山，以象蓬莱、瀛洲、方丈……成帝常以秋日与赵飞燕戏于太液池上"。《关中胜迹图志》中也有记载，太液池中有渐台，后者不仅记载"建章宫置大池，渐台高二十余丈"。渐台，为星象名，位于织女星官的附近，由四颗恒星组成的渐台星官呈口的形状。上林苑的布局体现了现实、域外、仙界、天上的四个面，实现了天人合一的和谐之美。

3. 山水比德的精神之美

先秦时代人们对自然美的欣赏，多是将自然界各种形式属性的审美对象作为人的品德美或精神美的一种象征。比德思想源于先秦儒家，从功德、伦理角度来认识大自然，儒家先贤们认为山川林木之所以能引起人们的美感，在于它的形象能够表现出与人的高尚品德相类似的特征，故将其外在形态、属性与人的内在品德联系起来。《诗经》里已有大量的描写自然美的诗句，运用比拟手法，有的虽是以物比形，以物比貌，以物比事，以物比理，但很多是直接或间接地以物比德。[1]孔子曰"知者乐水，仁者乐山"。水的清澈象征人的明知，水流动表现智者的探索。山的稳重与仁者的敦厚相似，山中

---

[1]汪菊渊：《中国古代园林史》，中国建筑工业出版社，2012，第28页。

蕴藏的万物可施惠于人,体现仁者的品德。之后"高山流水"比拟为人品高洁的象征。"山水"一词便成了大自然的代名词中国园林一开始就是筑山理水,台,也是对山的摹拟。先秦的苑囿除台榭外,较多的是强调形式的天然美。

二、魏晋南北朝时期的园林审美

魏晋南北朝是我国历史上一个民族大融合时期,在这个过程中各民族的文化得到了广泛交流和融合。虽然魏晋南北朝时期是一个分裂战乱时期,政治动荡,战争频繁,人民生活贫苦,但文化艺术与园林艺术得到了较快发展。许多文人雅士为了逃避社会现实,进入名山大川找寄托,求超脱,山水游记、山水诗、山水画开始出现,在文艺上孕育出"心师造化""迁想妙得""形似与神似""以形写神"以及"气韵生动"等六法理论,对园林艺术的创造产生了深刻的、长远的影响。另外,在东汉,中国土生土长的道教形成后,至南北朝时达到早期高潮。而玄学的主要思想来源就是老庄,老庄所倡导的主要内容之一就是隐逸哲学。东汉晚期,老子哲学之隐逸意识,也渗入了山水画和园林审美意识之中。[①]

(一)皇家园林

三国两晋、十六国、南北朝相继建立大小政权的国家,他们都在各自的都城建有宫苑,主要是邺城、洛阳、建康、长安。邺城有华林园、孔雀园、龙腾苑、仙都苑等;洛阳有芳林苑、华林园,健康有华林园、芳乐苑、乐游苑、芳林苑等;长安华林园、逍遥园等。该时期皇家园林的规模比秦汉时期小,用山水、植物、建筑等要素综合成景观。皇家园林在具有"镂金错彩"皇家气象美的同时,也受私家园林审美观念的影响,将民间的"修禊"引入宫廷,园林布局出现了禊堂、禊坛、流杯沟、流杯池、流觞池等,筑山理水开始用写意手法,将写意与秦汉的写实相结合,"曲水流觞"作为一种重要的景观为后世园林所模仿。

(二)私家园林

东汉末期,私家园林已有很多。到了魏晋南北朝时期,官僚士大夫们追求寄情山水、雅好自然成为社会风尚,由此建成的私家园林主要有建在城市里或者近郊城市,或建

---

①吕忠义:《风景园林美学》,中国林业出版社,2014,第52页。

在郊外的庄园、别墅等。

城市型私家园林有宅园、游憩园，如张伦的宅园、茹法亮的宅园等，该类型的私家园林设计精美细致，规模小型化，布局有以小见大的雏形，山池、花木、建筑综合运用，并精心构思，追求华丽和声色娱乐之美。造园手法开始从写实向写意过渡。园林中的观赏性花木增加、叠石耐人寻味、水景观丰富，受当时审美思潮影响，园林创造"何必丝与竹，山水有清音"的田园风光之美。

近郊私家园林有庄园、别墅等。比如西晋时期洛阳石崇的金谷园（图3-4）、潘岳庄园等，园中有畜牧、鱼池、果木、蔬菜等生产场景，又有各种树木花草，建筑形式多样，有层楼高阁、雕梁画栋。陶渊明隐退庐山脚下的小型庄园，虽然规模小，简单朴素，但形成的是怡然自得、恬适宁静、天人合一的田园意境之美。他的《归园田居》诗就是对自己优美家园景色的描述。

郊外山林川泽型的别墅、山墅是南迁的北方士大夫所建，比较著名的有东晋谢、王两家的庄园。特别是谢灵运写的山水诗文代表作《山居赋》，对谢氏庄园周围的自然风光和山水形势进行详细描述，反映了士人对大自然山水风光之美的深刻领悟和一往情深的热爱程度，所体现的清纯审美趣味、浓郁的隐逸情调，似乎在北方的金谷园之上。

图3-4　明代仇英绘的《金谷园》局部

（三）寺观园林

魏晋时期，佛、道比以前更加盛行，大量的寺、观园林相继建立，分为城市类型寺、观园林和郊野地带的寺、观园林。

城市类型的寺、观，有的毗邻寺观但单独成园，有的是在寺、观殿堂庭院绿化或者园林化，如洛阳的宝光寺、景明寺、景林寺、白马寺等。郊野寺、观多是建在田园和山野之内，有的称为"精舍"；也有的僧侣、道士们怀着虔诚的感情，在荒无人烟的山野地带建寺观，但必须满足三个条件，一是近水源便于获得生活用水；二是靠近树林以便采薪；三是地势向阳背风，易于排洪。寺观选址与风景的结合，意味着宗教的出世感情与世俗的审美要求相结合。由此形成的宗教建筑往往因山就水，架岩跨涧，布局上讲究曲径通幽，高低错落，不仅成了自然风景的点缀，与山水风景亲和交融，其本身也就成了山水园林。宗教园林氛围即显示的仙界境界，也有点世俗庄园、别墅的感觉和味道，呈现了天人合一的人居环境。这些地方由于宗教信徒、文人名士的纷至沓来，逐渐形成了风景名胜区。

（四）公共园林

亭，在汉代本是驿站建筑，也相当于如今基层行政机构，到两晋时期演变为一种风景建筑，成为文人名流在城市近郊风景地带游览聚会、吟诗唱和的地方，由此，亭转化为公共园林的代称。西晋至南朝末年的会稽郡仅辖今绍兴、宁波一带，有新亭、兰亭，是当时文人相聚的地方，也是公共园林的雏形。特别是兰亭雅集，因王羲之的《兰亭集序》记叙在这里进行的一次曲水流觞活动而留名千古[1]。《兰亭序集》的内容为：

永和九年，岁在癸丑，暮春之初，会于会稽山阴之兰亭，修禊事也。群贤毕至，少长咸集。此地有崇山峻岭，茂林修竹；又有清流激湍，映带左右，引以为流觞曲水，列坐其次。虽无丝竹管弦之盛，一觞一咏，亦足以畅叙幽情矣。

是日也，天朗气清，惠风和畅。仰观宇宙之大，俯察品类之盛，所以游目骋怀，足以极视听之娱，信可乐也。

夫人之相与，俯仰一世，或取诸怀抱，悟言一室之内；或因寄所托，放浪形骸之外。虽趣舍万殊，静躁不同，当其欣于所遇，暂得于己，怏然自足，曾不知老之将至。及其所之既倦，情随事迁，感慨系之矣。向之所欣，俯仰之间，已为陈迹，犹不能不以之兴怀。况修短随化，终期于尽。古人云："死生亦大矣。"岂不痛哉！

每览昔人兴感之由，若合一契，未尝不临文嗟悼，不能喻之于怀。固知一死生为虚诞，齐彭殇为妄作。后之视今，亦犹今之视昔。悲夫！故列叙时人，录其所述，虽世殊事异，所以兴怀，其致一也。后之览者，亦将有感于斯文。

---

① 俞昌鸿：《"曲水流觞"景观演化研究》，《中国园林》2008 年第 11 期。

王羲之的文章将时间、地点、人物、环境情况、聚会原因等交代得比较清楚。兰亭（图 3-5）不仅因为王羲之的文章而出名，更因他的书法作品的流传成为著名园林。

图 3-5 明代文征明绘的《兰亭修褉图》（局部）

《兰亭集序》以清新朴素的语言，记叙了一次江南雅集盛会，那"一觞一咏"的高雅清纯，表现了南朝文人名流恬适淡远的生活情趣，折射出他们"丝竹为临""山水为知音"的"园林观"。从中可以看出魏晋时期文人内心追求寄情山水，神与物会的心态。兰亭作为首次记载于文献的公共园林，通过东晋文人雅集盛会和诗文唱和所流露出的审美趣味，给予当时和后世园林艺术以深远影响。

三、隋唐时期的园林审美

隋唐是中国古代城市建设的大发展时期，也是中国园林的全盛时期。其国势强大，文学、艺术呈现为群星灿烂，这一时期园林的主要审美特点如下：

一是皇家园林的"皇家气派"已经完全形成。隋唐皇家园林规模宏大，园林的气势、内容、功能及艺术具有综合性，给人一种整体审美感受；另外，皇家园林的建设已经趋于规范化，大体形成大内御苑、行宫御苑和离宫御苑的类别，为以后皇家园林建造形成范式。

二是文人园林的兴起。文人参与造园活动，在私家园林中着意刻画园林景物性格并注重局部细节的处理。唐代的一批文人造园家，如白居易、柳宗元、韩愈、王维等人把儒、释、禅的哲理融入自己的造园思想之中，形成了文人造园观，文人造园体现的是"中隐"思想。唐代文人造园的兴起为宋代文人园林的兴盛打下基础。

三是诗、画、园融为一体。唐代的文化艺术在汉代民族传统基础上又融糅其他民族的养分，形成了群星灿烂、百花齐放的盛世局面。绘画除了宗教画之外，其他直接反映和描写现实生活及世俗的花鸟画、动物画、人物画、山水画等应运而生，并称为独立画科。唐代已经出现诗、画相互影响和渗透，如王维的诗具有"诗中有画、画中有诗"的特点。另外，由于诗人、画家直接参与造园活动，山水画自然影响园林，他们将诗、画、园融为一体，有意识地在园林中融糅诗情、画意。于是，唐代山水诗、山水画、山水园相互渗透的迹象开始出现，园林的诗情画意开始形成，追求园林意境初露端倪。具体来说，隋唐园林审美主要体现在以下类型：

（1）皇家园林。

隋唐时期的皇家园林主要集中在长安、洛阳一带。两京以外的地方也建置有数量众多的皇家园林。隋唐的皇室园居生活多样化，主要的园林有大内御苑、行宫御苑、离宫御苑三种类型。

隋代的大内御苑主要有太极宫（又称隋大兴宫）、洛阳宫、大兴苑等，这些宫、苑中又有许多园。唐代的大内御苑有大明宫、兴庆宫等。大内御苑紧邻宫廷区后面或者一侧，呈宫、苑分置的格局。苑内植物多为松、柏、桃、柳、梧桐等，水池面积巨大，比如大明宫的太液池面积为 1.6 公顷，延续了春秋战国时期的蓬莱意境。苑内单体建筑均规模宏大，形成巨大的建筑群，显示出严谨肃穆、雄浑风姿和磅礴气势的美感。

在行宫御苑和离宫御苑类型中，隋代有仙游宫、九成宫、江都宫等，唐代有东都苑（隋代为西苑）、上阳宫、玉华宫、翠微宫、华清宫等，绝大多数都建置在山岳风景优美的地带，如"锦绣成堆"的骊山、"诸者峰历历如绘"的天台山、"重峦俯渭水，碧障插遥天"的终南山等。这些宫苑都很重视建筑基址的选择，其"相地"独具慧眼，不仅保证了帝王避暑消闲的生活享受，还为他们创设了一处处得以投身于大自然怀抱的天人合一的人居环境，同时也反映出唐代人们在宫苑建设与风景建设相结合方面的高素质和高水准。另外，唐代一些行宫的选址还有从军事角度考虑的因素，如陕西铜川的玉华宫、宝鸡麟游县的九成宫就是如此。

（2）私家园林。

唐代私家园林魏晋南北朝时期更为兴盛，普及面更广。中原地区的长安、洛阳民间造园之风盛行，巴蜀、江南地区的私家园林也很发达。由于科举制度的确立，更多的庶族进入政府阶层，逐渐取代了魏晋时期的门阀制度。知识分子显达时春风得意，失意时便把目光投向园林，由此形成了既可以寄情林泉，又可以心系庙堂的一种特殊风格的私家园林——士流园林，主要分为城市园林和郊野园林两种。

长安城内私家园林有宅园或憩园，叫"山池院""山亭院"，多为皇亲和大官僚所建。其风格多为绮丽豪华，追求一种缩移摹拟天然山水、以小见大的审美意境，同时也显示了长安城内富贵高官的园居生活。另外，城市园林也有追求清雅格调的园林。比如白居易在洛阳建造的履道坊宅园，他还为之写了《池上篇》，文章描述其为："屋室三分之一，水五分之一，竹九分之一，而岛树桥道间之。"

白居易的履道坊宅园在于寄托精神和陶冶情操，其清纯幽雅的格调具有城市山林的气氛，同时也表现出当时文人园林观及审美追求，那就是以泉石竹树养心，借诗酒琴书悦性。

郊野别墅园林分为三类，第一类是皇亲贵族园林，如长安城内近郊别墅园林多为贵族、大官僚，集中于东郊、西郊一带，因为接近皇居的太极宫、大明宫、兴庆宫。当时太平公主、长乐公主、安乐公主、宁王、薛王、李林甫等均在此地建有别墅。文人园林多分布在南郊的樊川一带。另外，洛阳南郊的平泉庄、成都杜甫的浣花溪草堂也属于郊野文人私家园林；第二类是文人官僚在远郊风景名胜区依托于自然风景兴建的别墅园林。如白居易的庐山草堂，是他任江州司马时，在庐山修建了一处别墅园林——草堂，并写有《草堂记》描述其景致，以表现知识分子饱经宦海沉浮后，退居林下、独善其身、以林泉为乐的精神追求；第三类是唐代官员通过买卖土地，在自己庄园内建置园林，称为别墅园。王维的辋川别业、卢鸿的洛阳嵩山别业就是比较典型的代表。

（3）寺观园林。

唐代处于国家发展和统治需要，对儒、释、道三教并尊，在思想和政治上都不同程度地加以扶持和利用，由此促进寺观园林的发展。长安城内设置的寺观比较集中且最多，有名的如荐福寺、光明寺、招福寺、大兴善寺、慈恩寺、元都观等，寺观内有绿树成荫、山池之美、花木之盛，吸引得文人们前往。特别是慈恩寺的牡丹和荷花最负盛名，文人到此会友、吟诗、赏花成为一时之风尚。另外，郊野寺观多建于山岳风景优美地带。佛教的大小名山、道教的洞天福地等，这些既是宗教活动中心，又是风景游览胜地。佛教和道教皆包含尊重大自然思想，又受魏晋以来所形成的传统美学思潮的影响，寺、观建筑也就力求和谐于大自然的山水环境，起着"风景建筑"的作用[①]。

（4）衙署园林和公共园林。

唐代政府衙署内的庭院，多有山池花木点缀，个别还建有小园林。如长安御史台中书院、大明宫门下省等政府庭院，都有花树繁茂、禽鸟和鸣的美好环境。白居易在江州任司马时，在官舍内建置园池以自娱。此外，山西绛州衙署园、四川成都新繁镇东湖，也是当时比较有名的衙署园林。

唐代的公共园林是延续了东晋名士们聚集的"新亭""兰亭"的雏形而继续发展。一些文人出身的地方官开辟园林，既是政绩需要，也有利于百姓娱乐。如柳宗元贬任永元州（今湖南零陵区）地方官时建公共园林。白居易任杭州刺史时疏浚西湖，修筑堤坝水闸，对西湖进行治理后，使其成为供市民游玩的公共园林。长安城的公共园林大多数在城内，少数在城郊，著名的有乐游原、曲江、芙蓉苑、杏园、昆明池等。这些地方还可满足皇帝、文人学士、官宦、市民等游览的精神需求。另外，如城郊灞河上的灞桥为东行出入京都所必经之地，也是迎来送往的一处公共园林，园林中有木桥、石路、河水、柳树、亭等景观元素。明清时期"灞柳风雪"景观被誉为"关中八景"之一，此景中的"雪"，不是真正的雪，而是形容春天柳絮飞舞就像冬天的雪花一样。描写了当时遭到贬官或者是赴外地做官时，朋友送到此地后，折柳送别的场景。

四、宋元明和清初的园林审美

在宋、元、明、清的园林中，人为的艺术加工显然增加了，景观中的主体情致也自然而然地浓化了，造园技术的水平也比以前大大提高了。与此相应地是，包括园林理论、园林美学的内容也进一步丰富。该时期园林数量进一步增加、类型多样化，普及程度更广泛，进入了中国古典园林的成熟期。另外，中国绘画的写意美学对该时期园林审美启发比较大，值得深味的是，山水、林石、花竹、禽鱼这类绘画题材恰恰也是园林的重要题材，说得更精确些，它们是园林美的物质建构必不可少的元素，是宋、元、明、清的私家园林赖以写意抒情，表达个性的重要物质材料。[②]

---

①周维权：《中国古典园林史》，清华大学出版社，2008，第243页。

②金学智：《中国园林美学》，中国建筑工业出版社，2005，第52页。

（一）两宋时期园林审美

在中国古代园林史上，宋代是一个颇为重要的历史时期，园林审美在该时期进入了成熟阶段。宋代实施重文轻武及文官执政的政策，促进了书法绘画艺术、文学诗词的空前发展和繁荣，把园林艺术推向了成熟境地。在唐代已开始的山水诗、山水画、山水园相互渗透的迹象，在宋代已经完全确立。宋代虽然国力衰弱，但填词、绘画和建筑技术成就非凡，统治阶级追求享乐，造园风气反而更盛，私家造园活动最为突出。园林创作写实与写意相结合，并向写意转化，"画理"介入造园，园林呈"画化""诗化"，"写意山水园"到宋代得以最终完成。同时，禅宗哲理和文人画写意画风直接影响了诸如"芥子须弥""壶中天地"等美学观念对园林艺术的审美。

1. 皇家园林

宋代的皇家园林集中在东京和临安，园林规模和造园气势与唐代相比较，减弱了许多，但园林的规划设计比以前的朝代更加精致，甚至有接近私家园林风格。东京的皇家园林只有大内御苑和行宫御苑，属于前者的有后苑、延福宫、艮岳三处，属于后者的分布在城内外，城内有景华苑等处，城外有琼林苑、宜春园、玉津园、金明池、瑞圣园、牧苑等处。其中比较著名的为北宋初年建成的"东京四苑"，即琼林苑、玉津园、金明池、宜春苑以及宋徽宗时建成的延福宫和艮岳。

据各种文献的描述看来，汴梁东京的艮岳称得起是一座叠山、理水、花木、建筑完美结合的具有浓郁诗情画意而较少皇家气派的人工山水园，它代表着宋代皇家园林的风格特征和宫廷造园艺术的最高水平，远超前人，具有划时代意义。艮岳把大自然生态环境和各地的山水风景加以高度概括、提炼、典型化后而缩移摹写。建筑作为造园的四要素之一在艮岳中的地位也更为重要，园内"亭堂楼馆，不可殚记"，集中为大约 40 处，几乎包罗了当时的全部建筑形式，其中如书馆的造型"内方外圆如半月"、八仙馆"屋圆如规"等都是比较特殊的。建筑布局除少数满足特殊的功能要求，绝大部分从造景的需要出发，充分发挥其"点景"和"观景"的作用。山顶制高点和岛上多建亭，水畔多建台、榭，山坡及平地多建楼阁。除了游赏性园林建筑之外，还有道观、庵庙、图书馆、水村、野居以及模仿民间镇集市肆的"高阳酒肆"等，可谓集宋代建筑艺术之大成。从中可以看出，皇家园林的艺术审美有很大程度上吸收了私家园林的成分，甚至有民间艺术审美的趣味及特点。

2.私家园林

两宋时期，中原和江南经济比较发达，又是政权中心所在地，私家园林也比较兴盛。中原有洛阳、东京两地，江南有临安、吴兴、平江（江苏）等地。私家造园活动最为突出，文人园林占据主导地位，其艺术审美风格大致可概括为简远、疏朗、雅致、天然四个方面。文人园林的兴盛，成为中国古典园林达到成熟境地的一个重要标志。

北宋时期以洛阳为西京，汴梁为东京，私家园林以洛阳为代表，公卿贵族在该地兴建的宅邸、园林不在少数，可作为中原地区私家园林的一般情形的代表，当时就有"人间佳节惟寒食，天下名园重洛阳""贵家巨室，园囿亭观之盛，实甲天下""洛阳名公卿园林，为天下第一"的说法。宋人李格非所著《洛阳名园记》，记述他所亲历的比较名重于当时的园林19处，大多数是利用唐代废园的基址而建，其中18处为私家园林，属于宅园性质的有6处：富郑公园、环溪、湖园、苗帅园、赵韩王园、大字寺园；属于单独建置的游憩园性质的有10处：董氏西园、董氏东园、独乐园、刘氏园、丛春园松岛、水北胡氏园、东园、紫金台张氏园、吕文穆园；以培植花卉为主的花园性质的有归仁园、李氏仁丰园2处。

其中独乐园为司马光的游憩园，规模不大而又非常朴素，占地20亩，在园中央建"读书堂"（图3-6），堂内藏书5000卷。司马光在独乐园内潜心著书，完成了300多万字的巨著《资治通鉴》。另外还有浇花亭、见山堂、钓鱼庵（图3-7）、弄水轩（图3-8）、采药圃等景点亦很有特色。

图3-6 明代仇英绘制的独乐园中"读书堂"局部　　图3-7 明代仇英绘制的独乐园中"钓鱼庵"局部

图 3-8 明代仇英绘制的独乐园中"弄水轩"局部。

司马光还写了《独乐园记》：

孟子曰："独乐乐，不如与人乐乐；与少乐乐，不若与众乐乐。"此王公大人之乐，非贫贱所及也。孔子曰："饭蔬食，饮水，曲肱而枕之，乐亦在其中矣。"颜子"一箪食，一瓢饮"，"不改其乐"。此圣贤之乐，非愚者所及也。若夫"鷦鷯巢林，不过一枝；偃鼠饮河，不过满腹"，各尽其分而安之，此乃迂叟之所乐也……或咎迂叟曰："吾闻君子所乐，必与人共之。今吾子独取足于己，不以及人，其可乎？"迂叟谢曰："叟愚，何得比君子？自乐恐不足，安能及人？况叟之所乐者，薄陋鄙野，皆世之所弃也，虽推以与人，人且不取，岂得强之乎？必也有人肯同此乐，则再拜而献之矣，安敢专之哉！"①

文中交代独乐园建造的过程、园面积为 1.33 公顷（20 亩）、还有园中的布局、陈设、树木、湖池等内容。另外，文中还突出造园思想以及作者平日在园林中的生活起居及其它活动。

洛阳园林虽然在性质上属于私家园林，多为公卿士大夫提供宴集，游赏的场地，

---

①张国强：《风景园林文脉》，中国建筑工业出版社，2020，第 198-199 页。

但定期为当地市民开放，显示了宋代私家园林的开放性以及公卿士大夫与普通老百姓的共同审美特点。这些园林中皆以时栽花卉著称，也有大片树林成为林景，如竹林、梅林、桃林、松柏林等，园中以土山为主。园内建筑形象丰富，布局疏朗，有的也筑"台"作为景观台，登高可以俯瞰园景和观赏园外之景。建筑的命名均能点出该处景观特色，如四景堂、卧云堂、含碧堂、知止庵等，均有一定的意境蕴含。从中可看出宋代私家园林景观题名追求书法、景色、建筑融为一体的艺术审美和情趣。

北宋时期江南的经济、文化的发展势头比较好。宋室南渡之后，江南成为全国最发达的地方，促使了私家园林的兴盛发达。私家园林最集中的地方在临安、西湖以及散布于西湖山地的北高峰、三台山、泛洋户一带。主要的园林有南园、后乐园、水月园、胡曲园、沧浪亭、乐圃。研山园、梦溪园、沈园等。江南园林的筑山多用石叠山，以石取胜，包括石的造型、命名等都很有艺术趣味。另外，在水景观处理上，也很有韵味，将水与建筑、植物巧妙结合起来，而且园林的名字多与水有关，如水竹庭院、水乐洞园等。

其中沧浪亭，就是苏舜钦获罪罢官后购买的，该园是吴越国节度使孙承佑别墅废址。苏舜钦在保留原基础上扩建，在园中山池北边小山上构筑一亭，名沧浪亭，自号沧浪翁，其"前竹后水，水之阳又竹，无穷极。澄川翠干，光影会合于轩户之间，尤于风月相宜"，很富于野趣。当时大学问家欧阳修应邀作《沧浪亭》诗为"清风明月本无价，可惜只卖四万钱"，广为流传。苏舜钦在《过苏州》诗中"绿杨白鹭俱自得，近水远山皆有情"，不仅叙说了沧浪亭的建亭过程，也写尽了沧浪亭情景交融的风月山水，使人感悟到热爱自然、顺应自然，与自然在情感上亲和的环境保护理念。后来清代学者梁章钜为苏州沧浪亭题的集句联为"清风明月本无价，近水远山皆有情"。他将欧阳修的前一句和苏舜钦后一句合起来题写。从此，这副对联就成了千古之联，道出了沧浪亭的清逸之美、脱俗之美。

3. 宗教园林

在宋代，佛教的禅宗和净土宗成为主要门派，它还与传统儒学结合形成理学。这就为禅宗与文人在思想上的沟通奠定了基础，佛、儒合流，一方面在文人士大夫之间盛行禅悦之风，另一方面禅宗僧侣也日益文人化，他们多擅长书画、吟诗作赋、以文会友。于是，文人园林的审美趣味自然也渗透到佛寺的造园活动中，佛寺园林由世俗化进一步转向"文人化"，著名的有灵隐寺、三天竺寺、韬光寺等。扬州的平山堂由欧阳修主持修建并题写牌匾。书画家米芾为鹤林寺题写"城市山林"的牌匾，道教也从世俗化向"文人化"靠拢，在宋代，道家的理念及思想逐步向老庄靠拢，强调清净、空寂、恬适、无为的哲理，这些追求与士大夫心中的高雅闲逸境界、情趣是相同的，道士也经常参加士大夫的社交活动，很大程度上影响了道观园林的审美取向。

宋代宗教园林由世俗化转向文人化的境界，使他们与私家园林的距离逐步缩小，同时掀起了继魏晋南北朝之后又一次在山岳风景名胜区建置寺观的高潮。由此，寺观作为风景点和原始型旅游接待场所的功能比过去更进一步得到发挥。

4. 公共园林

宋代城市公共园林集中在东京和临安。东京地势比较低湿，城内外散布着许多池沼，池沼多数由政府出资，在池中种植菰、蒲、荷花，沿岸种植柳树，在湖畔建亭桥台榭，成为东京居民的游览地，相当于公共园林。东京的城市街道绿化很出色。护城河和城内河道两岸均做了绿化，是城市居民的公共园林好去处。临安的西湖成为富阔的风景名胜游览地，也是集大型公共园林和开放的天然山水园为一体，著名景点有：苏堤春晓、曲院风荷、平湖秋月、断桥残雪、花港观鱼、柳浪闻莺、三潭印月、双峰插云、雷锋夕照、南屏晚钟。建置在西湖环湖一带的众多小园林相当于大园林中许多景点的"园中之园"。

在个别经济、文化发达地区，甚至农村也有公共园林的建置。浙江楠溪江苍坡村是迄今发现的唯一一处宋代农村园林（建成于南宋时期），也是楠溪江中游最古老的村落之一。其总体景观构思注重文化的内涵，以笔墨纸砚"文房四宝"象征寓意进行布局，表达了耕读传家的思想。该园林历史悠久、规划严整和谐、建筑类型丰富古朴、环境意识较强、宗教文化突出，呈现整齐开朗、布局外向、平面铺展的水景园形式。园林既便于村民的群众性游憩交往，又能与周围环境相呼应、融糅，从而增益了聚落的画意之美。

祠堂园林中以晋祠为代表，同时也是我国最早的纪念性园林。晋祠是现有最古老的、规模比较大、罕见的祠堂园林，在其浓郁的祠堂建筑群中圣母殿是主体。北、西、东三面为悬瓮山环抱，建筑物布局紧凑、浑然一体，充分利用了山环水绕的地形特点，寓严整于灵活，随意中见规矩，仿佛经过统一的总体规划。

（二）元明及清初时期园林审美

元明及清初时期是中国古代园林成熟期的第二个阶段。元代都城在北京，皇家园林是在金代皇宫基础上扩展为大内御苑，面积开阔空旷，保留着游牧民族的粗犷风格。私家园林以苏州的狮子林，北京的万柳堂等为代表。明初战乱甫定，经济有待复苏，造园活动总的来说处于低潮状态。明永乐以后又呈现活跃，到明末和清初的康熙、雍正年间造园活动达到了高潮。这一阶段的园林，大体上是两宋园林的承传和发展，但也有一些显著的变化情况。园林的规划和施工组织更加严密，工匠专业分工日趋明显，主要表现在叠山工匠和大木工匠方面。

1. 明代皇家园林

明代的皇家园林是在元代基础上进行改进，重点是大内御苑，共有 6 处，其中有紫禁城的御花园、慈宁宫花园、皇城北部中轴线上的万岁山、皇城西部的西苑以及西苑的兔园。特别是西苑，建筑疏朗，树木蓊葱，水面开阔，既有仙山琼阁之境界，又富有水乡田园之野趣，在城市中保留着一片大自然的生态环境。北京城西郊在元代时期因其自然风景之美而成为京郊的公共游览地。明初，从南方来的移民在郊外大量开辟水田，增加了这一带宛若江南的自然风光，官僚、皇亲贵族们在定海一带造园，风景区的范围更往东扩大。皇家园林的审美特点如下：

一是御苑都设在皇城之中。这主要与当时的政治形势有关。明代，北边经常受到蒙古威胁，如正统年间蒙古军队曾逼至北京西直门下，明英宗也被俘去。嘉靖时蒙古军队进到西山、玉泉山，寺观也被他们焚毁等。出于安全考虑，政府只能放弃营建郊外御苑的打算。

二是御苑的布局都趋向于端庄严整。其原因来自明代所推行的政治制度。中国的封建专制制度发展到明代已经达到了极点，为了巩固自己的统治不仅杀戮功臣、大兴党狱、对文人采取文字狱等高压手段，即便在诸如建筑形式上也进一步强调等级。明初规定，各等级的官吏庶民都只能按既定的建筑规模加以营建，如果建制有违，必须拆毁。而作为天下最高等级的皇宫、苑囿从布局到造型都在尽一切可能使其体现出端庄与威严。

2. 明代私家园林

明代的私家园林聚集于江南园林和北京园林。江南私家园林以苏州、扬州居多，其艺术水准对北京皇家园林、贵族园林影响很大，主要有苏州的拙政园、归田园居、留园、五峰园、弇山园等，无锡的寄畅园、绍兴的寓园、上海的豫园等，扬州有休园、影园、嘉树园、五亩园等；南京有芥子园、愚园等。北京有清华园、勺园、白石庄园等。

明代中期，文人把绘画、书法、诗文融为一体。特别是文人士大夫、画家直接参与造园比过去更加普遍，个别文人甚至成了专业造园家。另外，题景、匾额、对联在园林中普遍使用犹如绘画的题款，园林内涵的传达直接借助于书法文字语言而大大增加了信息量。园林意境表现手法亦多种多样，有状写、寄情、言志、比附、象征、寓意、点题等。由此形成的私家园林意境的蕴藉更为深远，园林艺术比以往更密切地融冶诗文、绘画趣味，从而赋予园林本身以更浓郁的诗情画意。

园林设计的氛围营造可以让人体验不同的艺术之美，意境之美，私家园林启示出造园主的至善、至美、至真的境界，讲究人与自然和谐统一的氛围，体现了中国古建筑和景观规划美学的"天人合一"主导思想。造园的总体追求是源于自然，高于自然，跨空间集奇景于一园，微缩自然于聚地，提炼升华心境于赏物。另外，王阳明的心学深入人心，园林中更多的出现主观审美内容，晚明的思想界以高扬个性为特征，再加之三教合一的理论建立以后，园林中精舍、丙舍①和藏书楼共处于"虽有人作，宛自天开"的自然环境中；园林也如实反映了这一特征，成为凸显园主个性的媒体。由此形成的明代私家园林的审美，那就是面积逐渐缩小，由两宋的"壶中天地"发展成为"芥子须弥"，比如五亩、芥子园、愚园等。

明末工匠出身的造园家张南垣倡导叠山流派，截取大山一角而让人联想到山的整体形象，即所谓"平岗小坂""陵阜陂陀"的做法，便是此种造园技法深化的标志，也是写意山水园的意匠典型。这一时期的园林创作普遍重视技巧，主要包括建筑技巧、叠山技巧、植物配置技巧，积极的一面是丰富了园林精致程度，消极的一面则是削弱了造园思想内涵上的突破。

3. 明代园林的审美理论

明代在园林理论上有文震亨的《长物志》、计成的《园冶》、李渔的《闲情偶记》为代表性的三部著作，是对我国造园艺术的系统总结，尤其《园冶》是中国第一本园林艺术理论专著。该书论述了宅园、别墅营建的原理和具体手法，反映了中国古代造园成就，总结了造园经验，为后世园林建造提供了理论框架以及可供模仿的范本。关

①丙舍有三层含义，一是指后汉宫中正室两边的房屋，以甲乙丙为次序，其第三等舍称丙舍；二是指泛指正室旁的别室，或简陋的房舍；三是指在墓地的房屋。

于园林的审美思想，主要有以下几点：

（1）造园的审美原则。

关于造园中园林和自然的关系，计成在《园冶》中提出了"虽由人作，宛自天开"的造园审美原则，要求造园时源于自然要高于自然，重点强调意。意谓由人所造的园林能达到如天然生成的效果，这是造园家希望达到的最高艺术境界。在这种造园思想支配下，建造的园林具有自然山水味道，园林呈现出"自成天然之趣，不烦人事之工"的特点，体现了居住条件与自然环境的和谐一致，也使所造园林"具备了出自天然的艺术杰作的韵律"。而达到此标准的具体造园步骤就是"巧于因借，精在体宜"。另外，该书还从园林的扬与抑、藏与露、繁与简、少与多、小与大、虚与实、开与合等多方面对造园理论进行了总结归纳。

（2）由"境"生"意"。

计成的《园冶》并未停留在对文学意境的欣赏和慨叹，而是考虑文学意境如何在园林意境上的表现。《园冶》提出必须以自己的"情"去造"境"的设计理念，对设计者来说，是由抽象到具体的一个过程，目的是游园者能由园"境"而生情"意"，对游客来说，是一个由具体到抽象的过程。可以说，在他的创作过程中，将意境释化为形、神、情。该造园审美思想对当今风景园林设计如何将古代诗词、地域文化转化成景观意境，让游客处于流连忘返境况，值得思考和借鉴。

（3）"三分匠七分主人"造园说。

计成的《园冶》"兴造论"中有"世之兴造，专主鸠匠，独不闻三分匠，七分主人之谚乎？非主人也，能主之人也。"之说。此话的意思是，世人营造园林，都是以工匠为主，难道都不曾听说过"三分工匠七分主人"这句谚语吗？这里的"主人"不是指园林的主人，而是指有见地，并且能主持设计施工的人。他批判"世之兴造，专立鸠匠"的以工匠为主的错误观点，提出"三分匠七分主人"之说。"兴造论"强调了在造园中设计师或者说规划师、建造师等管理人员的重要性。

五、清中叶、清末园林审美

中国古代园林的成熟后期从清乾隆朝到宣统朝不过一百七十余年，就时间而言比以往四个时期都短，但却是中国古代园林发展历史上集大成的终结阶段。它积淀了过去深厚传统而显示中国古典园林的辉煌成就，同时也暴露中国园林体系的某些衰落迹象。

清代乾隆时期的造园活动之广泛、造园技艺之精湛，可以说达到了宋、明以来的最高水平。北方的皇家园林和江南的私家园林，为中国后期园林发展史上的两座高峰，同时也开始逐渐暴露其过分拘泥于形式和技巧的消极一面。乾、嘉的园林作为中国古典园林最后一个繁荣时期，既承袭了过去的全部辉煌成就，也预示着末世衰落迹象的到来。

（一）皇家园林审美

乾、嘉两朝的皇家园林，代表着中国古典园林后期发展史上一个高峰。它的三个类别——大内御苑、行宫御苑、离宫御苑，在宫廷造园艺术方面都取得了辉煌的艺术成就。道、咸以后，由高峰跌落为低谷，从此一蹶不振。该时期的皇家园林的建设之规模、内容之丰富，在中国历史上是罕见的。乾隆皇帝汉文化素养比较高，作为盛世之君，喜好游山玩水，曾六次下江南，下令将南方江宁、扬州、无锡、杭州、海宁等地的园林精华荟萃于皇家园林。从乾陵三年（1738）开始，皇家园林的面积在逐步扩大。主要表现在大内苑、行宫御苑、离宫御苑方面。

大内苑西苑、慈宁宫花园、建福花园、宁寿宫花园，都是人工山水园。行宫御苑有景宜园、静明苑、南苑。前两者为自然山水园，在北京西郊，后者为人工山水园，在北京南郊。离宫御苑主要有三座：圆明园、避暑山庄、清漪园（颐和园），圆明园为平地起造的人工山水园，后两者为天然山水园。这三座园林不仅规模宏大、内容丰富，还以其高超的造园技艺而蜚声中外，成为清代皇家诸园中的佼佼者和北方造园艺术发展到高峰境地的标志，称其为后期宫廷造园的三大杰作，也是当之无愧的。该时期的皇家园林鸠①匠天下，呈现独具壮观的总体规划，在设置中突出了建筑形象的造景作用，模仿并引进江南私家园林的造园艺术、意境等，园林的营建依据其形象和布局，表现象征意义，通过人们审美活动中的联想来表现天人感应和皇权至尊观念，从而达到巩固帝王统治地位的目的。

①鸠，有两种含义，一指鸟，鸠鸽科部分种类的统称，二是聚集，聚合，使聚在一起。多用"鸠匠""鸠工"，意为聚集工匠。

1. 圆明园

圆明园是清代大型皇家园林，坐落在北京西郊海淀区北部，是清朝五代皇帝倾心营造的皇家宫苑，被世人冠以"万园之园""世界园林的典范""东方的凡尔赛宫"等诸多荣誉，它由圆明园及其附园长春园、绮春园（后改称万春园）组成，通称为"圆明三园"，占地面积3.5平方千米，规模宏伟，有一百五十余景，融会了各式园林风格。

圆明园最初是康熙皇帝赐给皇四子胤禛的一处花园。在康熙四十六年（1707年）时已初具规模。雍正元年升格为御园后，经雍正王朝13年大规模拓建和乾隆初年增建，在乾隆九年（1744年）最终形成著名的"圆明园四十景"。

圆明三园都是水景园，大部分以水面为主题，因水成趣。山复水转，利用洲、岛、桥、堤将大小水面划分成若干不同形状，聚散结合，开朗中又透露着亲切和幽邃气息。园林中的一百二十多个建筑群，把中国建筑院落布局发挥得淋漓尽致，把自然空间和局部山水地貌充分结合，融建筑美与自然美于一体，形成了丰富多彩、性格各异的"景点"。建筑外观朴素雅致，而室内装饰、陈列却富丽堂皇，以适应帝王宫廷生活趣味。

圆明三园在清代皇家诸园中是"园中有园"集锦式规划的最具代表性作品，它所包含的百余座小园林均各有主题，性格鲜明，堪称典型的"标题园"，而其中大多数又都以"景点"形式出现。所以说，景点、小园林乃是圆明三园的细胞和基本单元，它们的主题取材极为广泛、驳杂，无所不包，充分显示封建帝王"万物皆备于我"的思想，也可以说是儒、道、释作为封建统治的精神支柱在这座皇家园林的集中表现。这些小园林的主题大致可以归纳为六类：

一是模拟江南风景的意趣美。圆明三园有的景点甚至直接仿写江南某些著名的山水名胜。比如后湖的曲院风荷，设计和名字就是模拟杭州西湖的曲苑风荷。汇万总春之庙是圆明园濂溪乐处景区南岸一处寺庙型园林风景群，格局仿照西湖花神庙（又名为"湖山神庙""湖山春社"），在建筑空间上较为真实地模拟了花神庙"以水环庙"的布局。乾隆帝主张"物有天然之趣，人忘城市之怀"，汇万总春之庙不仅是简单的形似西湖，更表现出仿建对象的本质特征和内在精神，即皇家对民间花神信仰的接纳与融合。另外，圆明园的汇万总春之庙是"仿中有创"，虽说风格上仿照湖山神庙，但是具体的建筑样式、风格没有生搬硬套，而是将其进行了宫殿化改造，使其更符合皇家园林空间的氛围。另外，汇芳书院东北有模仿江南的大片荷塘和稻田。

二是移植江南的园林景观进行变异。圆明三园中许多小园林甚至直接以江南的一些园林为创作蓝本，如"四宜书屋""小有天园""狮子林""如园"即分别摹仿当时的江南四大名园——海宁"安澜园"、杭州"小有天园"、苏州"狮子林"、南京"瞻园"而建成，所谓"行所流连赏四园，画师仿写开双境"说的就是这四大名园；深为乾隆所喜爱的"狮子林"，不仅仿建于长春园，甚至同时仿建于其他三座御苑之内，正如乾隆所说的"最忆倪家狮子林，涉园黄氏幻为今；因教规写阆城趣，为便寻常御苑临。"

三是借用前人的诗、画意境美。圆明三园中有许多景点名称及设计是来自于古人诗词中的名句和意境，如"夹镜鸣琴"取自李白的"两水夹明镜"的诗意，"蓬岛瑶台"仿李思训仙山楼阁的画意而构景，"武陵春色"根据陶渊明《桃花源记》的内容而设计。

四是运用象征和寓意。圆明三园景观设计多运用象征和寓意手法来宣扬有利于帝王封建统治的意识形态，宣扬儒家的哲言、伦理和道德观念，如"九洲清晏"寓意"普天之下，莫非王土"，"鸿慈永祜"标榜孝行，"涵虚朗鉴"标榜豁达品德，"淡泊宁静"标榜清心寡欲，"濂溪乐处"象征对哲人君子之仰慕，"多稼如云"象征帝王之重农桑等等，不一而足。至如"圆明园"的命名，按雍正的解释，则其寓意为："夫圆而入神，君子之时中也；明而普照，达人之睿智也。"

五是再现道家传说中意境。雍正皇帝崇佛重道，他的重道思想在圆明园中得以表现和发挥。道教建筑点缀在青山绿水之中，进一步丰富了圆明园的园林景观内容。圆明三园的仙山琼阁、佛经所描绘的梵天乐土的形象的"蓬岛瑶台"，也有表现如"方壶胜境"的"别有洞天""凤麟洲"（绮春园），还有供奉众多神仙的寺庙建筑，更有被用来开炉炼丹的"秀清村"等景点。

六是植物景观寓意之美：圆明三园中植物主要有：松、竹、柳、荷、梧桐、侧柏、国槐、枫树、海棠、山桃、文杏、玉兰、牡丹、月季、菊花、兰花、藤萝等百余种乡土花草树木，有"二十四番风信咸宜，三百六十日花开竞放"之美。其中松、竹、柳、桃、荷在圆明园中随处可见，表达着长寿、富贵、吉祥、清廉等不同内容，同时还形成了竹粉墙、水边植柳、桃花烂漫好春光的自然景观。

2. 承德避暑山庄

承德避暑山庄又称"热河行宫"，始建于 1703 年，建成于 1792 年，总占地面积 564 万平方米。该园的总体风格不是金碧辉煌，而是非常的古朴淡雅。这样一座塞外园林，更像是康乾的精神家园，皇帝们从繁忙的政务中抽身来此，可以移情怡性、避喧听政、清静致远，暂时享受一份逍遥自得的精神世界。承德避暑山庄总体布局分为宫殿景区、湖泊景区、平原景区、山岳景区四大部分。

（1）宫殿景区。该景区位于湖泊南岸，地形平坦，是皇帝处理朝政、举行庆典和生活起居的地方，占地10万平方米，由正宫、松鹤斋、万壑松风和东宫四组建筑组成，紫禁城的缩影。

（2）湖泊景区。湖泊景区在宫殿区的北面，湖泊面积包括州岛约占43公顷，有8个小岛屿，将湖面分割成大小不同的区域，层次分明，洲岛错落，碧波荡漾，富有江南鱼米之乡的特色。其中有喷泉、瀑布、山泉等，前后池塘有莲花万朵，花香泉响，好似人间仙境。湖泊区的自然景观开阔深远与含蓄曲折兼而有之，虽是人工开凿，但就其整体而言，水面形状、堤的走向、岛的布列、水域尺度等，都经过了精心设计，能与全园的山、水、平原三者构成的地貌形势相协调，再配以广泛的绿化种植，宛若天成地就。即便是一些局部的处理，如像山麓与湖岸交接处的坡脚、驳岸、水口以及水位高低、堤身宽窄等，都以江南水乡河湖作为创作的蓝本，设计推敲既精致而又不落斧凿之痕，完全达到了"虽由人作，宛自天开"的境地。通体显示出浓郁的江南水乡情调，尺度十分亲切近人，实为北方皇家园林中理水的上品之作。

湖泊区面积不到全园的六分之一，却集中全园一半以上的建筑，乃是避暑山庄建筑精华之所在。比如该山庄的镇江金山亭（图3-9），在湖泊景区内有着重要的"点景"和"观景"的作用。整个湖泊景区内的建筑布局都能够恰当而巧妙地与水域的开合聚散、洲岛桥堤和绿化种植的障隔通透结合起来，不仅构成许多风景画面作为在特定的位置和景点上作固定观赏（即"定观"）的对象，而且还创造了循着一定路线的游动观赏（即"动观"）的效果。这种以步移景异的时间上的连续观赏过程来加强园林艺术感染力的做法，常见之于其他大型园林，而避暑山庄的湖泊景区的规划，在此基础上则更着重创设明确的观赏路线，通过它的起、承、开、合以及对比、透景、障景等的经营，来构成各个景点之间的渐进序列，是为园林规划的静观组景与动观组景相结合，以及点、线、面相结合的杰出的一例。

图 3-9　承德避暑山庄的镇江金山亭

（3）平原景区。平原景区在湖区北面的山脚下，地势开阔，是一片碧草茵茵，林木茂盛，茫茫草原风光，其中以万树园和试马埭为代表。平原景区的建筑物很少，大体上沿山麓布置以便显示平原之开阔。在它的南缘，亦即如意湖的北岸，建置四个形式各异的亭子分别为：莆田丛樾亭、濠濮间想亭、莺啭乔木亭、水流云在亭，它们有"回环列布，倒影波间"之意境，作为观水、赏林的小景点，也是湖区与平原交接部位的过渡处理。平原北端的收束处恰好是它与山岭交汇的枢纽部位，在这里建置了园内最高的建筑物永佑寺舍利塔。永佑寺始建于乾隆十六年（1751 年），坐北朝南，前后共四进院落。寺后的舍利塔是仿照南京报恩寺塔而建，平面八角形，九层塔檐用黄绿两色琉璃瓦砌造，高耸挺秀的体形北倚蓝天，西枕青山，是湖泊、平原两景区南北纵深末端收束处的一个着力点，其位置的安排非常恰当。平原景区的植物配置中，以东半部的"万树园"为最，其中有丛植虬健多姿的榆树、柳树、柏树、槐树等数千株，麋鹿成群地奔逐于林间。西半部的"试马埭"则是一片如茵的草毡，表现塞外草原的粗犷风光。它与南面湖泊景区的江南水乡的婉约情调并陈于一园之内，这种特殊的景观设计有着"移天缩地在君怀"的明显政治意图，即便在皇家园林中也是罕见的例子。另外，平原区的万树园钟古树参天，芳草覆盖，呈现出一派原始生态。在其东南有康熙帝开辟的农田和园圃，种植有各类瓜果、蔬菜、庄稼，体现他不仅重视农业生产，"劝耕南亩"，而且自己还亲力亲为之。

（4）山岳风景区。该景区在山庄的西北部，面积约占全园的三分之二，这里山峦起伏，沟壑纵横，山形饱满、峰峦涌叠，形成起伏绵延的轮廓线。几个主要的峰头高出平原50—150米。山坡树木郁郁苍苍，山岭多有沟壑，四处山峪为干道，可登临、游览、居止。众多楼堂殿阁、寺庙点缀（溥善寺、普乐寺、安远庙、普宁寺、须弥福寺之庙、普陀宗乘之庙、殊像寺）其间，若隐若现，疏朗有致，突出了山庄天然的野趣。

避暑山庄全园布局分散，充分利用自然环境，因地制宜，以水景和草木取胜，建筑朴实，空间疏朗、形成了独特的风格。园中的宫殿景区是紫禁城的缩影，四周宫墙长达10公里，随地势高低起伏而变化，似出水的蛟龙，蜿蜒于山庄的湖区、平原和山峦之间，宛如微缩的长城。湖泊景区具有浓郁的江南水乡的风光和情调，平原景区具有塞外草原粗犷豪迈的特色，山岳景区呈现北方群山的浑厚气势。整个园区是移天缩地、融冶荟萃南北风景于一园之内，园外有若众星拱月的外八庙分别为藏、蒙、维、汉的民族形式。内外整个浑然一体的大环境就无异于以清王朝为中心的多民族大帝国的缩影，它的象征寓意可谓与圆明园异曲同工。

山庄不仅是一座避暑的园林，也是塞外的一个政治中心，从它的地理位置和进行的政治活动来看，后者的作用甚至超过前者。创设这样一个园内外的大环境，也正是为了在一定程度上渲染政治活动的气氛；而作为民族团结和国家统一的象征的创作意图，又是借助造园的规划设计加以体现，并与园林景观完美地结合起来。这在清代皇家诸园中实为表现最突出，也是比较成功的一例。

避暑山庄的美，不仅体现在它是依据山水形胜、因地制宜之美，还有体现在康熙帝参与造园，亲自选定和命名山庄的三十六景，并为每个景点写了诗和小序，这种一系列人造景点组合成一座园林，并以文学手法为每处景点命名的造园理念，是晚期中国园林的重要特征。康熙帝为山庄亲自创作的三十六景诗文均充分反映了清代宫廷文化那种兼容满、汉、蒙、藏等多种文化的特征。

康熙帝题写的三十六景（图3-10），均有各自的文化寓意。比如第7景"松鹤清樾"，为太后居所，康熙生前曾定期前去请安。他对这景点的命名，充分表达了一个孝子祝愿母后健康长寿的愿望。景观题名及其环境塑造则是强化了这一园林主题。再比如第16景"风泉清听"，是康熙帝晚年修身、颐养之地，其景名和景点诗强化了此处的休闲之乐。

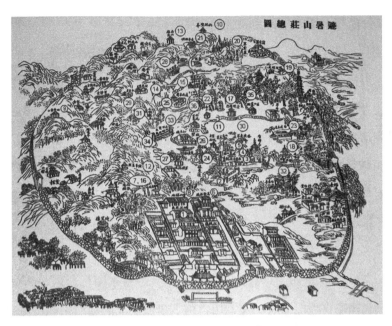

图 3-10 康熙帝题写的"三十六景"位置图

由此看出，中国园林"景"的概念与通常的"视线""风景"有很大的不同。"景"内涵大大超出了客观的景框所规范的空间。"景"通常反映了园主个人的社会地位、经历、艺术理想和视野等。对于欣赏者而言，在感受每一个"景"的同时，必须不断解读场所的空间含义，才能更恰当地再现其场所的意境。这就要求观赏者必须具备一定的文学修养和能力方能理解景名中所蕴含的文化隐喻和典故。

三十六景景点命名和诗文表达一种强烈愿望，总结出康熙辉煌一生和所取得的空前成就以及一种英雄迟暮的感悟。这些景点的顺序既没有按照山庄实际游览路线安排，也没有按照建筑群落落成的时间顺序排列，好像诗随意拼凑的，没有任何内在逻辑。但仔细分析，该布局中实际有一条潜在的线索和逻辑顺序，就是基于中国山水画的散点透视来安排的。景点 1—6 为开端、入口部分，欣赏者的视线从山庄前端规整的宫殿区域开始，此处也是处理政务之所。

通过"芝径云堤"可到达湖区"如意洲""云朵洲""芝英洲"三洲（有的叫三岛）的居所和庭院。其后布置了一系列的景点和庭院，这些建筑组群的布局遵循了对比原则和阴阳转换。从密集的、丛簇状布局的湖区建筑群，到山顶的小亭，或更高、更远处的景观；从情感体验或道德自省，或是从大地到苍穹等，到处充满了对比、节奏的变化。这种虚拟景观在序列的中部，第 18 景"天宇咸畅"处达到极点和最高潮。康熙在此建造了高耸的"上帝阁"作为湖区的制高点。

"上帝阁"的设计模仿了康熙帝在一次南巡所见到的镇江金山寺的风景。由塔顶凭高视下，可以看到避暑山庄宏伟的全貌，皇帝俯视下面这座他所创建的山庄及其各部分和谐共存的状态，足以获得一种令人赏心悦目的整体感受。高潮之后便是一系列由多组景观形成的景点，它们有节奏地交替变化，与第1—17景形成互补，直至第35、36景，山庄景观逐步淡出画卷。在卷的最后，皇帝退位倦勤、忙于耕作的画面，隐喻了帝王对老之将至的深刻思考。整个画面序列遵循了一种叙述性的体例，其视野的转换交织着意识形态、宗教、哲学以及抒情、自传等不同主题的变迁。[①]

3. 颐和园

颐和园位于北京西北郊，是清代建造的一座大型皇家园林，东距圆明园不远，西邻玉泉山。颐和园所在地段原有一座瓮山，山下泉流汇成的湖泊，称"瓮山泊"，明代改名为西湖，水中种植荷花、蒲苇，湖边构筑堤坝，周围还开辟了广阔的水田，逐渐成为游人如织的名胜风景区。乾隆十四年（1749年）冬天，朝廷对北京西北郊的水系开展了大规模的整治工程，重点是加挖西湖以形成容量更大的蓄水库。乾隆十五年（1750年），乾隆帝借"为太后祝寿"的名义，将瓮山改名为万寿山，西湖改名为昆明湖，兼做水军训练基地。同时在治水工程的基础上开始进一步改造山形水系，动工建造大型御苑，次年将这座新园定名为"清漪园"。乾隆二十九年（1764年）全园基本建造完成，与香山静宜园、玉泉山静明园合称为"三山行宫"。

乾隆帝在营建清漪园的时候，完全以杭州西湖为蓝本，对昆明湖和万寿山进行全面修整，拓宽湖面，加高山形，使得全园的山水格局成为西湖的最佳翻版，同时也形成了"衔山抱水"的特殊形态。万寿山东部被加高后，还特意向南拐出一段，好像要把水面兜住，昆明湖由西向北延伸，又在万寿山的后山开辟出一条狭长的后溪河，把整个山峰环抱在水中。全园山水灵秀，楼台壮丽，兼有雄浑和清幽之美，被公认为清代艺术水准最高的一座皇家园林。

颐和园主要由万寿山和昆明湖两部分组成。各种形式的宫殿园林建筑3000余间，大致可分为行政、生活、游览三个部分。

---

①石清泉：《一座清代御苑之传播：康熙〈御制避暑山庄三十六景〉及其在西方的传播历程》，载吴欣主编《山水之境：中国文化中的风景园林》，三联书店，2019，第236—249页。

行政区以仁寿殿为中心，是当年慈禧太后和光绪皇帝坐朝听政，会见外宾的地方。仁寿殿后是三座大型四合院：乐寿堂、玉澜堂和宜芸馆，分别为慈禧、光绪和后妃们居住的地方。宜芸馆东侧的德和园大戏楼是清代三大戏楼之一。

颐和园自万寿山顶的智慧海向下，山上的建筑以佛香阁为中心建筑，依山临湖，形成由德辉殿、排云殿、排云门、云辉玉宇坊构成的一条层次分明的中轴线（图3-11）。中轴线两侧由近及远逐渐减少建筑物的密度和分量，同时运用"正变虚实"的手法逐渐减弱左右均齐的效果。另外，自中心而左右的"退晕式"的渐变过程来烘托中轴线的突出地位，强调建筑群体的严谨中寓变化的意趣。万寿山下是一条长700多米的"长廊"，长廊枋梁上有彩画8000多幅，号称"世界第一廊"。长廊的前面是昆明湖，昆明湖的西堤是仿照西湖苏堤建造。万寿山的后山、后湖古木成林，有藏式寺庙、苏州河、买卖街等景观。后湖东端有仿无锡寄畅园而建的谐趣园，小巧玲珑，被称为"园中之园"。

图3-11 北京颐和园万寿山

园内的昆明湖水域辽阔，仿效汉武帝在长安昆明池训练水军的故事而设置，并从乾隆十六年（1751年）开始在此定期训练水军。水域由西堤划分三个水域，东域面积最大。如果略去西堤不算，水面三大岛（南湖岛、藻鉴台、治境阁）布局明显具有皇家园林"一池三山"的传统模式。

昆明湖东岸，十七孔桥以北为镇水的"铜牛"，它与湖西岸北端的一组大建筑群"耕织图"成隔水相对之态势。北端的水网地带为另一组大建筑群"耕织图"，其中的延赏斋两庑壁上嵌石刻《耕织图》，蚕神庙供奉蚕神，织染局是内务府养蚕、缫丝、织染锦缎的作坊，水村居是工人的住宅区。附近广种桑树，一则供应养蚕饲料，二则象征帝王之重农桑。这些建筑都隐蔽在水网密布、河道纵横、树木翁郁的自然环境之中，极富江南水乡的情调。乾隆非常喜爱此处景观，誉之为"玉带桥达耕织图，织云耕雨学东吴。"此种规划构思再现了西汉武帝在长安上林苑开凿昆明湖以象江海、雕刻牵牛织女隔湖相望以象天汉的寓意，源出于古老的"天人感应"的思想和牛郎织女的神话。

昆明湖西岸，南端建置南船坞，停泊当年乾隆训练健锐营兵弁习水战的船队。中段临水的小台地之上为畅观堂一组小园林建筑群，从这里可以放眼观赏湖景、山景以及平畴田野之景。

清漪园之摹拟杭州西湖，不仅表现在园林的山水地形的整治上面，而且还表现在前山景区的景点建筑之总体布局和局部设计之中。模仿不是简单的抄袭，用乾隆的话说就是"略师其意、不舍己之所长"。"略师其意"就是汲取杭州西湖风景之精粹，再结合本身的特点而又"不舍己之所长"。在清代皇家诸园中，颐和园是名景模拟的最成功的一例，也足以说明中国山水风景与山水园林之间的密切关系。如果把杭州西湖风景名胜的总体当作一座历经千百年而自发形成的大型天然山水园，那么，清漪园也未始不可以视为一处经过自觉规划而一气呵成的风景名胜区，或者说是一处园林化的风景名胜区。清漪园建成后，它旷奥兼备的湖山之美，再加之建筑物恰如其分的点染，深得乾隆的赞赏，予其以"何处燕山最畅情，无双风月属昆明"的极高评价。

（二）私家园林审美

在清中叶、清末的私家园林分为江南私家园林和北方私家园林。

1. 江南私家园林

江南自宋、元、明以来，一直是经济繁荣、人文荟萃地区，私家园林建设普遍兴旺发达，其数量之多、质量之高居全国之首。这些私家园林分布在长江下游的广大地域，但造园的主流和明代、清初一样，集中在苏州和扬州两地。扬州在乾隆时期私家园林达到了鼎盛时期，有"扬州园林甲天下"的赞誉，具有代表性的园林有片石山房、个园、寄啸山庄、小盘谷、余园、怡庐、蔚圃等。另外，扬州的瘦西湖，长达十余千米，是有名的带状园林群，有卷石洞天、西园曲水、虹桥览胜等24景，大部分为一园一景，景名就是园名，也有一园多景。瘦西湖不仅是私家园林的荟萃之地，也是一处具有公共园林性质的水上游览区。

乾、嘉时期，苏州城内园林仍然保持着清初的发展势头，主要有藕园、怡园、环秀山庄、半圆、畅园、鹤园等，均各具特色。还重修了宋代的沧浪亭和网师园、元代的狮子林、明代的拙政园和留园（明代为东园）等。苏州近郊的别墅有退思园、隐逸小园、依绿园等。杭州有郭庄、西泠印社等；吴兴有绮园、小莲庄；海宁有安澜园、隅园；上海的豫园，南京有瞻园、随园等。江南私家园林的审美特点如下：

（1）小中见大，以少胜多。江南私家园林不管在城里还是城郊，私家园林一般占地不大，大的1公顷左右，小的仅0.1公顷。如苏州有壶园，因其小，整个园林空间好似一把茶壶而得名。另外，如残粒园、半园等，皆以小而著称。

（2）富有文心和书卷气。"主人无俗态，作圃见文心"是江南园林的人文美学内涵。由于私家园林一般均较小，容纳不了许多景，但它却别有韵味，能令人流连忘返，其关键就是园景中融合了园主的文心和修养。用山水、林石、花竹、禽鱼这类绘画题材进行设计，也恰恰是园林的重要题材，并以写意的手法表现主人的心情和意境。

（3）景色雅朴。"雅"是我国传统美学中独有的范畴，主要指宁静自然，风韵清新，简洁淡泊，落落大方。"朴"，是指质朴、古朴、朴素，不求华丽繁琐。私家园林能做到雅和朴，是和以少胜多、以简胜繁密切相关联的。从使用上看，私家园林是人们休憩赏景、养性读书之处，所以园景一般都典雅清静，自然清新，没有苑囿风景中那种艳丽夺目的色彩。园中建筑几乎都是清一色的灰瓦白墙，木装修也多深褐色。台基及铺地、室内陈设、匾额和楹联、植物景致，也都自然古雅，与园林相协调融合。

（4）因地制宜，注重园林的韵味。由于古代士人一般都具有较高的审美修养，对自然美较为敏感，又有丰富的游历经验，因此在构园造景时，能因地制宜地处理好园中山石、水体、花木等景物的关系。不求景多景全而求其精，以突出自己园林的风景主题和个性。这和我国传统文论提倡的自然清新、不落窠臼，追求灵性神韵有较大关系。比如拙政园以水为主景，建筑简雅，具有朴素开朗、平淡天真的自然风格；留园以山池建筑并重，庭院玲珑幽静，亭台华美而不俗；网师园则以精巧幽深见胜，结构紧凑，有览而不尽之情致；沧浪亭苍古而清幽，富有山林野趣。

（5）可游可居。江南私家园林在较小的范围之内，能使园林的游赏功能与居住功能密切结合在一起，实现"游"与"居"的统一。古代常将优游山水、耽乐林泉称之为"游"，在风景环境中读书、习艺、清谈和宴饮称为"居"，唯有达此两个境界，艺术才算完善。北宋画家郭熙说过：山水风景有"可行""可望""可游""可居"四等，只有达到"可游"和"可居"的境界，才能称为"妙品"。古代士人既想耽乐于名山大川，又不甘心放弃都市的世俗生活，存在着自然美欣赏和物质美享受的矛盾。然而，通过园林艺术家的匠意构思和特殊处理，能使这本来矛盾的双方辩证地统一起来。

2. 北方私家园林。

在清中叶、清末时期，北京是北方私家园林精华之所在地。其数量之多、质量之高，称为北方私家园林的典型。康熙、乾隆和光绪三朝，兴建最盛。著名的有大学士、太傅明珠的自怡园、李笠翁的芥子园和半亩园、冯溥的万柳园、朱竹垞的宅园、吴三桂的府园、瑞麟的余园、文煌的可园。此外还有达园、怡园、澄怀园、蔚秀园、承泽园、朗润园、近春园、熙春园、交辉园。王府花园作为私家园林的一种，其建制规模依品级不同而有别，《大清会典·工部》记载：凡亲王、郡王、世子、贝子、镇国公、辅国公的宅第称"府"。其中亲王，郡王的府第称"王府"。王府建造形式，中路相同，东西两路没有一定之规，很多王府都建有花园，规模较大的有恭亲王府、醇亲王府、康亲王府、孚王府、洵贝勒府等。综观北方私家园林，有以下审美特点：

（1）汲取江南园林的意境。

明末大乱，北京地区的很多园林因此都凋敝不堪，清初，顺治朝主要以修复明代园林为主，伴随着皇家园林建设的高潮，北京地区私家园林的兴建也进入一个全盛时期。西郊海淀一带是清代私家园林最为集中的区域，著名者如明珠自怡园，又称明珠相国园，以水景著称，风格素雅，颇多文人之风，又如郑亲王弘雅园，建于明勺园旧址之上，后改为集贤院。朱彝尊、尤侗、陈维崧、李渔等纷纷入京，把江南园林优秀的造园技巧、意趣以及自己的思乡之情，都体现在各自园林的营建中。如清初顾嗣立为自己在京的园子取名"小秀野"，李渔给自己在外城的居所取名"芥子园"，与南京宅园同名。另外，在和京城文人、官僚交游、唱酬之间，形成了一股很重要的文化之风，给渌水亭、怡园、万柳园等名园题诗者众多，对京城私家园林的修建产生了重要影响。

（2）推崇幽静自然和追求富丽恢宏。

清代私家园林，初期有推崇幽静自然和追求富丽恢弘两种倾向，至清代中期，私家园林日趋成熟，"绮艳绝世"为时人艳羡，富丽的风格成为私家园林追求的目标。园林中楼堂高峻，多以牡丹、芍药相伴，以取其富贵之意。清代很多王府花园，乃皇上赐园，直接由内务府设计并施工，更有甚者，直接从皇家园林中划拨出来赐予王公大臣。这些园林，多有皇家气派，建筑雄伟，敞亮。建筑装饰、匾额题名、山水布局等方面，无不追求这种极致，以保富贵长存。园林构建、多庄严、少灵隐。匾额题名，多体现儒家忠君勤政，为官清廉的思想。

（3）引入西方园林建筑设计理念。

清末随着国门打开，北京私家园林的兴建中受西方造园技法影响的逐渐多起来，更多西式的建筑出现其中。大学士瑞麟之子佛荷汀在余园中建有八角形西洋亭阁；贝子载振的园子里也有一个二层洋楼，围有西式的多立克式廊柱；宗室载搏在自己的园子里把主体建筑改建为二层洋楼，门廊则采用爱奥尼柱式，水池边的石亭，以八根变形的多立克石柱上承圆形穹顶，类似欧洲神庙。贝勒载涛的府园，是其中最具代表性的一座，园林整体布局借助欧式园林的几何理念，建筑方面也多采用玻璃和西式木雕，水池中还设有丘比特的青铜雕像。西洋建筑风格的引入，可谓是清末私家园林的一个特点。

第二节　西方传统园林美学发展历程

西方园林有着悠久的历史和深厚的传统，它是西方文化艺术长期发展的结晶，也是全人类珍贵的物质财富和精神财富。西方园林最初是在古埃及和巴比伦的影响下，历经希腊、古罗马的发展，到文艺复兴时期走向成熟，随后演变出法国古典主义园林、英国自然风景园林等多种风格与样式，最终形成了丰富多样、对立统一的西方园林体系。西方园林美学与西方绘画艺术紧密相连，它的形成与发展也是建立在西方哲学基础上的。

一、古代西方园林美学

古代西方园林最早起源于古埃及、巴比伦、古波斯园林，它们采取方直的规划、齐正的栽植和规则的水渠，园林风貌较为严整。

（一）古埃及园林

位于非洲大陆东北角的埃及，冬季温和、夏季酷热、日照强度大。古代，埃及人视树木为尊崇的对象，对培育树木十分精心。埃及文明的发展首先得益于尼罗河，每年尼罗河水定期泛滥之时，夹带着大量泥土奔腾而下淹没了两岸的土地。大水退后留下一层宜于农业生产的沃土，覆盖在河流两岸及三角洲上。

农业生产的需要导致引水及灌溉技术的提高，土地规划促进了数学和测量学的发展，科技进步在一定程度上影响到埃及园林的布局。从有关埃及园林的史料可以上溯到大约公元前 2700 年的斯乃弗罗统治时期，在墓穴中有描绘园林的形象。由此推论，从古王国时期（公元前 2686—2160）开始，埃及就有了种植果木和葡萄的实用性园林。这些广泛分布在尼罗河谷中的面积狭小、空间封闭的实用园便是埃及园林的雏形。此时园内的灌溉系统的布置已经十分精心了。

古埃及游乐性园林的出现，是在新王朝时期之后。园内最初只有一些乡土树种，如埃及榕、棕榈等，后来又引进驯化了黄槐、石榴、无花果等。古埃及园林的实物虽已荡然无存，但从流传下来的墓室壁画（图 3-12）、雕刻中，人们仍可以大致了解其风貌。根据史料所载，古埃及的园林类型主要有果蔬园、小型宅园、宫苑、圣苑、墓园、动植物园等。墓园和神园以大量树木结合水池而形成凉爽、湿润又静谧的空间气氛。

图 3-12　古埃及阿美诺菲斯三世时代一位大臣陵墓壁画中的奈巴蒙花园

古埃及人崇尚稳定、规则，仿佛任何构筑物都要像金字塔一样是用最少的线条构成最稳定、最崇高的形象。它影响了西方艺术的发展，让今天的人们由世界各地群集在它周围，发出由衷的赞叹。古埃及园林形式及其特征，是古埃及自然条件、社会发展状况、宗教思想和人们生活习俗的综合反映。其审美特征如下：

一是注重舒适的小环境。在一个比较恶劣的自然环境中，人们首先追求的是如何创造出相对舒适的居住小环境。古埃及人在早期的造园活动中，除了强调种植果树、蔬菜以产生经济效益的实用目的外，还十分重视园林改善小气候的作用。

二是重视植物和水体的设计，在干燥炎热的气候条件下，阴凉湿润的环境就能给人以天堂般的感受。因此，庇阴作用成为园林功能中至关重要的部分，树木和水体就成了古埃及园林中最基本的造园要素。植物的种类和种植方式丰富多变，如庭荫树、行道树、藤本植物、水生植物及桶栽植物等。水体既可以增加空气湿度，又能为灌溉提供水源；水池既是造景要素，又是娱乐享受的奢侈品，成为古埃及园林中不可或缺的组成部分。水池中养鱼和水禽，种植睡莲等，形成水生植物和水禽的栖息地，也为园林增添了自然的情趣和生气。

三是棚架、凉亭等园林建筑也应运而生。在植物、水体设计的基础上，古埃及人也重视棚架、凉亭等人造景观的设计。他们利用花果、枣、葡萄等果树的自然形态建造瓜架、葡萄架等，增添了趣味和生机。甬道上覆盖着葡萄棚架，形成的绿廊，既能遮阴，减少地面蒸发，又为户外活动提供了舒适的场所。

（二）古巴比伦园林

古巴比伦是四大文明古国（其余为中国之外，古印度、古埃）之一，但是文明古国都湮没在历史的尘埃之中。古巴比伦王国位于底格里斯和幼发拉底两河之间的美索不达米亚（今伊拉克境内），古代巴比伦文化也是两河流域的产物。在河流形成的冲积平原上，林木茂盛，加之温和湿润的气候，使这一地区十分美丽富饶。两河的流量受上游地区雨量的影响很大，有时也泛滥成灾。一马平川的地形，使这里无险可守，以至战乱频繁。公元前4000年，最早生活在这里东南部的苏美尔人和西北部的阿卡德人，建立了奴隶制国家，创造出辉煌的文化。大约公元前1900年，来自西部的阿莫里特人征服了整个美索不达米亚地区，建立了强盛的巴比伦王国。都城设在幼发拉底河下游的巴比伦城，是当时两河流域的文化与商业中心。著名的汉穆拉比是古巴比伦第一王朝的第六任国王，他统一了分散的城邦，疏浚沟渠、开凿运河，使国力日益强盛。同时他也大兴土木，建造了华丽的宫殿、庙宇及高大的城墙。汉穆拉比死后，国力日衰。北部的亚述人乘机摆脱了巴比伦的控制，宣告独立，并在公元前8世纪征服了巴比伦，统一了两河流域。以后，迦勒底人又打败了亚述人，建立了迦勒底王朝。国王尼布甲尼撒二世统治时期为其鼎盛时期，巴比伦城再度兴盛起来，成为西亚的贸易及文化中心，城市人口曾高达10万。

尼布甲尼撒二世大兴土木，修建宫殿、神庙，在他死后国力渐衰。公元前539年，波斯人占领两河流域，建立了波斯帝国（今伊朗境内）。公元前331年，罗马的亚力山大大帝最终使巴比伦王国解体。古巴比伦园林有以下特征：

（1）对树木怀有崇高的崇敬之情。

在缺少天然森林的埃及，人们将树木神化并大量植树造林。而在富有郁郁葱葱森林的古巴比伦，人们对树木同样还有极高的崇敬之情。由于在远古时代，森林就是人类赖以生存、躲避自然灾害的理想场所，这或许也是古巴比伦人将树木神化的原因之一。因此，古巴比伦的神庙周围，也常常建有圣苑，树木呈行列式种植，与埃及圣苑的情形十分相似。耸立在林木幽邃、绿荫森森的氛围之中的神殿，不仅具有良好的环境，也加强了神庙庄严肃穆的气氛。

（2）屋顶重视植物的栽培。

在炎热的气候条件下，为免居室受到阳光的直射，人们通常在房屋前建有宽敞的走廊，起到通风和遮阴的作用。当灌溉技术发展到一定的高度之时，人们还在屋顶平台上铺设灌溉设施，铺以泥土，种植花草，甚至树木，如合欢、桦树、含羞草等，营造屋顶花园。

就古巴比伦的宫苑和宅园而言，最显著的特点就是采取类似今天的屋顶花园的结构和形式。古巴比伦空中花园（图3-13）又称悬苑，据说采用立体造园手法，将花园放在四层平台之上，园中种植各种花草树木，远看犹如花园悬在半空中。在古巴比伦文献中，空中花园始终是一个谜，甚至没有一篇提及空中花园，所以现在也没有关于巴比伦空中花园图片，都是猜想图。作为古巴比伦宫苑代表作品的空中花园，被誉为古代世界七大奇迹之一。其实就是建造在数层平台上的屋顶花园，当时的古巴比伦人已经发明了一套灌溉设施系统，能将河水引到顶层台阶上，逐层往下浇灌植物，并形成跌水。它表明当时的建筑承重结构、防水技术、引水灌溉设施和园艺水平等，都发展到了相当高的程度，有能力为大型宫殿营造屋顶花园了。

图 3-13 古巴比伦王国空中花园复原图

（3）相地选址多在地势高处。

古巴比伦的神庙、宫殿、寺庙多建在不易被洪水淹没的高地，周围列植的各种树木形成圣苑，其布局则像古埃及的园林和圣庙一样，形状比较规则，具有人工特性。另外，猎苑中多堆积土山形成开阔视野，既可以登高瞭望，还可以观察动物行踪，又可以当作洪水来临时的避难所，猎苑多以自然森林为主。

（三）古希腊园林

作为欧洲文化的发源地，从公元前 2000 年到公元前 1200 年左右，出现了以克里特岛和迈锡尼为中心的米诺斯文明和迈锡尼文明，统称为爱琴文明。公元前 800 年至公元前 400 年左右出现了希腊文明，此后被马其顿的亚历山大大帝征服。公元前 168 年，罗马帝国以武力征服了古希腊。古希腊是欧洲文明的摇篮，古希腊文化对古罗马世界以及后世的欧洲文化影响巨大。

希腊于公元前 5 世纪进入了相对和平繁荣的时期，园林便随之产生、发展。古希腊园林类型多样，成为后世欧洲园林的雏形，近代欧洲的体育公园、校园、寺庙园林等都残留有古希腊园林的痕迹。在园林形成初期，其实用性比较强，形式也比较单调，多将土地修整为规则式园圃，四周用绿篱围住。主要种植经济作物，栽培果品、蔬菜、香料和各种调味品。古希腊园林可划分为宫廷庭院、住宅庭院（分为柱廊园和阿多尼斯屋顶园）、公共园林（如圣林、竞技场、文人学园）等类型，就其形式而言，主要有廊柱园屋顶花园、圣林和竞技园等，其审美特征如下：

（1）园林朝着有秩序、规律、协调均衡的方向发展。

古希腊的音乐、绘画、雕塑和建筑等艺术达到了很高水平，尤以建筑著称于世。古希腊人因战争、航海等需要健壮的身体、人们酷爱体育竞技，产生了古代奥林匹克运动会；又由于民主思想发达，公共集体活动的需要，促进了大型公共园林娱乐建筑和设施的发展；古希腊在哲学、美学、数理学领域都取得了巨大的成就，以苏格拉底、柏拉图等为杰出代表，他们的思想和学术成就曾经对古希腊园林乃至整个欧洲园林产生了重大影响，使园林布局也采用规则式设计并力求与建筑协调。同时，由于数学、美学的发展，使西方园林朝着有秩序的、有规律的、协调均衡的方向发展。

（2）鲜花、雕塑和喷泉形成的综合美。

希腊人喜爱体育活动，竞技场内用于训练，而休息设施如棚架、椅子主要建在场外的园林绿地中，已有了现代体育公园的雏形，在当时构成公共园林的主体，可称为公共园林。阿多尼斯①花园（Adonis Garden）是公共园林的另一种形式，在每年的春季阿多尼斯节，雅典的妇女都会不约而同地在自家的屋顶上竖起阿多尼斯的塑像，放置盆栽，种植发芽的莴苣、茴香、大麦、小麦等植物，这些绿色的植物好似花环一般，象征着人们对阿多尼斯神的崇敬。妇女们还载歌载舞纪念她们的美神阿多尼斯。这一仪式后来转移到地面上进行，植物材料也逐渐以鲜花为主。西方雕塑和鲜花结合的传统即由此而来，以绿色花环围绕雕像的方式逐渐固定下来。节日期间，不但屋顶，即使是通常的花坛中也矗立优美的雕像，这对欧洲园林花坛艺术产生了重要影响。希腊泉水资源丰富，公元前10世纪就开始出现喷泉，在园林中，喷泉和雕塑应用在一起，成为雕塑的另一主要结合对象，对紧随其后的古罗马时期产生了深远的影响。

---

①阿多尼斯（Adonis）是希腊神话中传说的花样美少年，从树身爆裂诞生。王室美男子，他如花一般俊美精致的五官，令世间所有人与物在他面前都为之失色。他与爱神维纳斯相恋，每年可死而复生。他是代表春天的植物的神灵，也是一个受女性崇拜的神。阿多尼斯是西方"美男子"的最早出处。现在，"阿多尼斯"这个词常被用来描写一个异常美丽、有吸引力的年轻男子。

（3）建筑的柱式对称。

古希腊的住宅采用四合院式的布局，一面为厅，两边为住房。厅前及另一侧常设柱廊，而当中则是中庭，以后逐渐发展成四面环绕的列柱廊庭院，也称柱廊园。柱廊的墙面上绘有壁画，称为柱廊园。园子当中一般造水池和喷泉，四边配置方块的花坛。花园周围围绕一圈宽敞的柱廊，使住宅和花园相互渗透。它们的轴线明显，把四面柱廊以内的居室和绿化串联在一起。

（4）对树木神圣的崇敬心理。

古希腊人同样对树木怀有神圣的崇敬心理，因此在神庙外围种植树木，起初只用庭荫树，如棕榈、悬铃木等，在神庙周围起到围墙的作用，后来也种植果树。圣林同时也是祭奠活动时人们休息、散步、聚会的地方；同时，大片林地创造了良好的环境，增加了神圣的氛围。另外，在学术园林中，古希腊哲学家常常在露天公开讲学，尤其喜爱在优美的公园里聚众演讲。学者们也开始建造自己的学园，园内有供散步的林荫道、廊亭、建筑小品等，其内种植有悬铃木、齐墩果、榆树等树木，还有覆满攀援植物的凉亭及神坛、纪念碑、雕塑等，以显示庄重。

（四）古罗马园林

古罗马的地理范围包括北起亚平宁山脉，南至意大利半岛南端的领域，意大利为多山丘陵地带、山间有少数谷地。气候条件温和，夏季闷热，但山坡上比较凉爽。这种地理、气候对园林的选址和布局有一定影响。印欧语系的民族迁入后，公元前753年建立罗马国，直到公元1—2世纪时罗马帝国才进入鼎盛时期。公元前2世纪末，古罗马人在征服希腊之后，全盘接受了希腊文化。此时，来自东方和希腊的文化艺术，包括园林艺术都是罗马人取之不尽的源泉，罗马人在学习希腊的建筑、雕塑、园林之后，才逐渐有了真正的造园事业。

古罗马人最初的园林是以生产为主要目的的果园、菜园以及种植香料和调料植物的园地，后来观赏性装饰性和娱乐性逐渐增强。从古罗马园林类型上看，大致分为庄园、柱廊园（图3-14）和公共园林等。庄园中包括宫苑（如哈德良山庄）、贵族庄园、别墅花园等。宫苑园林的代表是建造十分奢华的哈德良山庄，其总体布局随山就势，并没有明确的统帅全局的轴线。山庄中除了宏伟的宫殿群之外，还有画廊、图书馆、竞

图 3-14　古罗马圣保罗教堂以柱廊环绕的中庭

技场、剧场、浴场等大量的生活及娱乐设施以及祭祀性庙宇等。在园林单体布局和装饰处理上，已具备许多文艺复兴盛期意大利庄园的特点。贵族庄园内有供生活起居用的别墅建筑和宽敞的园地，通常包含有花园、果园和菜园等部分。花园又可依据用途划分为供散步、骑马及狩猎等类型的花园。建筑旁的台地主要供散步之用，有整齐的林荫道和装饰性绿篱，还有一些花坛和树坛。古罗马园林的审美特点如下：

（1）相地选址注重地形。

由于罗马的地势地貌以丘陵为主，有高低起伏之美。罗马城本身就建在几个山丘上。因此古罗马庄园别墅也是多依山而建多。为便于活动，他们常常将自然坡地切成规整水平台层，均衡而稳定，更符合当时人们的审美情趣。如罗马皇帝哈德良（117—138 年在位）建造的离宫别苑，被称为哈德良山庄（图 3-15），坐落在罗马城附近风景秀丽的替沃里山坡上，占地约 760 英亩，是罗马帝国的繁荣与品位在建筑和园林上的体现。山庄中的建筑、宫殿、花园均是技艺精湛，美轮美奂。哈德良山庄的中心是一座巨大的列柱廊式庭园，环绕花园的是 9 米高的双面回廊，之间的墙上有壁画，一侧回廊的正中央有高大的拱廊门作为出入口。山庄中还有一处非常独特的环形建筑，采用轻巧的爱奥尼柱的环形柱廊，与环形水壕沟一道，围绕着一座圆形小岛。环形柱廊过去可能还有筒形拱顶，由于在檐壁上发现一些刻有与海洋有关的图案，因此学者们称它为"海上剧场"（图 3-16）。

图 3-15　古罗马哈德良山庄鸟瞰图

图 3-16　古罗马哈德良山庄"海上剧场"遗址

（2）园林布局规则。

古罗马人的庄园和宅院都采用规则式布局，他们将花园视为府邸和住宅在自然中的延续，是户外的天堂。花园中装点着规整的水景，如水池、水渠、喷泉等。花园建有雄伟的大门、洞府。园内有直线和放射形的园路，两边是整齐的行列树。雕像置于绿荫树下，作为装饰。园内的几何形的花坛、花池、修剪的绿篱以及葡萄架、菜圃、果园等一切都体现出了井然有序的人工美，一般只在花园的边缘地带仍保留原始的自然风貌，这种规则式园林形式是受古希腊园林影响的结果。

（3）植物、水体、雕塑。

古罗马园林中很重视植物造型的运用，并有专门的园丁，他们会将植物修剪成几何形图形和绿色的植物雕塑，成为当时深受人们喜爱的园林装饰。花卉在园林中的运用除了一般的花台、花池之外，还有了专类花卉园（如月季、杜鹃、鸢尾等）的布置方式，并且还兴起了迷园①的建造热潮。花卉种植除一般花台、花池的形式外，开始有了蔷薇专类园。蔷薇园在以后欧洲园林中都曾十分流行，这些花卉专类园至今仍深受人们的喜爱。雄伟的大门、洞府，直线和放射形的圆路，两边是整齐的行道树与植物、水体、雕塑和谐地配合在一起。

另外，古罗马园内装饰着规整的水体，如水池、水渠、喷泉等增加了园林的动感；花园中雕塑应用也很普遍，栏杆、桌、椅、柱廊都雕刻图案，墙刻有浮雕、圆雕等，这些雕塑为园林增添了装饰效果，也有装饰物的雕像置于绿荫树下，与树形之美相得益彰。

二、中世纪西欧园林

中世纪（Middle Ages，476—1453 年）是在西欧历史上从罗马帝国瓦解到文艺复兴开始之间的时期，历时约 1000 年。中世纪时期战乱频繁，社会动荡不安，被认为是欧洲古代文明的停滞期。基督教成为古罗马的国教后反对奢华的生活方式，再加上战争和商业贸易被破坏，导致在中世纪的经济、文化生活中城市的规模和作用都很小。中世纪时期，出于安全的目的，王公贵族在庄园里豢养武士，并在府邸周围建造防御工事，从而出现了城堡的形式。城堡多建在山顶上，由带有木栅栏的土墙及内外干壕沟围绕，当中为高耸带有枪眼的碉堡作为中心住宅。早期的城堡没有建造庭园的空间，11 世纪起战乱开始减少，城堡逐渐从山顶转移到平原靠近城市的地带，为庭园建造提供了空间。

中世纪的政治、经济、文化、艺术及美学思想对这一时期的园林有非常明显的影响。欧洲的封建社会虽有强大、统一的教权，但政权却分散独立。由此形成的园林以实用性为主的修道院庭园和简朴的城堡庭园为主。修道院庭园有瑞士的圣·高尔教堂、英国坎特伯雷教堂等，城堡庭园有法国比里城堡、蒙达尔纪城等。中世纪西欧园林有

---

①迷园，也叫迷宫、迷阵，以低矮绿篱组成装饰图案的花坛类型，或者几何型、鸟兽型等图样，人走进其中后会产生错觉，一时找不到出口。迷园的绿植多采用女贞、冬青等常绿植物。

以下审美特点：

（1）田园牧歌般的庭园情趣。

中世纪初期，城堡多选址山顶以抵御敌人的攻击，山顶空地较少且时局不允许进行园艺活动，因此早期城堡鲜有庭园建设；11世纪后城堡开始选址靠近城市的平原地带，总体上看，城堡庭园缺乏与外界的联系，庭园位于城墙之外，由栅栏或者矮墙围合起来，且只有少数的小门供出入，简单的几何形草皮、花床、篱笆和少量的树木构成中世纪庭园的主要景观要素。

法国人德·洛里斯（Guillaume de Loris）的寓言长诗《玫瑰传奇》写于1230—1240年间，书中大量描绘了城堡庭园的布局和欢乐场景，还有一些写实的细密画插图，显得尤为珍贵。在其中一幅名为"奥伊瑟兹（oyseuse）将阿芒（Amant，意为恋人）带进德杜伊（Deduit，意为娱乐）果园"的细密画（图3-17）中，我们可以看到当时庭园的典型布局：果园围绕着高大的石墙和壕沟，只有一扇小门出入。园内以木格栅栏划分空间，充满月季、薄荷清香的小径将人们引入到小牧场，草地中央有装饰着铜狮的盘式叠泉。人们在散生雏菊、天鹅绒般的草地上载歌载舞。修剪整形的果木、花坛，欢乐的喷泉、流水，放养的小宠物，营造出田园牧歌般的庭园情趣。

图 3-17　《玫瑰传奇》中的细密画

（2）非对称美学出现。

基督教对中世纪的园林美学有重要影响。《圣经》认为"上帝创造美""神造万物，各安其时成为美好""一定的尺度、数目和衡量"安排这自然界的秩序等，这些思想导致人们对于花园景观的审美是直觉性的，而非有意识的设计。时代的呼声大多寄托在象征意义的传达上，在这种情感影响下的非对称美学的标准指导着中世纪城堡及城镇的构图。一些城堡庄园的构图开始出现半圆形、放射状、格子架等布局构图。

（3）小品及植物。

凉亭（图3-18）和棚架是庭园中最主要
的小品，往往和藤本植物结合起到遮阴和装
饰的作用。凉亭和棚架常用板条结构，以常
春藤、玫瑰为骨架。其形式多样，有开窗的
也有不开窗的，有高大的也有低矮的，有单
独一个的也有数排连在一起的，有直线形式
的也有曲线形式的。15世纪末到16世纪初的
城堡庭园用凉亭棚架组成的绿廊将庭园分成
四部分，成为当时庭园的显著特征。

图3-18 中世纪的凉亭

植物景观始终是欧洲园林的主体，结园
和迷园等人工景观设施得到广泛应用。结园和花圃成为后世欧洲花坛的雏形。结园(Knot
Garden)是用低矮的绿篱组成的几何形、鸟兽、纹章等图案花坛类型。 在其空隙中填充
了各种颜色的碎石、土、碎砖等，这种类型多为开放型。如果在空隙中种植色彩艳丽
的花卉，则叫作封闭型结园。另外，还流行迷园，园内是修剪整体的高篱，像迷宫一
样，游人在里面难以走出去，反而增加了庭院的趣味和神秘美。中庭园地以草坪为主，
点缀着果树和灌木、花卉等。

（4）花台及围墙。

花台是中世纪为采摘花卉的需要而建造的，用砖或者木建造边缘，并在中间的土
地上铺上草坪，并种植鲜花，有的沿庭园墙壁的四周布置，也有位于庭园中间的。花
台的边缘既有用海石竹和黄杨等植物材料，也有采用铅、瓷砖、石等硬质材料。在整
个中世纪，花台都高于地面，其高度为2英尺到4英尺时用砖砌成，不足1英尺的用
石或者木材为边。

围墙是中世纪庭园的常见元素，主要分为庭园分隔和防御性两种。编制栅栏、木
桩栅栏、栏杆、树篱等形式起分隔园林空间的作用，而防御性的外墙主要起保护庭园
作用，以石料、砖块及灰泥等坚固材料砌筑。中世纪初期，围墙主要为带有木栅栏的
土墙，11世纪后石砌墙取代了木栅栏及土墙，并在外围挖掘护城河。

（5）水体。

中世纪城布局虽然简单，但水景精巧别致，极具观赏性，是该时期园林的一个重要元素。中庭由十字形或者交叉的道路将其分成四块，正中的道路交叉设计为喷泉，草地中央设置喷泉，形成游客景观视点。在空间较为局促的庭园中，多以水池和喷泉的形式出现，成为庭园的视觉中心。在宽敞的庭园中有大些的水池、水井，里面放养鱼类和天鹅等，增加了庭园的娱乐性。中世纪的城堡庭园的喷泉形式多样，如同建筑形式一样，先后出现了罗马式、哥特式以及后来的文艺复兴式。

三、文艺复兴时期的意大利园林

文艺复兴运动在 14 世纪兴起于意大利，15 世纪以后遍及欧洲，是一场资产阶级在思想文化领域中反封建、反宗教神学的运动，16 世纪达到巅峰。它揭开了近代欧洲历史的序幕，促进了希腊罗马古典美学的再生。人文主义思想是文艺复兴运动的核心，强调维护人的尊严，主张自由、平等和自我价值的实现，激发人们研究自然现象的热情的同时，也改变了人们对自然和世界的认识。人文主义文学先驱对自然的赞美、歌颂及对隐逸生活的向往及其在绘画艺术所表现出的鲜明特征，均深刻地影响了文艺复兴时期的建筑及造园艺术。

文艺复兴时期的园林也从一个侧面反映了当时人们的审美理想。毕达哥拉斯和亚里士多德均将美等同为和谐，而和谐的内部结构即为对称、均衡和秩序，对称、均衡和秩序可以用简单的数和几何关系来加以确定。古罗马建筑理论家维特鲁威和文艺复兴时期的建筑理论家阿尔伯蒂均将这样的美学观点视为建筑形式美的基本规律，而园林作为建筑构图的延续，其布局自然而然地被几何等数学关系所影响，体现出构图的明确、比例的协调和形式的匀称。

意大利大部分地区属于亚热带地中海型气候，整体气候温和宜人。由于境域狭长、多山，文艺复兴初期的庄园多建在佛罗伦萨郊外风景秀丽的丘陵坡地上，选址时比较注重周围的环境，要求有可以远眺的前景。

文艺复兴时期的意大利城市发达，强调人成为社会的中心，人文主义开始产生，这些变化均体现在园林设计中。16 世纪中期是意大利园林的全盛时期，园林一般附属于郊外别墅，与别墅一起由建筑师设计，布局统一，它继承了古罗马花园的特点，采用规则式布局而不突出轴线。园林主要分两部分，紧挨着主要建筑物的部分是花园，花园之外是林园。意大利境内多丘陵，花园别墅造在斜坡上，花园顺地形分成几层台地，在台地上按中轴线对称布置几何形的水池（图3-19）和用黄杨或柏树组成花纹图案的剪树植坛，很少用花。另外，花园重视水的处理，借地形修渠道将山泉水引下，层层下跌，叮咚作响，或用管道引水到平台上，因水压形成喷泉，跌水和喷泉是花园里很活跃的景观。外围的林园是天然景色，树木茂密。别墅的主建筑物通常在较高或最高层的台地上，可以俯瞰全园景色和观赏四周的自然风光。意大利园林常被称为"台地园"，有文艺复兴初期的卡雷吉奥庄园、费耶勒索勒美第庄园，文艺复兴中期的望景楼花园、美第奇庄园、埃斯特庄园、兰特庄园，巴洛克时期的阿尔多兰布迪尼庄园、伊索拉·贝拉庄园。文艺复兴时期意大利园林有以下审美特点：

图3-19　埃斯特庄园的矩形水池

（一）总体布局呈现规整且严格对称

文艺复兴时期意大利园林的总体布局是规整且严格对称，建筑与自然环境通过园林中的廊架、喷泉、植物、丛林等元素相互渗透，既具有人工性又具有自然性。此时的风景园林被视为建筑与自然之间的"折衷与妥协"，是协调两者关系的媒介。这一时期的风景园林蕴含的气氛是宁静、祥和的，介于法国古典主义园林与英国自然风景园之间。它不仅为人们的生活及享乐服务，还展现了人们的审美理想、对自然的欣赏与热爱以及对隐逸生活的渴望。16世纪末至17世纪初，人文主义文化逐渐衰退，意大利风景园林设计在经历了"手法主义"的无拘无束、独特新颖的艺术潮流和巴洛克装饰风格的影响之后，逐渐呈现出追新求异、自由奔放、装饰繁复的倾向。

（二）追求静谧、隐逸亲切的生活意趣

文艺复兴时期意大利风景园林设计的风格也变得更加自由和灵活，追求静谧、隐逸、亲切的生活意趣。16世纪中期意大利的造园活动兴盛，手法日趋成熟，揭开了西方近代风景园林艺术发展的序幕，其空间布局方式和造园要素继承了古罗马时期郊野别墅花园的特征。例如，古罗马哈德良山庄依据地形变化布局建筑和园林的方式，轴线控制手法、水景的表达方式、修剪整齐的植物等，都是在追求静谧、隐逸、亲切的生活意趣。古罗马学者老普林尼在《自然史》中曾有如此表述："柏树经过修剪成为厚厚的墙，或者收拾得整整齐齐、精精致致，园丁们甚至用柏树表现狩猎的场景或者舰队，用它的常绿的细叶模拟真实的对象。"这种对称式的布局以及喷泉、雕塑、修剪整齐的植物等均在意大利文艺复兴时期的园林中得以继承和发展，以体现古典美学的复兴。

（三）体现人类对自然的态度及进取精神

文艺复兴时期的意大利园林反映人们对自然的态度是积极进取的，是勇于改造的。如朗特别墅的布局规整而方正，依山就势开辟4层台地，中轴明确，严格对称，12块模纹花坛环绕中央方形水池，主体建筑分列中轴线的两侧，空间宽敞而明亮。作为意大利文艺复兴园林发展到鼎盛时期的代表兰台庄园，造园特征继承了古罗马园林的特点，也体现出了人文主义者的审美意趣，即在均衡秩序下对自然要素的人工化再现。雕塑在园林中的形象主要是人体或者拟人化的神像，人始终是该时期意大利园林雕塑要表达的主题思想。原因是，一方面自古希腊以来欧洲国家就有着崇尚人体美的艺术传统，二是借助神像和神话传说可以表达人类渴望的超自然神力。雕塑多放置在小广场中央作为景观构图中心，或者在园路交叉口，或者放在喷泉中。文艺复兴时期的意大利园林表现出意大利人特有的精神和意识。园林被意大利人认为是一种艺术品，又是户外沙龙，供人们在此交际、娱乐、避暑、修养、沉思，因为造园的目的就是为人们创造优美的生活环境。

四、法国古典主义园林

法国由于广袤的国土面积和特殊的地理位置，境内气候复杂，西部属海洋性温带阔叶林带气候，南部属亚热带地中海气候，中部和东部属温带大陆性气候。开阔的平原、众多的河流和大片的森林不仅是法国国土景观的特色，也对其园林风格的形成具有很大的影响。

法国古典主义园林形成于 16 世纪中叶，并在 17 世纪下半叶达到了造园水平的巅峰。在近 200 年的发展历程中，留下了大量优秀的园林作品，并在相当长的时期内引领着欧洲造园艺术的发展。

法国园林艺术在 17 世纪下半叶形成了鲜明的特色，产生了成熟的作品，对欧洲各国有很大的影响。其代表作是孚—勒—维贡府邸花园和凡尔赛宫园林，创作者是 A. 勒诺特尔。这时期的园林艺术是古典主义文化的一部分，所以，法国园林艺术在欧洲被称为古典主义园林艺术，以法国的宫廷花园为代表的园林则被称为"勒诺特尔式园林"，它把古典主义完美地贯彻到了园林艺术中，创造出了法国古典主义园林辉煌壮丽的"伟大风格"，其"伟大风格"的形成已经不可避免地打上了民族、时代、地域的烙印。法国古典主义园林是欧洲园林的一种重要风格，并对欧洲各国园林产生了深远影响。它严谨的几何构图、明确的空间结构，将传统造园要素组织得更统一、更宏伟，形成了中轴突出，严谨对称的显著特点，开创了前所未有的"伟大风格"，体现了古典主义的审美思想。该时期法国园林还有沃勒维恭特庄园、凡尔赛宫苑、尚蒂伊庄园、索园等，其总体审美主要体现在以下几个方面：

（1）规模尺度。

法国古典主义园林大多是王室或贵族的园林，代表王室和贵族的身份和地位，所以其园林在规模与尺度上，追求宏大壮丽的气派，这也是法国古典主义园林的典型特征之一。例如，凡尔赛宫的园林，路易十四要求它能容纳 7000 人游乐，纵轴长达 3 千米。由于园林不但规模大，而且尺度也大，故道路、台阶、植坛、绣花图样都大，凡尔赛中轴上的台阶竟宽达 50 米。法国古典主义园林大多地势较为平坦，基本为平面布局，相对于面积较小的意大利台地式园林而言，内容更加丰富，结构更加复杂，通过用开阔宏丽的轴线作为艺术中心，统率全局，秩序严谨、主次分明，实现了园林构图的空前完整与统一并富于变化。法国古典主义园林最突出的表现是它总体布局的丰富与和谐，避免堆砌各种造园要素，规模尺度虽大，但显得很有节制，有分寸感，洗练明快，典雅庄严。

（2）空间布局。

法国古典主义园林创造了均衡、壮观、主次分明的整体构图。其核心在于中轴的加强，使所有的要素均服从于中轴，按主次排列在两侧。与意大利文艺复兴园林和巴洛克园林相比，其总体构图更统一、更几何化，层次更分明。众所周知，轴线一直以来都是法国古典主义园林的核心点，它加强了园林中轴的艺术表现力，所有的要素都根据轴线来布置，形成统一的整体。轴线系统构成园林布局的骨架，整个园林因此处在条理清晰、秩序严谨、主从明确的几何格网之中。而轴线作为整个园林构图的中枢和艺术中心，反映了古典主义艺术追求构图的统一性的审美习惯。

（3）造园要素。

法国古典主义园林的造园要素主要有：植物、雕像、花坛、水景等。造园要素的布置表现出强烈的人工几何性和整体统一性。按照理性主义的美学观念，自然的不经过人为加工的东西是不美的，因此植物必须修剪成几何形式，统一到整体构图中。在法国古典主义园林中常用紫杉修剪成的圆锥和圆球，整齐地布置在花坛的角隅和台地的边缘，烘托中轴的气氛。法国古典主义园林中还运用了大量水景（图3-20），如水池、喷泉、池或湖、跌水或瀑布等。园林地势相对比较平坦，因而园林中多用静水，面积很大，点缀以喷泉，在高差变化大的地方布置一些跌水和瀑布，以平静开阔见长，表现出庄重典雅的气氛，与古典主义的美学思想相一致。

图3-20　凡尔赛宫苑中的拉通娜泉池

五、英国自然风景园林

英国自然风景园林是欧洲园林代表之一。英国位于欧洲西部，由大西洋中的不列颠群岛组成，包括英格兰、苏格兰、威尔士以及北爱尔兰和附近许多小岛，又称英伦三岛。

英国纬度较高，属海洋性温带阔叶林气候，为植物生长提供了良好条件。全年气候温和，多雨多雾。

在17世纪工业革命以前的长时期里，英国是一个封建的农业国。以畜牧业为首，加上由其带动的毛纺织业，构成了英国的经济支柱。这种经济组成是直接由盎格鲁－撒克逊游牧民族的生活方式流传下来的。畜牧业的长期稳定发展，使英国境内有着连绵的牧场。这种连绵的牧场郊野形成英国人对风景、景观的最初印象，从18世纪开始，英国人逐渐从城堡式园林中走出来，在大自然中建园，把园林与自然风光融为一体。早期造园家力图把图画变成现实，把自然变成图画，如修闸筑坝，蓄水成湖，园林景观都很开阔、宏大。

英国园林素以自然主义和浪漫主义闻名于世，英国自然风景园林的总体特征是自然、疏朗、色彩明快，富有浪漫情调。早期的英国园林是规则式的，并受到了文艺复兴时期意大利风格园林和法国规则式园林的影响，这种规则式的园林景观风格在英国延续了两个世纪之久。英国园林的发展主要经历三个时期，为"庄园园林化"时期、"画意式园林"时期、"园艺派"时期。

（一）追求自然疏朗的"庄园园林化"时期

"庄园园林化"时期（18世纪20—80年代）造园艺术对自然美的追求，集中体现为一种"庄园园林化"风格。英国风景园摒弃几何式造园规则，尽量避免人工雕琢的痕迹，以自然流畅的湖岸线，动静结合的水面，缓缓起伏的草地，高大稀疏的乔木或丛植为特色，尽量追求自然疏朗、洁净简练的造园艺术审美。与法国"勒诺特尔式园林"的园林审美风格完全相反，它否定了纹样植坛笔直的林荫道、方正的水池整形的树木，扬弃了一切几何形状和对称均齐的布局，代之以弯曲的道路、自然式的树丛和草地、蜿蜒的河流，讲究借景和与园外的自然环境相融合。英国风景式园林除注重园内重现自然外，亦注重园林内外环境的自然结合，抛弃围墙改用兼具灌溉和泄洪作用的干沟——"哈哈"隐垣[①]，既能防止牲畜入园，又将园林与外界连为一体，扩大了园

---

①即"哈哈墙"，由英国造园家布里奇曼创作的，横穿草地的干沟，用来分隔开花园和草场，起到了围墙的作用。设立"哈哈墙"后，人从建筑里望草场，沟岸从高往低，是一片连贯而没有断的草坪，是看不见这堵墙的，而草场上的动物无法从低岸爬过干沟到人活动的花园里，等走近一看，才发现这个沟，于是不免"哈哈"一笑，故而称其为"哈哈墙"。

林的空间。英国园林按自然种植树林，开阔的缓坡上散生着高大的乔木和树丛，起伏的丘陵生长着茂密的森林。结合兼具生产性的牧场和庄园进行景观设计，大大降低了维持一个精致的几何式花园的经济负担。该时期的代表人物为查尔斯·布里奇曼、威廉·肯特和兰斯若特·布朗，代表园林有克莱尔芒园、契斯维克别墅园、罗夏姆园、斯道园和豪沃德城堡园等。

（二）粗犷变化的"画意式园林"

随着18世纪中叶浪漫主义在欧洲艺术领域中的风行，英国出现了"画意式"自然风致园林。它具有以下几个特点：一是缅怀中世纪的田园风光，喜欢建造哥特式的小建筑和模仿中世纪风格的废墟、残迹；二是喜用茅屋、村舍、山洞和瀑布等更具野性的景观作为造园元素，使园林具有粗犷、变化和不规则的美；三是造园设计师大胆采用异域情调的景观元素，特别是借鉴中国的政治、伦理等思想，并对中国的文学、艺术、园林等文化产生了浓厚的兴趣，形成了"中国风"。英国皇家建筑师威廉·钱伯斯是在欧洲传播中国造园艺术的最有影响力的人之一，他两度游历中国，归来后在1772年出版的《东方造园艺术泛论》中盛谈中国园林并以很高的热情向英国介绍了中国的建筑和造园艺术。钱伯斯的设计风格终于形成了一个设计流派，被称为"中英折中式园林"，后来人们也将这种园林称之为感伤主义园林或英中式园林。由他主持设计的邱园（Kew Gardens），至19世纪就已成为闻名欧洲乃至世界的植物园，园中曾建有中国样式的孔庙、清真寺、岩洞和中国塔、石狮子等元素，不过多数今已不存，只剩下50米的中式宝塔（图3-21）作为园中的标志耸立其间，其蓝本据说是南京报恩寺的琉璃塔，这座建筑不但在中国历史上有着重要意义，而且是早期西方世界对于东方奇观想象的重要符号。但报恩寺的塔有9级，而

图3-21　英国邱园中式宝塔

钱伯斯设计的中国宝塔却有 10 级。

（三）富有浪漫情调"园艺派"时期

由于欧洲资本主义的发展和英国海外贸易和殖民事业的日益拓展，世界各地的名花异卉陆续传入，从而形成了 19 世纪的主要流派——自然风致的"园艺派"园林。这种造园流派在"画意式"面貌的基础上有了一些新特点，增加了具有时代特点的玻璃温室，在它里面种植各地的名木异卉和奇花异草；此外，常在草地上设置不规则的花坛，以各种鲜花密植在一起，花期、颜色和株形均经过仔细的搭配；树木也注意其高矮、冠型、姿态和四季的变化，巧加搭配。这种园林，因为更具商业性和折衷性，符合商业时代的需求，逐渐成为 19 世纪的主流，并直接影响到 20 世纪的世界园林艺术。

这一时期的代表人物是哈姆普雷·勒伯顿（1752—1818 年），是布朗的继承人，号称"自然风景园之新王"。在他设计的园林中，开始在建筑周围布置一些花架、花坛等装饰性的景物，作为建筑与自然的过渡；并开始使用台地、绿篱、人工理水、植物整形修剪以及日晷、鸟舍、雕像等建筑小品；特别注意树的外形与建筑形象的配合衬托以及虚实、色彩、明暗等关系。勒伯顿还主张要尽量发挥园林的自然美，并尽量遮蔽缺陷；园景、景界不可太明显，这样会使视觉更为辽阔；人工物应尽量自然化，庭园中的景物、装饰物应与环境配合，甚至在园林中特意设置废墟、残碑、朽桥、枯树以渲染一种浪漫的情调。这种园林风格也被称为"浪漫派"园林，他的作品有开顿公园、布雷斯城堡、艾什贝堡等，在他的理论提倡及影响下，18 世纪下半叶英国掀起了风景式园林的极盛时代。

英国自然式园林是世界园林的重要组成部分。在其成熟的中后期，这种自由的不规则园林传至欧洲大陆，形成了一股自由式造园艺术的潮流。这种园林体系对于今天称为"城市公园"的现代园林形式同样具有积极指导意义，把握英国自然风景园大众化和开放性的特点及其设计手法，对现代园林设计有很好的指导和借鉴作用。

第三节 中西方传统园林美学思想比较

东西方园林体系受各自地域的自然环境、宗教思想、文化和政治因素的限制及影响而形成，另外，时代精神和民族特性等因素也对一个国家和地区的传统园林风格及理念产生重大影响，使得不同地域、国家的古代园林在理念、形式上呈现出明显的差异。由此形成不同的造园思想与成就均来自于人类天性中对美的热爱及对理想环境的追求。在追求有充足的阳光、水、食物和树木的基础上，西方世界用几何比例的美学观念表达对人类生存和自然的理解，东方世界则渴望和谐自然，再现自然。总之，在世界各地，基于不同的意识形态而产生了不同的造园手法，形成了各具特色的风景园林。

一、中西方园林体系

（一）东方园林体系

东方体系最初形成可追溯到夏商时期，距今已有四千年历史。魏晋南北朝时期，由于佛教和玄学的影响，人们开始更加主动地关注自然，模仿自然，从而开创了中国园林"虽由人作，宛自天开"的做法。唐代是中国封建社会繁荣的顶峰，各种艺术文化成就纷纷涌现，园林艺术在此时也进入一个新的阶段。到北宋，抽象自然和象征自然在园林建筑中日益明显，成为中国园林的主要特色。从宋至清，是中国园林艺术的成熟期。在中国园林组成体系中，有以下组成部分，从园林类型来看，主要有皇家园林、私家园林、寺观园林、公共园林、衙署园林等；从园林要素的组成来分，主要有亭、台、楼、阁、榭、轩、舫、馆、桥等，配合自然的水、石、花、木等，组成了体现各种情趣的园景，从而达到了人工与自然的和谐统一。另外，从人文精神组成看，中国园林讲究与绘画、书法、诗词的融汇与照应，讲究诗情画意、意境含蓄等，并含有丰富的中国传统文化思想及理念等。

（二）西方园林体系

西方园林起源于古埃及，并沿着几何式的道路向前发展。在几个国家形成分支，以文艺复兴时期的意大利、17世纪的法国、18世纪英国的造园艺术为西方园林的典型代表。西方园林的造园艺术，力求体现出严谨的理性，一丝不苟地按照纯粹的几何结构和数学关系发展，追求严谨的理性，并形成了"完整、和谐、鲜明"的特色，最终发展成为四周为住宅围绕，中央为绿地，布局规则方正的柱廊园。特别是大规模的山庄园林，不仅继承了以建筑为主体的规则式轴线布局，而且出现了整形修剪的树木与绿篱，几何形的花坛以及由整形常绿灌木形成的迷宫。西方园林的组成体系虽然以树木、花草、山地为自然元素，但人工元素表现为建筑、雕塑和人工喷泉、水池等。文艺复兴后，对称、规则的园林艺术审美被打破，开始向自然观转变，追求园林与自然的高度融合，利用自然之物美化自然本身。

二、中西方园林艺术特点比较

中国和西方在园林的起源、发展过程、造园要素和社会功能等方面有着广泛的相似性，但两者的差异性比较明显，主要体现在以下几点：

（1）园林选址和地貌的出发点。

中国园林绝大多数是人工山水园，即在平地上开凿水体，堆砌假山，配以花木和建筑，把天然山水风景模仿在一定范围之内。这类园林多修建在城市中，又称"城市山林"。中国园林的地表处理原则可以概括为"高埠可培，低方宜挖"，因此，中国园林的地表是高低起伏的。

西式园林的选址则一般在远离城市的郊外或者山麓，极少在城市中修建大型园林，所以西方的古典园林也称为"山林城市"。西式园林的地表处理原则可以概括为"高阜可平，低洼宜填"，因此，西方园林的地表是平坦开阔的。

（2）造园风格。

中国园林是典型的自然山水式园林，其风格是崇尚自然。无论是北方的皇家园林，还是江南、岭南的私家园林，都非常强调顺应自然，总是在有限的空间范围内尽量模拟大自然中各种景物的造型和气韵，连树木花卉的处理也讲究表现自然。中国为数众多的私家园林既不求轴线对称，也没有任何规则可循，相反却是山环水抱，曲折蜿蜒，不仅花草树木保持自然原貌，即使人工建筑也尽量参差错落，力求与自然融合。

西式园林的风格则是崇尚人力，表现为一种人工的创造，是典型的几何形园林。在西方园林中，无论是建筑还是山水树木，所有的景物都有人力加工的明显印记。其建筑排列整齐，水源做出喷泉等，树木一律整齐地排列在道路两旁，如同被检阅的仪仗队。树冠修剪得规整划一，球形、方形、圆锥形、葫芦形、尖塔形，处处呈现出一种几何图案美。园中虽有很多自然物，但自然的气韵已经不复存在。

（3）整体布局。

中国园林所追求的是林泉之趣和田园之乐，追求人工美与自然美的高度统一，所以在园林设计上突出的是自然山水，建筑只是作为陪衬和点缀。中国园林中的道路本身就是重要的审美对象，讲究曲径通幽，园越小，路越曲。因此往往柔美有余而阳刚不足。而西式园林却是以建筑为主体，建筑物控制中轴线，中轴线控制整个园林，突出的是建筑。甚至连植物也成了建筑物的陪衬或其中的一部分，所以西式园林中的植物被称为绿色建筑或绿色雕塑。西式园林大多是笔直的大道，仅仅是为了解决景点与景点之间的交通问题。一般是以中轴线为中心，四周分布笔直的大道，组成若干个巨大的放射形，道路之间交叉形成无数直角与锐角，显得阳刚有余而阴柔不足。

（4）造园艺术追求。

中国园林注重写意，刻意追求诗情画意和含蓄美、朦胧美，追求"言有尽而意无穷"的韵味，即使是小园也可以拉出很大的景深，其中奥妙正在于藏而不露，而且虚中有实，实中有虚，使人有扑朔迷离之感。中国园林讲究迂回曲折，曲径通幽，咫尺之间变幻多重景观，所以中国园林有"步行者的园林"之说。西式园林则注重写实，刻意追求人工美、图案美，讲究规整、直观、开朗、明快、坦荡，再加上草坪、花园很是开阔。站在平地可洞观四方，登高眺望则更是一览无余，所以西式园林有"骑马者的园林"之说。

三、中西方园林审美思想比较

比较中西方园林体系、园林艺术特点后，还可看出中西方园林审美思想上的差异，主要表现在以下几个方面：

（1）人工美与自然美。

中西方园林从形式上看差异非常明显。西方园林所体现的是人工美，讲求布局对称、规则、严谨，从而呈现出一种几何图案美，从现象上看西方造园主要是立足于用人工方法改变其自然状态。而中国园林没有任何规则可循，相反却是山环水抱，曲折蜿蜒，不仅花草树木任自然之原貌，即使人工建筑也尽量顺应自然而参差错落，力求与自然融合。

（2）形式美与意境美。

由于对自然美的态度不同，反映在园林艺术上的追求便有所侧重了。西方造园虽不乏诗意，但刻意追求的却是形式美；中国造园虽也重视形式，但倾心追求的却是意境美。西方人认为自然美有缺陷，为了克服这种缺陷而达到完美的境地，必须凭借某种理念去提升自然美，从而达到艺术美的高度，也就是一种形式美。西方园林那种轴线对称、均衡的布局，精美的几何图案构图，强烈的韵律节奏感都明显地体现出对形式美的刻意追求。中国造园则注重"景"和"情"，其衡量的标准则要看能否借"景"来触发人的情思，从而具有诗情画意般的环境氛围即"意境"。这显然不同于西方造园追求的形式美。

（3）必然性与偶然性。

中国造园走的是自然山水的路子，所追求的是诗画一样的境界，如果说它也十分注重于造景的话，那么它的素材、原形、灵感等就只能到大自然中去发掘。越是符合自然天性的东西便越包含丰富的意蕴，因此中国的造园带有很大的随机性和偶然性。不但布局千变万化，整体和局部之间也没有严格的从属关系，以致没有什么规律性。"曲径通幽处，禅房草木生""山穷水复疑无路，柳暗花明又一村"等等都是极富诗意的境界。西方造园遵循形式美的法则，刻意追求几何图案美，诸如轴线对称、均衡以及确定的几何形状，如直线、正方形、圆、三角形等的广泛应用。尽管组合变化可以多种多样，但仍有规律可循。西方造园既然刻意追求形式美，就不可能违反形式美的法则，因此园内的各组成要素都不能脱离整体，而必须以某种确定的形状和大小镶嵌在某个确定的部位，于是便显现出一种符合规律的必然性。中西相比，西方园林以精心设计的图案构成显现出它的必然性，而中国园林中许多幽深曲折的景观往往出乎意料，充满了偶然性。

（4）明晰与含混。

中国人认为直觉并非是感官的直接反应，而是一种心智活动，一种内在经验的升华，不可能用推理的方法求得。中国园林的造景借鉴诗词、绘画，力求含蓄、深沉、虚幻，并借以求得大中见小，小中见大，虚中有实，实中有虚，或藏或露，或浅或深，把许多全然对立的因素交织融会，浑然一体，而无明晰可言，处处使人感到朦胧、含混。

西方园林主从分明，重点突出，各部分关系明确、肯定，边界和空间范围一目了然，给人以秩序井然和清晰明确的印象。主要原因是西方园林追求的形式美，遵循形式美的法则显示出一种规律性和必然性，而但凡规律性的东西都会给人以清晰的秩序感。中国造园讲究的是含蓄、虚幻、含而不露、言外之意、弦外之音，使人们置身其内有不可穷尽的幻觉和思考，在欣赏中讲究一个"悟"字，这是中国人的审美习惯和观念使然。

（5）唯理与重情。

中国古典园林滋生于在中国文化的肥田沃土之中，并深受中国哲学、绘画、书法、诗词和文学的影响。另外，由于诗人、画家的直接参与和经营，中国园林从一开始便带有诗情画意的浓厚感情色彩。中国画，尤其是山水画对中国园林的影响最为直接、深刻。中国园林一直是循着绘画的脉络发展起来的，诗词对中国造园艺术影响也比较深。中国古代园林多由文人画家所营造，不免要反映这些人的气质和情操，这就决定了中国造园"重情"的美学思想。中国园林在"天人合一"模式下，人的价值赋予了自然，导致了自然的变化。

在西方，不论是唯物论还是唯心论都十分强调理性对实践的认识作用；它们强调整一、秩序、均衡、对称；推崇圆、正方形、直线等。欧洲几何图案形式的园林风格正是在这种"唯理"美学思想的影响下形成的；西方文化重视对自然的"真"的探索并不断创新，由此决定了西方园林展示的是宇宙的物理秩序，是一种自然的情与理，这种理性的思维促使西方园林在各个不同时代有不同的表现。西方园林给我们的感觉是悦目，而中国园林则意在赏心。

思考题

1. 如何理解元明清时期的中国古代园林美学？请举例说明。

2. 请比较法国古典主义园林和英国自然风景园林美学的不同。

3. 如何理解中西方园林审美思想的不同？请举例说明。

第四章　现代风景园林审美思潮及发展趋势

从古典园林发展到现代园林，经历了一个漫长的过程，不仅有造园艺术、技术、材质的变化，还有造园审美思想的变化。在当今，随着人类自然观、价值观、审美意识等哲学基础的转变、艺术思潮的影响和地理学、生态学、美学的发展，这些因素共同推动了景观美学的范式转向，这种审美价值观念的转变直接导致了风景园林样式及其审美变化。

第一节　现代风景园林审美嬗变的时代背景

19 世纪，工业革命使欧美国家的大城市迅速膨胀，城市中大气和水体的污染非常严重，加上交通拥堵，噪声嘈杂，卫生条件和精神环境日趋恶劣，这些严重制约了城市进一步发展。于是，如何避免城市环境恶化就成了规划建设的首要任务，这在客观上促进了现代风景园林学的诞生。20 世纪 70—80 年代，在社会文化思潮和经济发展模式转向等相关因素的共同作用之下，当代景观的审美取向进入了所谓的"多元时代"。而对当代景观审美取向转换的历史性考察，自然离不开对社会文化背景的全面解读。

一、社会生活的改变

二战以后，西方社会由于政治、经济和社会思想文化的转型，人们对于自身生活环境的关注已经较之前有了很大的不同。在经历战后近 20 年快速发展以后，这种转变在 20 世纪 60 年代达到了高潮并最终导致了社会生活方式的根本性改变，一种具有"后现代"特征的思想观念开始进入人们的视野并呈现出一个充满了迷惘、矛盾与多样共存的社会生活状态。

20世纪60至70年代，西方社会普遍进入了"丰裕社会"阶段，生产水平提高、产品空前丰富都极大地刺激了巨大消费市场的形成。人们更多地希望能够领略日新月异的生活，对于心理层面的渴求直接影响着人们的思维方式与行为模式，也对社会生活状态的改变产生了深远影响。与此同时，与景观设计相关的诸多学科也在20世纪60年代以后进入了一个"后现代主义"时期。于是，在建筑和艺术领域之内开始"后现代建筑"和"后现代艺术"实践的同时，城市规划与设计领域之内也在经历着一场根本性的变革，一种基于当代社会生活现实需求、更加注重社会文化建设的"后现代城市"思想开始被越来越多的规划师所接受，并最终影响和改变了人们对于理想生活环境营造的既有理解与认识。

于是，一批具有探索精神的设计师，开始思考如何将这些具有"后现代"特征的城市融入到景观环境建设中。在这一实践的过程中，当代景观也在积极参与城市整体形态的改变与塑造，并借助于其专业的研究领域为城市社会文化的延续以及高品质城市生活提供相应技术支持。在这种景观和城市的融合过程中，景观设计不仅仅延展了传统景观设计的尺度与内涵，同时也引发了人们对具有美好形式、内涵丰富空间场所的无限向往。

20世纪70年代的伦敦城市农夫社团（Urban Street Farmer Group）方案，构想在城市的每条街道设置一处可以自我循环的生态系统，从而创造一种具有乡村景观意象的城市形态特征。在这些设计师的方案之中，我们不仅看到了他们具有前卫意识的设计理念，而且能感受到他们对于社会生活的切实关注，以及试图利用景观方法来提升城市环境品质的不懈努力。在这一努力探索的过程之中，现代景观设计之中的诸多问题与弊端也逐渐显现出来，由此，一种基于现实生活中真实体验与感受的景观设计理念逐渐进入了人们的视野并最终改变了景观的美学原则。

二、科学技术的影响

回顾现代设计学科发展的历程，我们可以真切地感受到，从诞生之日起，景观设计师就一直在通过积极的努力，参加到社会生活的改良运动和人们日常景观的营造中。力求在赢得人们足够的理解与尊重的同时，获得与建筑师相同的社会地位与职业认可。

有的学者认为，当初奥姆斯特德用 Landscape Architect 一词作为景观设计师的称谓，就是觉得建筑师的工作更加令人羡慕。1957 年 7 月，在美国加州著名的会议中心阿西洛玛（Asilomar）召开了全美景观教育大会，会议的主题为"景观学的未来"。在会上，人们充分肯定了景观学在美国现代城市发展进程中所取得巨大成就，同时也对景观设计中科学方法的缺失进行了广泛深入的讨论。与此同时，战后 20 余年的快速工业化发展历程，也使得人们对于无情蔓延的城市和乌烟瘴气的工业厂房有了真切的体味。人们开始思考工业化带给人们的多方面影响，进而探索未来的城市发展道路。景观设计学科外部发展的现实和内部需求的改变，都使得 20 世纪 60 年代景观学科领域以"生态运动"为标志的科学化进程变成了一种必然的可能。1969 年，伊恩·麦克哈格《设计结合自然》一书的出版，在西方学术界引起了巨大的反响。它让人们对人类赖以生存的自然环境有了新的理解与认识，深刻地批判了既往以人类为中心的发展思想，提出了结合自然的规划设计理念，即"生态主义"设计时代的到来。

"生态主义"不仅仅在公众中间产生了广泛的影响，同时也给景观领域设计带来了全新的发展理念。以生态技术为代表的技术进步，让人们在面对自然界的时候有了更多的能力与自信。科学技术在特定的时刻以一种特定的方式改变了景观设计的理论进程。20 世纪 60 年代末期至 70 年代，生态主义思想占据了风景园林的主导地位。作为北美最高级别以及紧随时代潮流的风景园林奖项——美国风景园林师协会（ASLA）奖，在整个 20 世纪 70 年代所关注的重点就是景观设计中生态理念的发展与传播。在其相应的获奖项目中，评奖委员会所重点考察的就是设计师如何将生态主义的思想纳入社会、环境与艺术发展的统一框架之中，进而使得生态理念成为继传统社会责任与审美旨趣之后，成为景观设计行业不可或缺的基本价值理念。

另外，在人们对景观设计领域内的科技发展备受鼓舞而充满信心的同时，却难以察觉到技术的发展在一定程度上掩盖了景观审美意义的进步。人们也逐渐认识到了过度的生态主义浪潮对景观审美发展的多重影响。生态不仅是一个解释，而且是一个命令，景观生态的技术特征不仅仅是一个科学根据，而且已经成为一种美的标准。但是景观生态方法过于提倡理性分析，就会缺少精神内涵，许多注重景观设计艺术表达的相关人士也对此提出类似观点。和诸多领域内关于技术发展的争论相类似，在有关科学与艺术、理性与感性的争辩中，正确与错误的本身并不在于这些技术本身，而是如何面对和应用这些科学与技术。但是，在生态主义大潮席卷景观设计领域的同时，许多追求景观设计艺术价值的景观设计师也通过自身积极不断地努力，使得当代景观设计在技术发展的前提下，其美学层面的追求也得以实现。科学技术并没有湮没人们对于景观文化与艺术内涵的需求，反而在技术进步的承接之下，风景园林设计呈现出更加丰富与多元的景观意象。

三、后现代主义自然景观遭遇"审美危机"

20世纪60年代西方社会自然主义景观设计思潮的发展与壮大绝非偶然。进入60年代以来，西方工业社会的快速发展所导致的环境转变比以往任何时候都更加迅猛。1960—1970年一系列法案和政策的制定，体现出人们对于环境问题的极度关注。西方景观设计的自然主义思想可以追溯到18世纪的英国风景自然园，其主要原则是"自然是最好的园林设计师"。

在19世纪下半叶，最著名的规划师和风景园林师奥姆斯特德的自然主义设计思想使得城市中心大片的绿地、林荫大道、充满人情味的大学校园和郊区以及国家公园体系应运而生。奥姆斯特德式的自然主义画意风格很好地体现了"自然的魅力"，以其"不可见"的形态、柔软的线条带给人自然化的景观体验。奥姆斯特德的理论与设计实践活动推动了美国现代城市公园的发展与建设活动，而且也为现代景观设计学科的建立奠定了坚实的基础。从美国的中央公园开始，美国的大型城市公园开始彻底摆脱少数富人的专属领地进而成为普通民众的生活场所，它在愉悦人们身心的同时，也深刻地影响了人们对于自然与景观之美的既有理解。奥姆斯特德把公园看成是"一个最重要的民主力量，并且认为这个国家的艺术与美学也将随着它的成功而进步"。与英国的"自然风景园"有很大的不同，这一时期美国自然主义景观绝大多数都是位于城市中心的大型公园，而与这些公园相对应的就是高楼林立的城市环境。正是这些偏向于自然化的公园景观给予身处快速发展过程中人们以些许的喘息，同时这些接近自然的景观也提供给了人们身处闹市的片刻宁静。

第二次世界大战以后，随着科学技术的发展进步；西方资本主义国家生产力高度发展，物质也极大丰富，但是环境恶化、污染严重及其他更多社会问题的出现，使人们的精神生活却受到了挑战，对于欲望和情感的渴望打破了理性的束缚，人开始意识到自我。这种社会环境的变化冲击了传统的价值观念，固有的价值观受到了前所未有的质疑。

从审美的角度来看，人们对现代主义过于抽象和简化的设计图案已厌倦且已产生审美疲劳，但也认为自然主义景观对于日益严重的环境问题所采取的是过于极端化的处理方式。换句话说，现代主义自然景观和城市公园因缺乏人文关爱和温暖，无法满足后现代主义时期人们的精神需求，遭遇了"审美危机"。

四、相关学科的多重影响

工业时代对理性的高度崇拜，使得边界清晰、界限分明成了一种标志性的审美取向。而到了当代社会，人们无时无刻不在面临着诸多的可能与选择。那种非此即彼、高度排他的审美旨趣，很难被人们在一个信息高度发达的社会所全面接受。一种更加具有选择性、更加能彼此互融的审美观念，反而更加能反映人们的真实诉求。20世纪六七十年代以来，在社会生活发生改变的前提之下，主导人们思想观念的当代西方哲学得以出现，并最终对包括景观设计行业内的诸多领域产生了深刻的影响，一种更具包容性、更加强调人性关怀与社会公平的设计理念逐渐进入到景观设计领域来。同时，艺术观念的深刻转变也使得人们对于艺术的理解发生了巨大的变化，一种更具多元化的景观审美追求也逐渐在景观设计领域内产生愈发广泛的影响。与景观设计学科相关的诸多学科都经历了深刻的变化，景观设计与相关学科的彼此互融也较之以往有了更为深入的发展。在这些相关学科的共同作用之下，当代景观摆脱了既往对于人工与自然的过渡纠结，人们对景观的生态美学内涵也有了更为全面的理解与认识。一种基于当代社会的审美思潮渐次进入了景观设计学科的自身发展中，并最终呈现出一种与现代主义截然不同的景观美学形态。

第二节　现代艺术观念下的风景园林审美

现代园林从一开始就从现代艺术中汲取了丰富的形式语言。对于寻找能够表达当前的科学、技术和人类意识活动的形式语汇的设计师来说，艺术无疑提供了最直接、最丰富的源泉。因此，当代艺术流派的审美观念直接影响风景园林的审美及其设计。

一、美和艺术分野下的风景园林

从米罗的《维纳斯》(又名《断臂维纳斯》)的时代（大约是公元前323年到公元31年）开始，一直到巴洛克时代之后的新古典主义时期（在法国持续到19世纪），在这跨度长达二千二百年期间，西方的艺术一直是追求美。而美的地位的动摇最先始于18世纪，原因是如崇高、秀美、隽美等观念从美中分化出来，美的领地因此被缩减；而一直以来与美相关的古典形式又失去了浪漫学派的支持。到了18世纪末，人们就"美"是否能成为艺术价值的唯一标准开始了争论。在这些争论中，美和审美这些传统美学中至高无上的概念的失落，直接导致了"丑"的升值。1797年，F·史雷格尔提出，莎士比亚之所以伟大，就是因为他的作品像大自然一样，让美与丑同时并存；1819年，K·W·索尔格认为美与丑是相辅相成的。

"美"的危机之所以会出现，根本上是审美趣味发生了改变。现代艺术家们向传统的反叛，首先就表现在对美的挑战。美国抽象表现主义画家巴尼特·纽曼说："在美国，我们这些想从欧洲文化的重负中获得自由的人，正在通过完全否认艺术和美具有任何关系，否认究竟在哪里才能找到美这类问题去寻找答案"。他们的答案非常清楚：艺术与美没有必然联系，也没有任何地方能够找到这种联系。很显然，对现代艺术是否具备美不再是判定一件物品是否属于艺术的必要条件了。现代艺术不断冲击事物的秩序，它以自身的丰富性打碎了美学范畴的界限，破除了文化的种种高低贵贱之分。

从积极的意义上看，美与艺术的分野冲破了美的艺术的限制，为艺术的发展带来了更广阔的自由，历史上没有任何一个时代存在的艺术流派的种类和数量能与20世纪比拟。所以，尽管某些先锋艺术被诟病为"更像一些偶然突发的奇想而根本谈不上艺术理论"，却丝毫不影响艺术家们在自由天地中创作的高昂热情。这些先锋艺术家们宣称艺术不再模仿自然，艺术应建立自己的观念，只有背离了日常知觉的艺术才是真正的艺术。正是这种对"日常知觉的背离"，将现代艺术引领上了抽象之路。

在现实生活中，到处都是艺术。现代艺术开放并更新了各种表现手段，不断创造新的形式，从多种角度观察世界，并预见它们在时间和空间之中可能产生的效果，跟人与物建立起了前所未有的交融性。因此，现代艺术虽然不再是大写的、崇高的艺术，不再具有权威性的准则，有些甚至还摆出"反艺术"的架势，但却不断增加了对世界的把握，真正回应了世界的复杂性。在艺术的影响下，两千多年以来遵循着"模仿自然"

的美学哲学的园林设计，也逐步突破了规则的几何线形与流畅的自由曲线两者非此即彼的程式，开始试图冲破自然美的界限，出现了先锋派、激进派、超现实主义等方式景观设计。

二、现代主义美学下的风景园林

西方艺术早在古希腊和文艺复兴时期就构建起了以客观、写实为特征的审美艺术精神，但这种精神在 19 世纪 70 年代已经走到了尽头。西方资本主义的科技和生产力的充分发展，随之带来社会矛盾的加剧以及社会的剧烈变动，引起了社会思潮的激烈动荡，深刻影响着人们的精神世界，当然也引起了艺术语言的变化。在艺术领域，人们对传统形式的厌倦以及审美情趣和审美格调的变化，都在不断冲击着古典传统和写实主义。从后印象主义开始，具有主观和写意的艺术精神得到极大的发展。现代主义就是在这种强调个体和艺术自主的时代应运而生的。

现代主义的美学观主要体现在几个方面：一是注重形式与风格；二是具象转向抽象；三是表现比再现更重要；四是创造高于审美。伴随着艺术风格形式化和观念化的演进，现代艺术一步步摆脱了宗教和政治，远离了文学和现实，摒弃了可见的世界。

二战后，新的公共建设给设计者提供了大量的机会，众多建筑师与艺术家开始加入到景观设计的行列中，景观设计与城市设计结合在一起，现代主义景观设计得到广泛应用，一些大规模的景观设计项目得以实现。从 20 世纪 20—30 年代美国加州花园到 50—60 年代景观规划设计事业的迅速发展，都集中表现为现代主义倾向的反传统强调空间和功能的理性设计。

抽象艺术对 20 世纪所有艺术形式都产生了深远的影响。从 20 世纪 50 年代开始，一些早期景观设计已在创作手法上有所变化。结构主义大师马勒维奇（Malevich）和罗德琴科（Rodch Enko, 1891—1956）创造了抽象的几何结构和硬边结构；迪澳·凡·兹泊格（Theo van Doesberg）和约瑟夫·阿尔伯斯（Josef Albers）实现了具体艺术；汉斯·阿尔皮（Hans Arp）和简·米洛（Joan Miro）则运用了抽象的松散结构，即生物形态。另外，现代建筑的空间构成主要来源于现代立体派绘画的启发。在立体派绘画中，物体分解为许多平面，平面重新组合，相互叠置，相互渗入成为整体形象，这使得平面自身直接显现立体感，却又不是取消了平面，使它成为一个空盛器，让各种东西在它里面装着。

在密斯·凡·德罗（Ludwig Mies Van der Rohe）于 1929 年设计的巴塞罗那世界博览会德国馆中，长达 3 米的悬挑模糊了内外空间的界限，墙体与天花板的分离形成了内部空间的多重解读，都是借鉴了立体主义，实现空间的"透明性"。而丹·克雷（Dan Kiley）于 1955 年设计的米勒花园与德国馆在空间上有很多相似之处，他从建筑的秩序出发，通过结构（树干）和围合（绿篱）的对比，将建筑的室内空间延展到了周围的庭院中，由此塑造了一系列的室外房间，很接近现代建筑中自由平面的思想。还有一些美国景观建筑师如加略特·艾克博、詹姆斯·罗斯、罗伯特·洛斯顿、托马斯·丘奇、劳伦斯·哈普林等致力于新形式的探索，随后而来的"肾形""变形虫"之类的设计语言广泛出现在托马斯·丘奇等人的景观设计中，甚至成为加州景观的标志。

三、后现代主义美学下的风景园林

后现代主义（Postmodernism）20 世纪 60 年代以来在西方出现的具有反近现代体系哲学倾向的思潮。它源自现代主义但又反叛现代主义，是对现代化过程中出现的剥夺人的主体性和感觉丰富的整体性、中心性、同一性等思维方式的批判与解构。广义的后现代主义园林景观是指受文化上的后现代主义影响的园林景观设计；狭义上的后现代主义园林景观是以功能性、无装饰性为目的，以历史的折中主义、大众化的装饰风格和戏谑性的符号为主要特征的园林景观设计思潮，它反对现代主义的纯粹性，更倾向于大众艺术。

（一）后现代主义景观设计

后现代主义让艺术从高雅走向生活，迎来一个新的设计思维和设计理念，开始了一场反现代主义的设计运动，反对现代主义的重功能、重理性、严谨呆板、整洁高雅、形式单一的传统设计，这些变化也使景观设计开始出现新的设计理念和设计方式。

1. 传统符号的应用和拼接

后现代主义设计中最常见的传统与现代结合的手法就是提取传统园林中的片段、语汇和符号，使其成为联系历史要素的有力工具，是非传统方式组合的传统部件。景观设计师们汲取最多的是历史文脉元素，代表隐喻和玄想的符号单元，多运用符号隐喻和图案式隐喻的设计方法，以产生强烈的怀旧与伤感，把传统景观设计中的一些要素，用后现代手法进行组合后重现，体现了后现代主义的符号搭配。比如设计师把彩色混凝土、混凝土砖块、玻璃纤维、人造草皮、树脂玻璃、废弃轮胎、塑料植物、铁轨、土陶罐、防水塑料、面包圈等生活中常见元素拼接在一起，重新组合后产生一种与传统形式迥异的设计作品，给人们带来全新的视觉映象和文化感受。

2. 关注人们的精神层面

在后现代主义影响下，景观设计采用一种与众不同又与大众紧密联系的方式进行表达，设计时关注人们精神层面，以场所的意义和情感体验为核心，景观的存在以满足人们的趣味和个性、放松心情、陶冶心智等内容精神为目的，强调人和景观是互动关系，有时候人甚至也成为景观元素的一部分。景观设计回归大众生活，以唤起人们对生活、对城市的另一种记忆。后现代主义景观设计与以前相比，更有生气和活力，是时代精神和人的观念的综合表现，也是社会文化的外在载体和文化的映射。景观设计空间含有丰富情感，代替了纯粹的功能性审美需求，给人们带来了欢乐、体验和惊喜，留下了深刻印象，也丰富了城市的精神面貌。

3. 注重色彩与造型

在色彩的应用方面，后现代主义的设计师们更大胆，通过丰富甚至人们认为滑稽的色彩组合，运用对比手法创作出区别于传统的设计作品。后现代风格的色彩运用大胆创新，追求强烈的反差效果以及浓重艳丽色彩或黑白对比色彩，多以表达艺术气质为主轴，诸如令人晕眩神迷的桃红色、个性十足的紫蓝色、安定静谧的湖水蓝、饱满而中性的巧克力色等。

后现代主义时期，受波普艺术理念的影响，景观设计师们在园林要素造型和设计上更为自由、大胆甚至怪诞，在造型手法的处理上出现变形扭曲、过分夸张或自相矛盾，或是学习波普艺术家们在玩笑、讽刺、幽默之中完成对艺术构成方式的改变。

4. 强调以人为本

在现代主义影响下，景观设计在作品中秉承以人为本的原则和设计理念，强调人在景观中的主导地位和人性在设计作品中的体现。在设计中，从不同层次人群的需求和使用角度出发，考虑其需求，进行景观设计，并突出人体工程在景观规划设计中的运用，使人体活动和人的知觉系统更好地适应景观环境。同时突出设计的文化内涵，注重人性化和自由化，主张采用多元一体的艺术风格。

（二）后现代艺术流派美学下的风景园林设计

在现代社会、艺术和建筑的推动下，后现代风景园林对工业社会和自然整体做出了理性探索，并受极简主义、波普艺术、大地艺术、现象学、抽象派雕塑等艺术风格的影响，景观设计突破了传统园林形式，更多地考虑空间与功能以及人的使用，开拓了新的构图原则，设计具有多义性和视觉冲击力，重视空间观念转变，追求场所精神，注重时代表达。在园林设计中特别重视充分揭示场地的历史人文或自然物理特点，挖掘和展示场所中隐含的特质，反映场所包含的历史信息和情感内涵，表现社会的文化需求，使传统与现代、过去与今天结合，使新的设计具有更丰富的传统文化底蕴。

1. 极简主义美学

在 20 世纪 50—60 年代的美国，一种被称为极简主义（Minimalism）的艺术流派开始出现并产生日益广泛的影响力。作为当代艺术领域之内的重要流派，极简主义产生的标志是 1959 年弗兰克·斯特拉（F.Stella）"黑色系列"作品的展出。无论在艺术创作领域还是其他相关学科中，极简主义的表现从来没有拘泥于一种风格或流派，而是专注于对艺术"本质"的传递与表达。

"Minimalism"的中文译法，除了极简主义外，还有最少主义、简约主义、极少主义等。其内涵要传达的都是对极简主义景观所呈现的"纯粹、简化、高度客观"等外在形象最直接的评述。关于极简主义的概念，至今也没有一个相对明确的定义。

人们对于极简主义的直观理解就是用尽可能少的手段和方式去感知和体验，去除一切多余的设计元素，用最基本的方式表达事物的本质。评论家佩罗（John Perrault）对极简主义的概括是："极简主义一词好像暗示极简主义中缺少艺术，其实不然。与抽象表现主义和波普艺术相比，极简主义艺术中最少或看起来最少的是手段，而不是作品中的艺术"。此外，艺术家彼德·哈雷对极简主义中"熵与内应力之间关系"的论断，也表明了极简主义作为抽象表达的极致，其间悄然无声的内在表现力。

在景观环境中，一种规则而有秩序的空间系统往往与周围的环境形成强烈的视觉对比，借助于自然系统的变化，形成多样化的环境感受。在美学的诉求与表达上极简主义与当代景观设计所追求的"形式的变化"共同构成了美学趣味的深刻变化。在极简主义园林中，没有采用技术或工业化的手段来征服大自然，而是用其设计理念和外部形态来反映自然系统的变化，并结合几何、动态与韵律等手段来使空间更具内涵，进而让人过目不忘。因为人工设计的感觉被发挥到了极致，即便是富于变化的植物要素，也仿佛被安排好了一样，处于一种被"设计"的状态之中。这一点，可以从设计师彼得·沃克（Peter Walker）设计的作品中真切感受到。

沃克的作品极好地体现了极简主义作品的环境特征：无主题、客观表达、注重景观的形式本身，而非它们的背景。与此同时，他所运用的材料却极其丰富，也异常的复杂，但是其基本构成单元却是简单的几何图形。与此并不矛盾的是，他的作品具有良好的观赏性与使用功能，沃克的极简主义手法使得他的作品成为"美学的统一体"。从20世纪80年代开始，沃克设计了大量具有极简主义特征的景观设计作品，这些作品在为他带来国际声誉的同时也深深地影响了当代景观设计艺术进程，如完成于1984年的哈佛大学唐纳喷泉（Tanner Fountain），被看成是其中最具代表性的案例（图4-1），这是一个被人们所熟知的作品。喷泉位于哈佛大学一个步

图4-1 彼得·沃克设计的哈佛大学的"唐纳喷泉"

行小路的交叉口，由近160块石头向心排列而成石阵构成了整个空间场景的核心，而位于中央的雾状喷泉不时喷出水珠形成阵阵雾霭，散发着一种莫名的神秘与未知感。沃克说，唐纳喷泉是一个充满极简精神的作品，这种艺术很适合表达校园中大学生们对于知识的存疑与哈佛大学对智慧的探索。在这以后，沃克设计了福特沃斯市的伯纳特公园（Burnett Park）和德国慕尼黑凯宾斯基酒店（Hotel Kempinski）等引起广泛关注的作品。这些作品秉承了沃克所一贯尊崇的具有极简主义特征的设计理念，表达了一种基于纯粹概念的景观设计美学。

2000年，彼得·沃克设计的柏林波兹坦广场索尼中心（图4-2）建成并投入使用。

这是一处长度大约为 100 米的城市广场，位于柏林波茨坦广场（Potsdamer Platz）的一块三角地，围合场地的建筑是一组具有现代特征的建筑单体，作为这一组建筑的核心区域。索尼中心广场不仅起到将建筑单体予以整合的作用，而且是建筑与城市空间重要的连接纽带。这个广场的设计不仅仅是安排一处供人们休憩的室外场地，而是需要通过多种活动和设施的全新演绎，向人们表达一种复兴的文化内涵。广场地面铺装采用条形的钢质格栅和柏林传统的黑色花岗岩鹅卵石，这种表达方式不仅将城市的街道景观延伸到建筑内部空间之中，而且也凸显一种具有现代特征的技术美学和城市传统文化的相互融合。广场中间是一处圆形水池，不仅为场地提供了自然的些许气息同时也成为底层的采光天井。在当代景观技术和施工工艺的协助下，沃克用充满技术张力的设计语言，塑造了一处充满无尽想象的审美世界，向人们传递了一种基于技术进步的景观极少之美。

图 4-2　彼得·沃克设计柏林波兹坦广场索尼中心

2. 波普艺术美学

波普艺术（Pop Art）[1]是流行艺术、大众艺术的通称，产生于 20 世纪 50 年代。彼时欧美各国经过战后十余年的重建，逐渐从战争的阴影中走出来，战乱带来的创伤也渐次淡出了人们的视野。面对新的生活，人们选择了一种更加务实的做法，不要再对过去怀念不舍，认识到人生短暂，在有生之年及时行乐也不失为一种好方法。在艺术

①波普为英文词汇 Popular 缩写的中文音译，意即流行艺术、通俗艺术。

界，经过现代艺术的洗礼，战后的艺术家有了更加自由和开放的创作空间。人们更加关注现实世界的真实需求，注重内心世界的表达。以往被看成庸俗和不登大雅的东西，逐渐进入了艺术家的创作视野。后波普时代（post-popera）一词由波普艺术衍生而来，20 世纪 70 年代后开始进入为后波普时代，后波普时代代表的是一个更加广泛和包容的文化。

1955 年，位于美国加州洛杉矶的迪斯尼公园建成了，虽然这不是世界上最早的主题公园，但迪斯尼公园从建立之初就成为现代美国最具煽动性的隐喻。在这里，复制、拼贴、堆砌、梦幻般的场景成为主导的景观意象。人们可以尽情狂欢，忘却烦恼，高度饱和的信息刺激形成了公园最主要的游览印象。如美国艺术家罗伯特·印第安纳在20 世纪 60 年代创作的"LOVE"雕塑（图 4-3），到现在这个雕塑已经遍布了世界，已经成为流行于全球经久不衰的经典符号，他也被公认为美国波普艺术的标志性人物。

图 4-3　罗伯特·印第安纳的"LOVE"雕塑

波普景观是当代景观追求理想过程中的一种变奏，它比现代主义更加入世。既表达了对理想的憧憬，也有对现实生活的肯定、乐观的态度。波普景观以对现实生活的高度关注而使人们感到一种莫名的新鲜感。具有波普意味的景观设计因为波普天生的娱乐因子，会制造出人在景观设计中强烈的感官体验感，从而增加人和景观的互动。波普景观主要特点：一是平易近人融合互动，紧跟时代，与当下艺术的共生共存；二是鼓励情感自由表达，不是一种具有固定情感的景观，而是倾向于将人类多样的情感表达出来，更具有娱乐精神，设计师不希望因为关注自然生态和功能性而忽视了个性设计成分的存在。

在景观设计中所运用到大量波普艺术的手法有：（1）色彩设计表现出大胆、明亮，形成了很强的视觉冲击力；（2）在造型方面以其夸张的比例、特别的形象构成有趣的效果，产生了诙谐与烂漫的景观艺术效果；（3）替换与拼贴，相同或不同的图形、照片等重新按规律或不按规律地拼起来所形成的一个艺术作品，也可以说是结构与重组，用某个符号或元素取代对象，或用某种材质取代某种材质等而形成另一种感觉；（3）变形裂解，在引用的基础上加以变形、分解或者抽取元素符号，使其处于像或不像的中间状态，呈现出不一样的全新形象，给予人以新的感受、态度、体验与互动。

3. 大地艺术美学

大地艺术（Earth Art）又称"地景艺术""土方工程"，是指艺术家以大自然作为创造媒体，把艺术与大自然有机地结合所创造出的一种富有艺术整体性情景的视觉化艺术形式，由此给艺术界带来新的审美意识。

20 世纪 60 年代末出现于欧美的美术思潮，由最少派艺术的简单、无细节形式发展而来。大地艺术家普遍厌倦现代都市生活和高度标准化的工业文明，主张返回自然，对曾经热恋过的最少派艺术表示强烈的不满，以之为现代文明堕落的标志，并认为埃及的金字塔、史前的巨石建筑、美洲的古墓、禅宗石寺塔才是人类文明的精华，才具有人与自然亲密无间的联系。大地艺术的早期作品更多地脱胎于波普艺术或者极少主义，但是又与上述艺术作品有着不同的审美诉求。大地艺术家们以大地作为艺术创作的对象，如在沙漠上挖坑造型，或移山湮海、垒筑堤岸，或泼溅颜料遍染荒山，故又有土方工程、地景艺术之称。早期大地艺术多现场施工、现场完成，其作品无意给观者欣赏。大地艺术是一种以自然旷野为设计基底，通过艺术家极具创造性的设计语言来展现一种具有原始审美气息的设计流派。

1968 年在美国纽约举行的"Earth Works"主题展，宣告了一种新的现代艺术形态——大地艺术的出现。大地艺术家以自己极具个性的原始创作，在地面留下斑斑印痕的同时，也深深地影响了当代景观的设计进程。这些立于原野之上，以大地为母本的造型语言，在带给人们强烈视觉印象的同时，也传递出些许宗教的神秘和象征意义。大地艺术家们认为，人们根本没有必要完全解读这些基本几何形态所传达的真实含义，因为这些意义原本就留存于人类的潜意识之中，而这一切只有借助自然之手才能得以呈现。以克里斯托的"山谷帷幕"、迈克尔·海泽的"双重否定"（Double Negative）、克里斯托（Christo Javacheff）与珍妮·考德（Jeanne Caude）合作完成的"海岸包裹"（Wapped Coast）、罗伯特·史密森的"螺旋形防波堤"（Spiral Jetty）以及德玛利亚的"闪电原野"（The Lightning Field）等为代表作。

"螺旋防波堤"位于在美国犹他州大盐湖东北角的湖岸边（图4-4）。在罗伯特·史密森初次来到这里的时候，场地内荒凉的景色使得史密森萌生了创造一处具有强烈视觉冲击力作品的想法。经过构思和多方努力，他最终形成一处457米长、4.6米宽，直径为50米的巨型防波堤呈现在世人的面前。"螺旋防波堤"共计消耗了近65,000吨的黑色玄武岩、石灰岩和泥土。远远望去，整个作品如同一条巨大的蟒蛇缓慢地爬入湖水之中，任由水中微生物将其侵蚀成粉红色，被时涨时落的湖水淹没直至吞噬。大地艺术是在刻意逃避其在空间存在中的永恒，因此它们选择在时间中逐步销声匿迹于空间里，然而，大地艺术使自身在人类记忆里得以永生。比如罗伯特·史密森的《螺旋形防波堤》在诞生两年后即因湖水上涨而沉迹水底。

图4-4　罗伯特·史密森"螺旋防波堤"景观

迈克尔·海泽（Michael Heizer）也是大地艺术的早期探索者之一，他以恢复环境生命力为创作的动力，其先锋性与当时美国大规模的环境运动相一致。在他的多个作品中可以窥见对于人类历史文明缩影的抒写，他用作品中的无限沉思引出对于哲学的兴致。那些雕塑体现出的迷失感、不平衡感、视错觉则隐喻性地表达了人类与大地的关系。他使用伊利诺斯矿山附近的废渣塑造出五个巨型的古冢象征雕塑：鲶鱼、青蛙、海龟、蛇和水蜘蛛（图4-5），这是20世纪80年代最为出名的大地艺术作品之一，这件作品开拓性地采用艺术的方式处理矿区的废渣，五种动物的巨大形象在占地八十一公顷的煤矿区中，贴合起伏的地形，以生态恢复为目标，形成对前哥伦布时期美洲宗教城市的呼应，暗示着我们应像远古的祖先那样对待我们的土地。迈克尔·海泽（Michael Heizer）还在美国 Menil Gallery 美术馆的草地上创作了一组以"弯曲的线"为主题的景观（Isolated Mass Circumflex）作品。虽然这些作品并非位于原野之上的自然之作，但作品所呈现的景观意象却全然是一幅大地的景观。作品以自由曲线和折线为基本母题，在地面上挖掘了一个深越沟槽，并用钢板作为截面的维护结构，看似散乱的线条与美术馆中简洁、抽象的造型艺术形成了强烈的对比，而暗红色的曲线截面也与绿意盎然的草地形成了强烈的视觉反差。

图 4-5　迈克尔·海泽的"古冢象征雕塑"景观

瓦尔特·德·玛利亚 1977 年在美国新墨西哥州广袤土地上创作了《闪电原野》，由 400 根 6.27 米高的不锈钢管按间距 67.05 米的标准，摆成 25×16 平方米的矩阵（图 4-6）。在大部分的时间里，它看起来就是一个大的装置作品，在每年 6—9 月的雷电季节，由钢管引导的雷电惊天动地，闪电和钢管形成的艺术作品把天空和地下刹那间链接成一个强大的场域惊骇吓人，令人慑服于大自然的神秘威力无比。德·玛利亚认为灾难是人类可以体验到的艺术最高形式，能引发人们对天、地、人、自然、宇宙、社会等等的思考。作品展现了人类伟大的创造力和天地瞬息万变、不可捉摸的力量以及两股力量的碰撞，体现了大地艺术"动态的、不确定的"特征。该作品不仅赞颂了自然令人敬畏的力量，引导人们去追溯属于美国历史的对崇高的审美；而且试图建立起天地之间的神秘联系，显示出自然的神圣与不可侵犯性。

图 4-6　瓦尔特·德·玛利亚的"闪电原野"

4. 雕塑美学

在西方园林历史中，雕塑作为园林的基本要素，在环境塑造中发挥着不可替代的作用。这一点，可以在意大利文艺复兴园林和法国古典主义园林中真实地感受到雕塑带给人们的环境体验。与植物要素不同，由于构造材料的不同，园林中的雕塑具有更加恒久的实体特征。它们不像植物要素那样易于变化，因时而动。因此，人们更愿意用雕塑来表达园林中相对持久的内涵。此外，由于西方雕塑已经形成了相对完善的艺术体系与技艺传承，相比较园林中的其他自然要素而言，雕塑艺术能更加直观表达人们的审美诉求与文化传统。到了西方景观设计发展的现代阶段，雕塑仍然发挥着重要的作用。然而，就绘画艺术对景观的影响而言，由于雕塑的形式语言更加容易被景观设计师所理解和接受，同时更加有助于设计师塑造更具个性的空间形态，因此，在西方现代景观发展阶段，雕塑仍是园林中不可或缺的重要元素，但是它对景观设计的影响远不及绘画艺术对园林设计的影响深刻。不过，这种情况在现代园林进入当代发展阶段就有所不同了。一方面，现代园林经过几十年的发展，既有的形式与空间语言已无法完全满足日益多样化的设计需要。而另一方面，当代雕塑的快速发展也给了身处同一时代的景观设计师以深深的影响。[1]

在当代园林中，雕塑艺术本身不仅用自身的独特艺术法则影响景观环境的塑造，而且还出现了大量以雕塑为主题的城市公园。在当代园林艺术中，雕塑对景观的影响

①王向荣、林箐:《西方现代景观设计的理论与实践图集》,中国建筑工业出版社,2002,第196页。

主要有两个方面，一个是在空间形态塑造方面，拓展了设计师的艺术语言，使得他们可以将土地作为创作的对象，这一点与大地艺术有某些相近的地方。另一个方面，雕塑也延展了园林的主题表达，深化了园林内涵的建构。设计师往往借助于雕塑要素，表达更加具有象征和隐喻特征的园林主题。在这一过程中，雕塑也从园林中的装饰与点缀之物变成了空间的主角。在空间形态塑造方面，当代雕塑艺术具有高度抽象的形式特征，这一点与当代园林追求更加富于变化的空间形态有着相似的审美表达。而雕塑艺术所具有的与建筑和景观在形态塑造方面的天然联系，使得当代雕塑与景观的结合成了一种彼此交融的必然选择。许多掌握了雕塑艺术技法的艺术家，也积极投身到景观空间环境的塑造中，以雕塑的手法创造出既往人们未曾体验过的空间感受。

在当代景观艺术与雕塑艺术融合的过程中，日裔美国人野口勇（Isamu Noguchi，1904—1988）是一位非常重要的人物。早在20世纪的30年代，他就将雕塑艺术理念置入景观空间环境塑造中，使景观空间的地面不再仅仅是展示其他元素的背景而成为景观作品不可分割的组成部分，并将艺术家的感觉融入到景观的形式、功能和美感的平衡之中。在野口勇大量具有雕塑感的景观作品中，人们不仅感受到雕塑艺术带给人们的直观感受，而且还能体验到雕塑在空间环境塑造中的独特魅力。比如在20世纪80年代初创作的"加州剧本"（California Scenario）庭院就具有代表性。

"加州剧本"位于洛杉矶附近的一个商业中心中部，平面为方形，空间较封闭（图4-7）。他布置了一系列的石景和雕塑元素，并设计了众多的主题，充分再现了加州的气候和地形给人们带来的场域感受。地面由大块南非浅棕色不规则片石铺砌，暗示布满岩石的荒漠。园中零星散落的一些石块，传达出日本传统庭院石组成的意境，其中一组由15块经过打磨的

图4-7 野口勇的"加州情景剧场"

花岗岩大石块咬合堆砌，称为"利玛窦的精神"，源于设计师对加州富饶起源的联想。沙漠地的主题选用一个圆锥造型土堆，表面铺以碎石与砂，栽植仙人掌植物，再现了加州沙漠景致。在一个单坡造型的"森林步道"周边种植有红杉，以模仿加州海岸风光。园中还有一条时隐时现的溪流，象征加州主要的河流。水流从两片三角形高墙中涌出，地面部分造型曲折变化，断续相间，最终没入三角锥石坡下。他把一系列花岗岩、碎石、砂、仙人掌、红杉、溪流设计成具有象征寓意景观，试图通过质感并置叠加而唤起观者的情感共鸣，以饱满的心灵感受传达出冥想空间的场所精神，并以一定的叙述性唤起了人们对这些景观的联想，创造出一种与世隔绝的冥想空间。

英国现代雕塑的奠基人亨利·摩尔，利用先进的工业技术与心理学研究成果，将虚空间的形式拓展到新的层面，让观众在获得更为丰富的视知觉体验的同时，将公共景观雕塑的现代性、公共性推向了新的高度。亨利·摩尔不但在国际雕塑史上具有划时代的意义，同时他也是英国现代雕塑里程碑式的人物，一生作品颇丰。他的《夫妇》（图4-8）更是将雕塑的虚空间扩展至与人造景观、自然景观完美结合的大气之作，这是一件设置在英国诺森伯兰海岸的永久型空间景观，雕塑高5米，宽12.5米。

图4-8 英国亨利·摩尔的《夫妇》

雕塑家将男女雕像设置在了防护堤上的白色钢架上，右边的空位正是雕塑家旨在供观众共同眺望的共享空间。朝暮时分，爬上高架，放眼蓝天大海，聆听波涛声，嗅着海风，空旷而深远。雕塑中不但设置了可比肩的虚空间，还加入了听觉、嗅觉以及时间性的多维概念，全方位的视知觉感已远远超越了单体雕塑的力量。观众在过程中体会着无限的空间特性，也进一步深入地体验到创作者与艺术作品所给予的共享精神空间。《夫妇》右边设置的空位是作品独特之处，出于两种考虑，一是特地为观众所留，目的是让观众参与进去共享空间，从精神层面强调虚空间的存在；二是借助不断变化的周边环境，来捕捉观众瞬间的情感反应及心理感受，由于观众不同的审美水平所产生不同的视知觉体验，造就了每个观众不尽相同的意念想象空间。①

第三节　现代风景园林审美的发展趋势

美学作为哲学的重要分支伴随人类历史一直在发展，由康德与黑格尔确立古典美学的主方向后，美学的审美模式走向了分离式审美的方向，美学也被引向了艺术哲学为主的方向。伴随生态文明的产生，环境美学建立了介入式审美模式，把日常生活美学重新引入美学研究的热点范畴，倡导审美与实践的交织和风景园林审美的公众性取向，呼唤和恢复审美经验与正常生活过程的连续性。

人类文明由早期的采集狩猎文明走向农业文明、工业文明到当今生态文明的渐进发展进程。作为艺术、人工制品和自然物综合体的风景园林的演进反映了人与自然关系的演进。早期风景园林的服务主体是特权阶级，并未能反映人类的整体需求，故风景园林审美被局限于作为人类在自然界中的存在象征形式和体现艺术属性于风景画属性的美学中。工业文明以后，风景园林服务的主体开始转变为人民大众，风景园林审美开始注重形式美与生活功能的联系。当生态文明的发展后，风景园林面对的主体为人类整体和自然界，其审美不仅注重了关于生活经验的取向，也以是否能协调好人与自然的和谐关系作为价值衡量标准。

一、生态文明所倡导的审美取向

20世纪下半叶，人类在工业文明阶段取得了辉煌的成就，同时也面临着工业文明的必然产物——生态危机的挑战。在工业文明的基本框架内，生态危机不可能从根本上得到解决，从而产生了人类文明的新范式——生态文明。其最重要的核心观念是重申尊重人与自然的和谐，主要思想包括：生态哲学、生态政治、生态经济和生态技术。

---

①陈超：《对西方现代雕塑"虚空间"形态的解读》，《湖北美术学院报》，2012年第4期。

其哲学体系包括：生态世界观、生态伦理学、生态神学等新的哲学思想或是传统哲学思想的新演绎。

生态主义的设计早已不是停留在论文和图纸上的空谈，也不再是少数设计师的实验，它已经成为景观设计师内在的和本质的考虑。其基本内容就是尊重自然发展过程，倡导能源与物质的循环利用和场地的自我维持，发展可持续的处理技术等，这些思想贯穿于景观设计、建造和管理的始终。

伴随生态文明所产生的风景园林学是美学领域的一大突破，也使作为艺术、人工制品和自然物综合体的风景园林成为关注点。于是，在生态文明的倡导下，要求设计师尊重自然发展过程，倡导能源与物质的循环利用和场地的自我维持，发展可持续的处理技术等思想贯穿于景观设计、建造和管理的始终。可持续的风景园林是人类文明进步、生活质量和幸福指数提高的重要标志，更加持续美好的生活有赖于自然和文化意义上双重可持续的风景园林。

在20世纪60至90年代，后现代主义美学和生态美学同时影响着风景园林设计的审美价值观。美学的哲学基础由最初的人文主义发展到后期的科学主义，而后生态主义逐渐占据了现代美学的主体，与此同时，另一种新的景观美学则试图通过区域生态环境恢复的过程体现审美理想与价值，强调风景园林作为复杂生命系统的整体生态价值及其带给人类社会的长期效益。

20世纪90年代，生态美学成为新世纪美学运动的主旨，生态美不等同于自然美，以生态过程和生态系统作为审美对象，体现了审美主体的参与性和主体与自然环境的依存关系，是由人与自然的生命关联所引发的赞歌。同时，生态美学也被理解为在新的经济、文化、社会、环境背景下产生的关于人与自然、城市及社会之间动态关系的审美状态存在观，包含了生态学和美学的双重特性。

生态美学的产生实现了美学从技术到观念，从人文到生态的转变，其思想基础是生态哲学的延伸和生态伦理学对自然价值的重新审视。以生态主义思想为主导的生态美学所关注的焦点由美的实体转变为对人与自然物、无机环境关系的探讨，削弱了人的主体力量和人对自然的驾驭权利，强调人与自然物的平等关系和共生状态，体现了人们对自然美的理解与超越。此外，生态美学强调的自然动态特征、自然演替的时间连续性以及对人类活动过程的关注在很大程度上影响了风景园林设计的理念和景观美学的发展。

生态美学为现代风景园林美学注入了一股新鲜的血液，催生了生态设计的出现，包括具有自然生态形象的景观、以生态手法建造的景观和具有生态意义的景观；设计遵从自然规律、生物过程和生态系统格局、保护并节约不可再生资源、强调生态系统的服务功能等特性，均体现了风景园林审美价值观的生态化转向。

生态美学还使风景园林设计范式发生了科学化的转向，也引发了人们对生态伦理学及可持续发展途径的思考，并为人们对风景园林学的审美感知提供了一个规范性的伦理维度，而审美过程作为人们观察和获取风景园林价值的最直接的途径，也为评估其生态价值提供了最便捷的方法，并承载着风景园林保护和维持自然资源内在价值的责任与义务。

二、艺术是景观设计的灵感源泉

在经历了生活方式的转变与使用要求的调整以后，现代景观的抽象语言已然无法满足日益多样的现实需求，人们对于自身文化传统的理解与认识使得现代景观过于简洁的表达显得缺乏内涵。在景观设计思想自我更迭与现实生活的多重作用之下，现代景观的艺术表达方式也让位于具有后现代特征的当代景观。景观与艺术的关系也在这一过程之中悄然发生了变化，一种与生活高度关联、紧密融合的景观艺术在当代社会的文化语境下，呈现出更加丰富与多样的美学表达。

在艺术与景观的相互融合中，艺术对于景观的影响也从现代主义时期的形式语言借鉴，转向了将艺术理念作为景观设计的灵感源泉，进而借助于多重表达方式来承载城市功能、延续城市文化与历史进程。景观园林空间环境在艺术家与使用者之间的交流与互动之中，传递出一种融合了设计师自我意识与大众审美意志的审美信息。

当代艺术作用于景观的另一种途径就是将艺术理念作为景观设计的灵感源泉。艺术在本质上是对"生活世界"的一种描述方式，由此而形成的一整套话语体系。艺术经由景观介入城市发展，则是将艺术与自然环境相联结的空间建构，变为城市文化的有效载体。在这个景观艺术与城市共生融合的世界里，人与环境、人与人之间的关系也在艺术理念的感召之下，变得更加多元与开放。在景观与艺术共生融合的演进过程中，大量城市公共艺术是其最为直观的现实反映。这些以实体方式所呈现的景观艺术表达，是艺术观念在景观环境之中得以呈现的基本途径与方式。

在当代景观与艺术的高度融合之中，还有一种被称为艺术公园的景观类型。在艺术公园的环境体验中，人们不仅能感受到艺术涌入城市、城市产生艺术的审美意蕴。这种审美体验所带来的真切感受，促使人们认真思考景观与艺术理念之间的相互关系。在艺术与城市生活的互动过程之中，人们通常所理解的"城市公共空间"成为开展艺术活动的场所，人们在其中的艺术创作本身也成了城市生活的有机组成。那就是景观借助艺术语言的编码机制，让城市公共空间成为人们沟通与交流的场所，真切地感受景观美学的独特魅力与思想内涵的同时，增强城市居民对自身文化认同的识别性与归属感。

三、风景园林美学转向伦理化美学

新世纪美学运动使美学超越了经验主义哲学，并在生态美学的基础上形成了以人与自然的伦理关系为核心的伦理化美学（Ethical Aesthetic），它使风景园林美学的发生过程源自内在联系而非外在形态。究其本质，伦理化美学根植于生态学、社会学和心理学，起源于生态过程和社会活动，其立场着眼于人与自然的整体平衡关系，而非单向利益，既不完全以人类的主观审美取向为前提，也不完全以自然和荒野的原始状态为极致，而"美"通过客体的大量重复与提炼的循环使事物最终熟悉化和舒适化而获得，具有审美观和道德感的同一性。生态胁迫背景下激发的新世纪美学运动迫使风景园林美学开始转向伦理化，其核心内涵即为发现并重新思考生命体（包括人类）与物质环境之间的关联性，并使设计师从草图迸发的瞬间灵感转向对人与自然伦理关系的长时间思索与再发现。

风景园林美学向伦理化美学的转向将使风景园林设计实践产生了由表层到深层的彻底颠覆，也将推动新的设计形式与理论的出现：

一是伦理化美学的价值观和审美取向始终着眼于人与自然协调演进的长期利益，这种可持续性将使风景园林设计在生态化途径上更具有生命力和延续性，由此要求风景园林将更多地关注和探寻事物之间的美学联系和内部深层结构，并在此基础上赋以外在的形式美。

二是伦理化美学推动了"较少介入"的新设计理念出现，这种美学范式的转向将使风景园林设计过程体现为对时间和生命周期的把握，包括组成元素的萌发、生长、成熟、衰退等过程。此时的设计将成为由线索编织而成的整体网络，且独立的交织的线索将伴随时间的变化而发展演替，并与其他线索之间形成对话、沟通与联系，其结果将影响设计的美学生成。

三是在将时间的流变纳入风景园林欣赏的客体的同时，也将欣赏主体归至设计过程中，开辟了景观美学欣赏的崭新维度。由此，风景园林设计实践不仅仅关乎视觉、生理、心理感受，还关乎生存、安全、健康与公平，并转变为包含了时间、周期与生命力的、倡导社会参与和互动的交流媒介。[①]

四、科学技术融入艺术的景观设计

当今的景观设计不仅建立在植物科学、土木建筑学、社会学、美学、文学艺术的基础上，而且涉及生态科学、环境科学、地理科学、技术科学等诸多领域。景观设计、城市规划、建筑学不管是在理论还是实践上都有众多的交叉，缺一不可，越来越多的设计师认识到了这种多学科交叉融合的发展趋势。

比如科学技术的发展影响着园林主题文化变革，因为信息社会、虚拟空间、人类交往方式和生活方式的改变及对待环境态度的变化决定了现代园林的主题创作必须适应现代人的行为心理需求。以传统园林的方式方法来约束现代园林建设是不合时宜的，现代园林必须在吸取传统园林精华的基础上，结合时代的变革，反映并满足新时代使用者的欲求。风景园林本身就是一门造型艺术，始终和艺术、技术、互相浸润，相互影响，共同发展。设计师运用现代科学技术，把声、光、电融为一体形成的空间立体设计，增加观众的体验和参与，运用 5G 技术，进行智慧景观设计，还原模拟空间和场景，实现游客与景观的互动等。另外，在现代社会、艺术和建筑的推动下，现代风景园林设计对工业社会人文和自然整体环境做出了理性的探索，突破了传统园林形式，更多地考虑空间与功能以及人的使用，并开拓了新的构图原则。园林类型由

---

①于冰沁、田舒等：《新世纪美学运动与西方近现代风景园林美学的范式转向》，《大连理工大学学报》社会科学版 2014 年第 35 期。

传统的花园、庭院、公园发展到街头绿地（图4-9）、大学观光园、后工业景观园、国家公园、自然保护区、农业观光园等。在风景园林设计中注重功能与形式的结合，追求场所精神，充分揭示场地的历史人文或者物理特点，挖掘和展示场所中所隐含的特质，反映场所包含的历史信息和情感内涵，表现社会的人文需求，使传统与现代、过去与今天结合，使新的园林设计不仅具有时代精神的表达，更具有更丰富的传统文化底蕴。

图4-9　街头绿地及"枯山水"景观

五、当代中国风景园林审美发展趋势

中国古典园林蕴含并展示出了独具特色、博大精深的古典美学价值，是中国现代风景园林发展与创新的基础。自清朝的洋务运动以来，西方园林及其景观要素开始出现在我国古典园林中。辛亥革命以来，中西元素结合，公园、广场等西方空间概念开始进入我国园林设计领域。改革开放以后，随着国门的打开，20世纪八九十年代随着我国建筑设计风格西式化的影响，风景园林设计也跟着"西学东渐"，甚至在模仿西方的园林中出现了盲从和迷失。在西方园林美学的影响下，我国传统园林美学日渐式微。新时期文化复兴背景下，随着中国传统文化自信，民族的振兴，园林设计界开始对我国过去的风景园林设计进行反思，我国风景园林审美及设计开始走向回归，走向了"以中为本，中西融合"之路，并且走向自己的民族特色审美取向。

（一）塑造具有中国特色的"原创"景观设计

"原创"是模仿和抄袭的反义，其内涵首先是一种精神，是对本土景观设计的追求，是立足于中国精神和传统文化的基础上，创造新景观的设计过程。原创设计主要包括两方面，一是因地制宜，二是彰显场所精神。前者是"原创"的基础，后者则是"原创"的灵魂所在。

场所精神是使人对自己居住的环境产生归属感、认同感，设计的"原创性"就是就充分表达和满足人的这种情感。它是充分利用一个地域自然原本的环境和原有的特色，挖掘和体现地域文化精神，体现场所的"魂"。这一过程首先在于因地制宜地对不同地域的场地信息进行科学的解读，然后对根植于场地自然特征之上的人文思想和情感进行提取和注入，将实践与空间、人与自然、现世与历史结合在一起，使景观成为留有人的思想、感情烙印的"心理化地图"。

在我国当前城市化进程中，城市景观的"原创性"更应该具有时代的美学价值，也是对城市地域文化、地域经济、地域生态的真实反映和智慧的体现。"原创性"的城市景观设计不仅可以弘扬城市地域文化，还可以营造现代生态环境，也是"有诗意的居栖"城市景观美学价值的体现。通过"原创性"的城市景观设计，可以实现一个城市的社会美、自然美和艺术美，使一个城市真正实现以人为中心的自然、社会、经济及其他系统持续和谐地向前发展。

（二）"以中为本，中西融合"的设计理念

中国传统园林美学传承千年，其价值毋庸置疑。如何在新时代背景下传承并创新传统园林美学是风景园林界学者、设计师以及其他工作者思考的问题。

传承与创新的关系是辩证统一的，在现代中国园林中保留并延续中国传统园林美学即为传承，在新时代需求下，因地制宜、因时制宜的发展传统园林美学是为创新。伴随中国城市化进程，生活于高楼大厦和有着巨大工作经济压力的都市人开始渴望自然，向往园林式的生活。这种时代需求正与中国传统园林美学所追求的自然相呼应。但如何在传承传统的基础上创新发展我国现代园林呢？

我们应遵循理性吸收，融合发展的原则。中国现代景观设计如若完全采用西方园林美学方法，必然会导致中国园林传统文化的断层，这也不符合中国人传统审美的要求。

因此，中国现代风景园林应适应新时代的需求，在保留我国传统园林文化审美强调的"天人合一""因地制宜"等观点的基础上，理性吸收西方园林的精华，将中国传统的文化符合以及"国色"，如中国红、琉璃黄、长城灰、国槐绿与西方的设计方法相结合，走"以中为本，中西融合"之路，才能使其规划与设计更加精确合理。例如借鉴西式的水景营造手段设计形式多样的中国"曲水流觞""一池三山"等水景观，再如，在植物造景中，大草坪、花坛、花境和植物立体造型是典型的西方园林植物设计特点，该元素便于与简洁明快的现代建筑环境相融合，可以用这种设计方法，在植物景观中设计中国的汉字、吉祥物等具有传统文化代表符号的造型，增加景观的趣味性，使视觉效果具有独特的引力，又能传播地域文化和中国传统文化。

（三）具有中国传统审美的新中式景观设计

当代中国居住区环境设计有许多舶来风潮。在中国房地产的发展中，居住区环境设计成为当前风景园林师最主要的环境设计课题之一，曾经最风靡的设计思路是对国内外历史上的经典园林、城市和自然意向进行提取并移植于中国地产之中，为业主营造一种生活在世界名胜之中的场所意向。该审美取向作为当下风景园林设计主流，是由特定时期中国经济处于发展阶段所决定的。

但应该认识到，该取向仅是中国经济发展的阶段性产物，具有短暂性。从审美角度而言，此类设计所追求的意向都源自世界各国名胜，而各国名胜之所以成为名胜的一个主要原因在于其唯一性、独特性，它由其传统文化和地域文化决定的。当在我们国内模仿、照搬并营造源自大洋彼岸的名胜园林时，其本身便失去了美学意义。因为这种照搬式的设计缺乏"场域精神"的关照。

我国经济社会已经发展到一个高度，国民审美水平相应上升，我们思考居住区景观设计如何既能符合中国居民传统审美特点，又具有引导性、前瞻性的设计，以这样的居住环境，培养居民的现代审美意识。

2008年北京奥运会之后，中国景观设计界已经认识到，当代景观设计要讲述中国人自己的故事，表现中国的文化。于是在景观设计中开始注重景观的现代性与文化传承的结合。这种诉求催生了新中式景观设计。

新中式从本质上说是一种具有中国文化内核的现代居住景观，它不是新作的旧中式，其内核是现代景观，但它是以中国传统文化元素来讲述现代的景观内涵和内容的。因此，新中式是以内敛沉稳的传统文化为出发点，并与现代时尚元素相结合，融入现代设计语言，为现代空间注入凝练唯美的中国古典情韵。当下新中式景观中，静街、深巷、芯院、花溪、山水园等体现了中式审美，院子和街巷、自然山水重回传统中国的记忆，在细节和体验中明确文化身份和精神归属。

　　在实际设计中，设计师运用中国传统园林中的框景（图4-10）、障景（4-11）、抑景、对景（4-12）、夹景（图4-13）、漏景（图4-14）、添景、借景（图4-15）等造园手法、再结合中国传统韵味的色彩，如中国红、琉璃黄、长城灰、玉脂白、国槐绿等，营造出步移景异，小中见大的景观效果，形成尊贵、喜庆、祥和、宁静、内敛丰富多变的景观空间 。所以，新中式景观设计以现代人的审美需求来打造富有传统韵味的景观。它既保留了传统文化，又体现了现代特点，最值得营造具有中国韵味的现代景观空间。

图4-10 新中式设计中的"框景"

图4-11 新中式设计中的"障景"

图4-12 新中式设计中的"对景"

图4-13 新中式设计中的"夹景"

图 4-14 新中式设计中的"漏景"   图 4-15 新中式设计中的"借景"

近几年，中国景观设计界试图从传承中找回文化情感，其方式是在回望国内名山大川、历史街区、私家园林、皇家园林中寻找现代景观与文化传承的相互融合。将这种理念运用到居住区景观设计中，就是要回归景观设计的初心，其核心就是回归到景观的社会与生态属性。落实到具体设计中，"社区人本"就是居住区景观的初心，就是要做人本与文化景观设计、儿童友好城市景观设计、无障碍设计、景观及美丽乡村景观设计等，最终体现出中华民族的特色。

思考题

1. 如何理解后现代主义美学下的景观设计？请举例说明。

2. 如何理解生态美学下的风景园林审美趋势？

3. 如何理解当代中国风景园林审美发展趋势？请举例说明。

第五章 风景园林整体审美

风景园林是在一定的地块上遵循科学原理和美学规律创造出来的具有审美意义的自然环境和游憩场地。风景园林美学主要是运用相关知识揭示风景园林蕴含的自然美、社会美、艺术美，提高人们的园林审美意识。

第一节 中国园林整体审美

中国古典园林的设计和建造和中国传统文化息息相关，更多的是以宗教文化、儒家文化、隐逸文化作为设计理念，使得中国古典园林的美学形式呈现出变化多样，又具有和谐统一的风格特点。唐代以后，随着绘画和诗歌的兴起，文人士大夫更多地利用园林空间布局和景观要素来表现文学作品的情景和意境，反过来又用绘画来表现园林的自然山水，使中国古典园林中形成了一个融宗教、哲学、诗词、绘画、自然山水等一体的综合美学。

一、太极同构的整体美学

中国传统文化精髓《易经》蕴含了向心、互否、互含的三种关系。阴阳平衡是一种理想状态，但在现实中很少有完全平衡的状态，因为阴阳是运动变化的，常常表现为"阴消阳长，阳消阴长"，双方之间存在着对立、制约又相互联系。就拿节气来说，每年除了春分秋分是昼夜平分之外，其余昼夜时间是不相等的。

在江苏无锡寄畅园、苏州网师园（图 5-1）、拙政园等园林中，可以看到园中许多建筑物的轴线并不互相平行，多是略有扭转、互相顾盼。但每个建筑物的轴线都是指向一个大致确定的中心区域，此为向心关系。但是相邻建筑物的中轴线是相互垂直的，从建筑布局看属于否定关系。如颐和园中万寿山东坡有一院水名为"谐趣园"，此为"山中之水"，而昆明湖中有一小岛为南湖岛（原为龙王庙），此为"水中之山"，这两处景观设计也体现了互含关系。

在中国古代众多的园林中，都能找到这三种同构关系。这三种关系表面体现的是园林整体轮廓之美，实质是中国古代的太极同构美学，体现了阴阳变化之美。

从图5-2可以看出，阴阳变化在中国古代园林设计中的运用，第一个是颐和园、第二个是寄畅园、第三个是网师园。虽然园的形状、曲线的线条发生了变化，但是曲线的封闭性、两线的相交等仍然存在，仍然具有同构性，也就是事物的本质没有变化。

比如拙政园在整体设计中也是以太极同构整体美学来进行整体设计的。园中以荷风四面亭为中心，以荷风四面亭至浮翠阁（80.1米）或倚虹亭（80.5米）的距离为半径绘圆，由西至东依次连接浮翠阁、笠亭、宜两亭、澈观楼、荷风四面亭、雪香云蔚亭、待霜亭、梧竹幽居亭及倚虹亭9座建

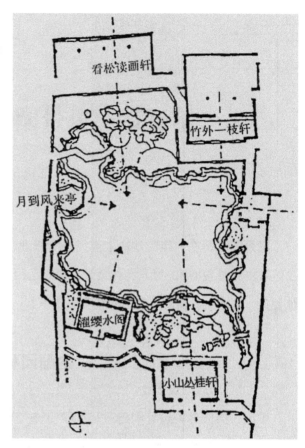

图5-1　苏州网师园东院的向心关系图

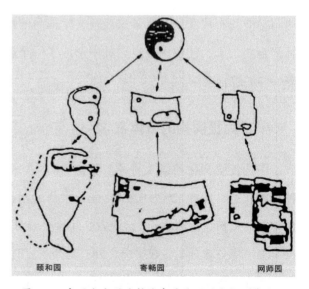

图5-2　中国古代园林整体布局体现的太极同构变化

筑，即形成一条 S 型曲线，南、北两侧以华丽建筑、天然图画形成"负阴抱阳、藏风聚气"的太极图，而远香堂、见山楼恰似阴阳两面的鱼眼。

二、崇尚自然

"崇尚自然，师法自然"的儒家思想成为中国古典园林创作所遵循的一条准则。"崇尚自然"的含义一是向往自然，寄情山水；二是顺乎自然，追求天趣。为了达到这个环境目标，中国古典园林把物质性构件有机地融合为一体，在有限的空间中利用自然条件，并模拟大自然，把自然美与人工美统一起来，创造出与自然环境协调共生，天人合一的艺术综合体。园中的自然因素——山、水、植物也因此更加巩固和发展。中国古典园林"崇尚自然"的寓意，体现的是独具匠心和变化万端的艺术，主要有以下几个方面：

（1）模山范水，有若自然。

模山范水，出自于西汉扬雄《法言·学行》中的，"师者，人之模范也。模不模，范不范，为不少矣"，本义是对古代做老师的要求，此处是对古人造园时要把自然界的山水作为老师，用自己的心灵体会。象天法地，出自于《吴越春秋》中的"相土，尝水，象天法地，造筑大城，周回四十七里。陆门八，以象天八风。水门八，以法地八聪"，其含义不是简单地模仿天地万物，而是古人儒家对天、地、人之间精神之源的认知。基于以上两个基本做法，中国古典园林才能形成和真实自然一样的艺术效果，呈现了艺术自然的山水园林。

东汉桓帝时，大将军梁冀的园林呈现出"深林绝涧，有若自然"的景色；南朝刘宋时，戴颙"出居吴下，吴下士人共为筑室，聚石、引水、植林、开涧，少时繁密，有若自然"；北宋开封城内的皇家园林艮岳，以成熟的叠山艺术，再现山岳的壮丽景色，"东南万里，天台雁荡凤凰庐阜之奇伟，二川三峡云梦之旷荡，四方之远且异，徒各擅其一美，未若此山并包罗列，又兼其绝色"，宋徽宗重用苏州造园世家朱勔，以太湖石作石料，修建艮岳，并包罗列江南的奇山异景，宋徽宗赏心悦目，欣然命笔作记。从以上看出中国古典园林直接再现自然界的天然景色，是效法"自然"的首要艺术特色。

江南园林的苏州无锡寄畅园布局得当，妙取自然，体现了山林野趣、清幽古朴的园林风貌，具有浓郁的自然山林景色。寄畅园坐落在无锡市西郊东侧的惠山东麓，惠山横街的锡惠公园内，毗邻惠山寺。寄畅园属山麓别墅类型的园林。现在寄畅园的面积为 9900 平方米，南北长，东西狭。全园大体上可以分为东西两个部分，东部以水池、水廊为主，池中有方亭；西部以假山树木为主。除此之外，沿池还建有郁盘亭、知鱼槛、清响月洞、涵碧亭等建筑，丰富的园景令水面显得分外宽阔，极尽曲岸回沙的艺术效果。

该园布局以山池为中心，巧于因借，混合自然。假山依惠山东麓山势作余脉状。园内登高可眺望惠山、锡山，重峦叠嶂，湖光塔影，表现出"虽由人作，宛自天开"的绝妙境界，是现存的江南古典园林中叠山理水的典范。并且它以高超的借景、叠山、理水手法，创造出自然和谐、灵动飞扬的山林野趣，寄托了主人的生活情趣和对自然人生的哲学思考。

（2）山水喻道，复归自然。

山水喻道对于山水风景的观赏和以园林山水为题材的创作都有很大影响，强调因物喻志，托物寄兴，感物兴怀的比兴艺术。在中国历史上很早就形成对山水自然的追求和喜好。孔子曰：

智者乐水，仁者乐山。智者动，仁者静；智者乐，仁者寿。

孔子认为，人们可以从自然山水的关照中获得对自身道德意志和人格力量的审美体验。另外，庄子还提出了崇尚自然，认为"道"是非常朴素的，自然的，提出了：

法自然者，在方而法方，在圆而法圆，于自然而无所违也。

在以上思想影响下，古代士大夫的追求范山模水、泉林乐志的生活方式。对家居、园林立基、布局，多在"融入自然"和"自然融入"两方面大做文章。从获得途径上有两种方式，一种是把生活环境融入天然山水之中，另一种是在生活环境中创造人工山水。特别是后一种方式在中国古典园林中出现的比较多。如白居易的庐山草堂就是如此。另外，他还描述在洛阳建造的"履道里"宅园时说：

十亩之宅，物亩之园，有水一池，有竹千竿，勿谓土狭，勿谓地偏，足以容膝，足以息肩。

中国古典园林艺术"崇尚自然"还表现在以自然山水作为园林景观的主题，以山水之品性象征"玄之又玄，众妙之门"的形而上之"道"，使人们在寄情山水之际，领悟大道，返璞归真，回归自然。

早年来过中国的瑞典造园学家欧·西润就说过："水从来就是园林中的重要组成部分，但是中国园林中水的范围更大，所占的地点更为突出"。近代刘敦桢先生也指出"多数园林以曲折自然的水池为中心，形成园中的主要景区"。这种突出水景艺术的造园手法，绝非偶然，而是中国道家"贵柔守雌"哲学思想在园林艺术上的折射。

中国古典造园走的是自然山水的路子，所追求的是诗画一样的境界。如果说它也十分注重于造景的话，那么它的素材、原形、源泉、灵感等就只能到大自然中去发掘。越是符合自然天性的东西便越包含丰富的意蕴。因此，中国的造园带有很大的随机性和偶然性，不但布局千变万化，而且整体和局部之间也没有严格的从属关系，结构松散，以致没有什么规律性，正所谓"造园无成法"。甚至许多景观有意识地藏而不露，"曲径通幽处，禅房草木生""峰回路转，有亭翼然"，这都是极富诗意的境界。可看出中国古典园林中许多幽深曲折的景观往往出乎意料，充满了偶然性。中国造园讲究的是含蓄、虚幻、含而不露、言外之意、弦外之音，使人们置身其内有扑朔迷离和不可穷尽的幻觉，这显然是中国人的审美习惯和观念使然。

我国现存最大的皇家宫苑承德避暑山庄荟萃了我国古典园林的艺术成就，避暑山庄之妙在于充分借用自然美以开拓环境美，而且山庄内的园林之景又与环境美浑然一体，避暑山庄始建于公元1703年，其占地面积约为560万平方米，是我国现存最大的古典皇家园林。该园因循山体，在总体规划布局和建筑设计上都充分利用了原始自然山水的景观特点和地理条件，在处理真山真水及人与自然的和谐统一方面达到艺术顶峰，取得自然而然的天然之趣。承德避暑山庄在设计手法上充分展现出中国园林对自然要素的把握，主要体现在以下：

一是园林在总体布局和造园要素的组合上合乎自然。山庄内的山、水、建筑、植物各要素以及假山中峰、涧、坡、洞等景点的组合，通过借景、对景、分景、隔景等手法使其相互取得亲密联系，又符合自然山水生成的客观规律。针对每个造园要素，其单体形象也要合乎自然发展规律，如金山岛的布局和文人狮子园的假山峰峦均是用各种石材精心拼叠合成，叠砌时不但注重模仿天然岩石的纹脉，还要减少人工拼叠的痕迹。水池做成自然曲折、高下起伏状。花木布置疏密相间，形态自然，乔灌木错杂相间，具有天然野趣。

二是山庄内主要利用山体、建筑和水体形成自然区域来分隔园林空间，又使之相互融合。同时，在造园中，也很好地处理了形与神、景与情、意与境、虚与实、动与静、因与借、真与假、有限与无限、有法与无法等关系。

（3）追求天趣，顺乎自然。

《园冶》中有"虽有人作，宛自天开"，是对中国古典园林艺术的高度概括，其实也是要求造园时对人工的叠山理水、立基架物要顺物性、任自然的要求。虽然计成认为园林是被加工的，应该做得仿佛天然生成似的，这种追求"天开"的意识，起始于道家的"无为"之道，即老子主张的不背离自然，无违于自然，包含有顺应自然规律的意思。

在明末清初造园中，崇尚自然朴素的美，纯任自然的美体现得很普遍，也是当时的造园家计成、张南垣的追求。特别是张南垣，他在叠山艺术设计方面，明确地否定在有限的空间内以人工去造仿整个大山的景象，不赞成堆叠的假山似"小人国"、如"鼠穴蚁址"，这些假山可望而不可游。他提倡用土山，主张堆筑"平岗小坂""陵阜陂陁"，通过再现山的局部，以使人感受到仿佛"处大山之麓"的自然境界。

三、因地制宜之美

"因地制宜"中的"因"，在《管子》书中做了很好阐释："因也者，舍己而以为法者也。""舍己"就是主观成见，"以物为法"就是以客观事务为法则。强调"因"，就是强调从客观实际出发，按照事务的客观规律办事。这正是"物理"理性的精神实质。中国古典园林的"因势论"主要包括以下三个方面的内容：

（1）环境认识上的因地制宜。

在具体环境中，"因"主要包括古人对天地、日月、风云、山川的环境认识，在古人的环境意识中，风水观念和意识占了主要的内容。依山水等环境顺势的变化，采用曲折多端的设计手法，且多以其自然式布局体现传统文化的自然理念。在古人的园林设计中将"因"强调到"借景"，提出了善于用因。

计成对何谓"因借"做了明确的解释：

> 因者，随基势之高下，体形之端正，碍木删丫，泉流石注，互相借资；宜亭斯亭，宜榭斯树，不妨偏径，顿置婉转，斯谓"精而合宜"者也。借者，园虽别内外，得景则无拘远近，晴峦耸秀，绀宇凌空；极目所至，俗则屏之，嘉则收之，不分町疃，尽为烟景，斯所谓"巧而得体"者也。[①]

计成在《园冶》中提出了"借景"的方法又分为近借、远借、邻借、互借、仰借、俯借、应时借共 7 种方法。

（2）构筑方式上的因材致用。

因材致用，指的是在园林的建筑方式中，自然形成就地取材、因材致用、因物施巧的物理传统。比如我国传统建筑中土木结构的房屋中，就地取土，建筑的台基、屋基、墙体、地面、屋面均是用土作为原料，民居常采用材料本色、青砖、灰瓦、土墙、乱石等，都保持着乡土材料的原色调、原质地。南方一带少数民族利用当地的竹子建造竹楼，陕西、山西、河南等省黄土地带的窑洞、地坑窑等都是因材致用的杰作。

（3）设计工艺上的因势利导。

中国古典园林在建筑组群规划、庭院布局、空间经营、景观组织、形体营造等方面的表现，均是依据因势利导的原则进行设计，即建筑之间、建筑与场地、建筑与水体、景观要素之间是互相关联，相互依存的关系。

中国传统园林在布局上非常注重因地制宜，因山顺势，变化有致，曲折多端的手法，而且多以其自然式布局体现传统文化的自然理念，造园手法结合传统哲学文化，自然景观结合人文景观，营造具有诗情画意的外在景观美，又能借助传统文化表达融汇，获得与天地共融的内在审美联想，完成人与天地自然相合，达到精神上的"天人合一"。

在因地制宜方面，颐和园是一个典型，它是中国最后一座皇家园林，也是一座以湖山为胜的皇家园林，位于北京西北郊，其前身是清漪园。在此基础上因势利导，疏浚西湖、修筑西堤、支堤，将昆明湖分成大小三个水域，整理前山，疏通后湖，以密

---

①汁城：《园冶》，倪泰 译注，重庆出版社，2021，第 2 页。

切水系关系，同时顺依环境，最大限度地利用园外借景。在布局中，依山就势，突出了主重心。从而形成了以山水为构架，建筑散布其中的总体布局。

中国古典园林在全局上注重山水的协调美，在局部处理上讲究景观的个体趣味性。比如颐和园，其总体布局的特点从空间的大小主要表现在三方面：宫苑结合、园中园、院落式。颐和园整体被划分为三个大小不等的景区空间：万寿山前及其宫殿建筑群为主的景区、南湖岛为中心的昆明湖景区以及后山景区。这三大景区空间别具一格、独立互通。三个区域以庄重威严的仁寿殿为代表的政治活动区；以乐寿堂、玉澜堂、宜芸馆等庭院为代表的生活区；以长廊沿线、后山、西区组成的广大区域，是供帝后们澄怀散志，休闲娱乐的苑园游览区。颐和园集历代中国皇家园林之大成，荟萃南北私家园林之精华，既有雄伟壮观、气势磅礴、巍峨高耸的楼、殿、宫、阁，又有蜿蜒曲折、婀娜多姿、幽风如画的水、桥、廊、岛，壮观与幽雅，政治与休闲浑然天成、和谐有序地融为一体。

以宫苑结合的方式有序地分布殿堂、楼阁、廊亭、桥堤、岛谢等建筑，给人均衡、和谐的美感。其布局特征主要体现在山水架构、中轴对称、宫苑结合三方面。颐和园集传统造园艺术之大成，借景周围的山水环境，饱含中国皇家园林的恢弘富丽的气势，又充满自然之趣，高度体现了"虽由人作，宛自天开"的造园准则。

虽然颐和园内的昆明湖占据了全园面积的大部分，但全园的主景区却是万寿山前山，建筑密集、景观丰富，有着明显的主轴线，这条轴线可以说是统领全局的主轴。园林里的宾主关系，都是相比较而存在的，都是在一定的空间范围内形成的，一旦条件发生变化，主体的地位、作用也随之改变，甚至转化为宾体，这样一来，园林给人的整体空间意境美也会随之变化。

总体上看，颐和园格局规整、空间分割有理有序，前山广阔，后山恬静，湖水秀美，构图自由，意境深邃，其美学意蕴主要表现在人伦美、"中和"美、意境美等方面。如园林中精美的建筑群、幽静的园林、婀娜多姿的植物围绕昆明湖组成意境深远、耐人寻味的园林空间。如后河区人工收窄的几处陡峭的河口，使平静的湖水有了缓急变化，增加了美感。同时，各景点达到了"小中见大"，以有限表现无限的园林意境。如游人坐船从玉带桥下自西向东，昆明湖和万寿山如画般展现在眼前。

四、诗情画意之美

我国古典园林的匠人通常运用自然山水、人造山水的有限性来象征无限的生命体验，通过人造山水，富有层次的花木，配置上古典园林建筑从而构造了层次分明，错落有致的景观空间园林意境，同时还用大量的匾额、楹联、假山、镂石、碑石、家具陈设来营造出别具一格的一方天地，这反映了古人的文化意识和审美情趣。除此之外，还有园林诗、赋、园记、楼记、堂记、亭记抒发游观的审美体味和感怀，从而构成了景观意境客体的文化环境，如《醉翁亭记》《滕王阁序》等这些文学作品，进一步增强了园林的诗情画意。

另外，中国古典园林还通过景点题名指引，来增加的园林景观的空间意蕴。主要分为两种情况，一是给建筑物活景点命名，二是给景观空间点题。这些题名大多具有象征意义、隐喻意义等。如秦汉人工山水园中的"蓬莱""方丈""瀛洲"，圆明园的"蓬岛瑶台"、拙政园的"小蓬莱"等，这些命名都是表达仙境。北京圆明园景区的"九洲清晏""万方安和"含有藻饰太平、隐喻一统的意思。颐和园中的"万寿无疆""桂寿无极"寓意祥瑞。点题命名在中国园林中更多，如"西湖十景"中的苏堤春晓、曲院荷风、平湖秋月、断桥残雪、柳浪闻莺、花港观鱼、雷峰夕照、双峰插云、南屏晚钟、三潭印月以及避暑山庄康熙题名的"三十六景"中的西岭晨霞、南山积雪等。陕西关中八景的太白积雪、咸阳古渡、草堂烟雾、雁塔晨钟、曲江流饮、灞柳风雪、骊山晚照、华岳仙掌，从其景点题名看，给人一种虚实相生，诗意盎然的境界，既对景物起到了点睛作用，也对鉴赏起到了指引作用。

特别是集中国南北园林艺术大成之作的承德避暑山庄，建成后康熙为其中的三十六处景点题名赋诗，并命宫廷画师创作全景图与分景图描摹山庄盛况。到了乾隆朝仍然对康熙朝题名的三十六景进行创作。三十六景兼具哲思妙想与诗情画意，体现了清代统治者对于汉文化的理解与认同，它作为一种系列题名景观，集合了景观、诗文、书画三要素，体现出园主独特的造园思想和审美理想。从中可以看出，清代皇家园林对唐代文人造园时诗、书、画融为一体风格的基础和发展。

康熙题名的避暑山庄"三十六景"从整体布局上看，注重"四面八方"的整体建构，体现了"天—地—山—水—物—人"的互动关系，具体景点的选址和命名充分体现出空间美、时间美、自然美、人工美、色彩美、形态美、声音美，其中所蕴含的整体性、系统性思想，折射出康熙帝对中国传统文化及生态智慧的深刻体悟，展示了古人对诗意栖居、人与天调的向往与追求。

康熙题名的避暑山庄"三十六景"的命名中几乎无一是单纯描写自然风光，均包括了儒、释、道相关的思想理念，体现了对治世境界、自然境界和神仙境界的追求。根据康熙提名的避暑山庄"三十六景"相关的御制诗文与绘画，可将"意"的来源分为三类：一是取意神话典故，彰显自然与人文之美；二是取意诗词书画，增添诗情画意；三是取意风景名胜，展现帝王襟怀。在"境"的生成上充分体现了因借地宜、时宜，以泉景、水镜、山景为主进行典型性组景营造。泉景理法利用山地自然涌泉、结合人工引导提供水源，以单体建筑或院落创造听泉观瀑、形声皆备的景观，具有源流不尽、清音悦性的空间意境；水镜理法利用宽阔的湖面和环合的树林背景，创造虚实相生、变幻不息的景象，凸显山水一体、云天合一的空间感受。"三十六景"在园林意境与空间理法的整体构建中，通过抽取历史典故、诗词书画、风景名胜中的典型风景要素和布局结构，结合场地不同条件进行不同山水形态、建筑形制、植物配置方式的组合，利用相似的景观结构，创造出丰富的意境内涵。"三十六景"在继承传统的基础上将时代的精神、观念融入历史文脉当中、传达现时需求的理念。

拙政园产生于私家园林发展的鼎盛时期，拙政园以其交融多变的整体空间，成为中国私家园林的经典布局。在布局上，该园深受蓬莱神话的影响。

园林以水池为中心，中部较大的水面上置有"荷风四面""雪香云蔚"和"待霜"三个岛屿，旨在象征海上三神山。水面周边布有重要建筑物，如倚玉轩、远香堂、梧竹幽居、见山楼、三十六鸳鸯馆等。这些形体不同，功能各异的建筑配以精心挑选的植物和太湖石，通过丰富的表达手法展现出多样化的构景方式，同时取得多样变化的空间效果。

拙政园分东、中、西三个部分，住宅位于园南。园林建筑虽多，但凭借巧妙的人工手法，使之呈现曲折迂回、跌宕起伏的布局形式。该园为典型的文人山水园，建造者将山水诗与山水画的意境同多样变化的空间组织在一起，使园林富含天人合一的人生观和虚静淡泊的隐逸思想。

拙政园通过一系列的空间组织手法来创作富含诗意的意境空间。如在组织园林入口时，通过设置逶迤的小路、藤萝蔓挂、假山挡道等一系列手法，创造了"悠然策黎杖，归向桃花源"诗境气氛。位于东部的"归田园居"的"秫香楼"，别有"柴门临水稻花香"的诗意。拙政园通过景观的跌宕起伏来表达诗体的平仄音律。这在多样变化的园林景观中可以深刻体会这一点。还注重用文学手段来形成诗的象征性或意境氛围，使人在心灵上产生共鸣或遐思，并以点景、题名的方式将园林景观与诗的意象空间结合在一起。

园林拙政园中"与谁同坐轩"亭（图5-3）又称为扇亭，因该亭的屋面、轩门、窗洞、石桌、石凳及轩顶、灯罩、墙上匾额、鹅颈椅、半栏均成扇面状。人在轩中，无论是倚门而望，凭栏远眺，还是依窗近视，小坐歇息，均可感到前后左右美景不断。

图5-3 拙政园中的"与谁同坐轩"亭

该亭也是其重要景点之一，由诗情引发出对人生的反思。该景点筑于西园水中小岛的东南角，东南朝向，面对别有洞天的月洞门，背衬葱翠小山，前临碧波清池，环境十分幽美。景点题名取意于宋苏轼《点绛唇闲倚胡床》词："闲倚胡床，庾公楼外峰千朵，与谁同坐？明月清风我。别乘一来，有唱应须和。还知么，自从添个，风月平分破。"

如当游人看到亭内是隶书写的匾额"与谁同坐轩"和两边隶书配杜甫的诗句——"江山如有待，花柳自无私"时，触景生情，禁不住一句反问"与谁同坐？"。相聚岁岁年年；谁能与我一起聆听山水共响，一起眺望入画美景，知音何在？是身边的你，是清风？是明月？真是令人惆怅。一个"与谁同坐轩"景点题名，不仅有景观意境也有人生意境。

五、天时景象之美

园林意境的天时景象与园林景物、自然界季节变化（风霜雨雪）、天象变化（日月星辰）紧密相关。中国古典园林充分利用四时的季相变化、昼夜时分变化、晴雨气象变化，使时间和空间互相融合、互相交感。时空交感能使有限的空间意境无穷、生机盎然，主要体现在以下几方面：

（1）四时变化。

在中国园林景象的观赏序列中还融汇着景象的季象与时态的表现，诸如四季、晨昏、雨雪、晴晦的变化。通常运用叠石的整齐气势，植物的鲜明的季节特色，能给游客以时令的启示，增强季节感，来表现出园林季节变化的外在整齐美。

苏州拙政园在植物配置上，很注重选择足以表征四时季序列变化的花木，并且和序列建筑结合起来，匠心独运。在中部环水建筑的安排上，分别有绣绮亭、荷风四面亭、待霜亭、雪香云蔚亭四亭。这四亭的题名就集中体现了春、夏、秋、冬"四时行焉"的时间流程，也分别用浓缩的语言暗示了四个季相的某种最佳意象，给人们留下了广阔的想象空间。时空交感，使得原来静止的园林空间更富变幻。

扬州个园由两淮盐业商总黄至筠于清嘉庆二十三年（公元 1818 年）在原明代"寿芝园"的基础上拓建为住宅园林。个园以叠石艺术著名，用笋石、湖石、黄石、宣石叠成的春、夏、秋、冬四季假山，融造园法则与山水画理于一体，被园林泰斗陈从周先生誉为"国内孤例"。

园内假山造型各异，用石头颜色来体现四季的变化，由此形成的假山是该园主要特点，有 "时景是命题，春山是开篇，夏山是铺展，秋山是高潮，冬山是结语，可称章法之不谬"的赞誉。顾客游园一周，如经历春夏秋冬四季。

该园叠石的设计是将游览过程的步移景异与季象变化相结合，营造了具有多种审美情趣的园林意境，让人在步移景异的游览过程中产生对四季变化的联想与想象。

"春山淡冶而如笑"（图5-4），春山之景由笋石（白果峰石、乌峰石）、太湖石和修竹、桂花共同组成，布局处理精巧独特，竹丛掩映石笋，取"雨后春笋"之意。同时周边建筑与景点和假山配合，共同营造春的氛围。如门外的竹石图"惜墨如金"以及其洗练的手法表现了人们对春的向往和珍惜，点破"竹石"主题。墙内的"闹春图"

婉转的传达了人们在春日的喜悦心情,别开生面的竹石图点破"春山"主题,诉说着"一段好春不忍藏,最是含情带雨竹"。巧妙地传达了传统文化中的"惜春"理念。

图 5-4　扬州个园中的春山

"夏山苍翠而如滴"(图 5-5),中国画里有"夏云多奇峰"的意境,夏日天空中变幻万千的巧云多像奇异的山峰,个园夏山利用太湖石柔美曲线以掇山手法,垒石为停云之势,来模拟夏日天空中的云朵。山前有一池碧水,绿树的浓荫洒在水面上,山石上也渲染着水墨的意蕴。池水的波光中又变幻着山石树木迷离的倒影,如云一般在水底的天空聚散流动着。浓荫环抱荷花池畔,叠以湖石,使人感到仲夏的气息。

图 5-5　扬州个园的夏山

"秋山明净而如妆"(图 5-6),秋山之景用黄石叠成,颜色有深秋之感。外形峻峭依云,绵延不绝,分西、中、南三峰,中为主峰,西、南两峰为辅。三者之间宾主照应,参差掩映，形成起伏绵延的山势。秋山的每块石头都是"横看成岭侧成峰，远近高低各不同"，颇有黄山意蕴，峰峦起伏，登山四望，使人有秋高气爽之感。

图 5-6 扬州个园的秋山

"冬山惨淡而如睡"（图 5-7），冬山之景用白色的雪石堆砌，象征隆冬白雪。用宣石以掇山、贴山、围山三种手法垒叠而成，虽是园中占地面积最小的一组假山，但构思最为精巧、独特，最富创意的一景。它分别从色、形、声三个角度来勾画冬的意境，又以植物，建筑、来烘托冬的气息。哪怕是酷暑盛夏，流连其间，也觉得寒气逼人。另外，在冬山依托的南墙中部直对住宅过道狭巷口的墙面上，开列了四排，每排六个的尺径圆洞，由于负压作用，使穿洞之风呼呼作响，人为造成北风呼啸的音响效果，给游人增加了冬山的寒冷意境。

图 5-7 扬州个园的冬山

（2）昼夜变化。

昼夜变化，主要体现日光、夕阳、夜月光照的不同所引起园林景观的变幻。这些光照有着不同的魅力，它们能变移现实空间原有的色、形、情调和氛围，创造出种种不同的境界美。

园林景观的朝暮变幻，使得静止的景观变得生动起来，体现出宇宙转化的周而复始，变通运动的生命力。苏州古典园林里"转瞬即逝"的审美领域正是如此，在昼夜的变化下，呈现出循环往复的空间变幻。拙政园中借助大自然中变幻多端的自然之景构成优美的欣赏对象，云霞虹霓，远黛苍茫，朝霞、晚色、近水、远山，都充满了诗情画意，夏日时节。

绣绮亭是拙政园中部水池南边唯一的山巅亭台，山下湖石围成的自然形花坛中种植牡丹，每当阳春三月，姚黄魏紫，娇艳欲滴，正合杜甫"绣绮相辗转，琳琅愈青荧"的诗意，故名绣绮亭（图5-8）。小亭造型很是清秀美丽，四角起翘轻盈又舒展，台座、柱身及屋顶之间的比例恰到好处，充分表现了古典园林园亭建筑之美。清晨五六点自绣绮亭向海棠春坞方向东望，见瑰丽朝霞，此为"晓丹"。傍晚六七点，黄昏之际，向"别有洞天"方向西望，而得远山暮色，此为"晚翠"，"晓丹晚翠"仅四字，却暗含了园林里一天中的景色变化，精妙绝伦。

还有拙政园的待霜亭（图5-9），是一座六角景亭。位于园中部水池东岛高处，所处位置甚佳，东西南北四面隔水与梧竹幽居、雪香云蔚亭、绣绮亭和绿漪亭互为对景。

图5-8　拙政园绣绮亭内的"晓丹晚翠"

图5-9　拙政园的待霜亭

147

其名取自唐韦应物《故人重九日求桔》诗歌中的"书后欲题三百颗,洞庭须待满林霜"诗意。洞庭山产橘,待霜降始红。另外,此地原植柑桔数本,王右军《黄柑帖》亦云"霜未降,未可多得"。因此,以"待霜"名亭,含蓄而发人暇思。本意点出橘红时的佳境,霜降橘始红,所以必须"待"之。该亭四周夹种橘树,更有乌桕成林。明文微明《拙政园图咏》曾云:"倚亭嘉树玉离离,照眼黄金子满枝"诗句。

(3)气象变化。

中国古代园林设计中还运用气象变化来呈现园林空间,主要是借大自然时间流程中的雨、雾、雪的变幻,追求空间体现一种云烟雾霭之妙,对"春之花艳,夏之绿荫,秋之萧瑟"的变幻追求,用"虚"和"空灵"来体现大自然的幽深宁静,体现志在渺远的襟抱。再如雨景一直在古典园林中与美相联系,烟雨迷蒙宛若仙境成为当时士大夫们隐逸所追求的意境。另外,雨增加了静态景物的动态美和韵律美。雾境大多是水景结合,带来一种缥缈空灵虚幻的感觉,雾与水面结合产生的朦胧美,可以模糊近花远树,给建筑物蒙上绰绰羽纱阴影,欲藏还露,烟云缭绕,蕴藉了无线生命力。

如杭州西湖的"断桥残雪"(图5-10)为西湖十景之一,断桥又名段桥,位于西湖白堤东端。据说从孤山来的白堤到此而断,故名"断桥"。断桥为一座独孔拱形长桥,两侧为青石护栏。从湖滨、柳浪闻莺等处遥望,水光潋滟,背衬亭亭玉立的保俶塔,景色优美。尤为冬末春初之时,积雪未消,傍晚路灯照耀,倒映在清冽的湖水中,别有一番风韵。西湖志中描写道:"断桥之胜,在春水初生,画桥倒映,带以积雪,则滉朗生姿,故以残雪称"。所谓"断桥残雪",主题是雪,故此处之景,贵在冬季。大雪初霁时尤为美。望湖光山色,皆为银装,分外动人。瑞雪初霁,站在宝石山上向南眺望,西湖银装素裹,白堤横亘雪柳霜桃。断桥的石桥拱面无遮无拦,在阳光下冰雪消融,露出了斑驳的桥栏,而桥的两端还在皑皑白雪的覆盖下。依稀可辨的石桥身似隐似现,而涵洞中的白雪奕奕生光,桥面灰褐形成反差,远望去似断非断。伫立桥头,放眼四望,远山近水,尽收眼底,给人以生机勃勃的强烈属深刻的印象。唐朝张祜他的《题杭州孤山寺》云:"楼台耸碧岑,一径入湖心。不雨山长润,无云水自阴。断桥荒藓涩,空院落花深。犹忆西窗月,钟声在北林。"写出了此地的美景。

图 5-10　杭州西湖的"断桥残雪"

第二节　西方园林整体审美

西方园林艺术提出完整、和谐、鲜明三要素，追求严谨的理性。欧洲人自古以来的思维习惯就倾向于探究事物的内在规律性，喜欢用明确的方式提出问题和解决问题，形成清晰的认识。这种思维习惯表现在审美上就是对称、均衡和秩序，而对称、均衡和秩序是可以用简单的数和几何关系来确定的，决定美和典雅的是比例，必须用数学的方法把它制订成永恒的、稳定的规则，是西方造园艺术的最高审美标准。

一、人文主义美学

人文主义思想强调维护人性的尊严，主张自由、平等和自我价值的体现，将人和自然从宗教统治的神秘色彩中解放出来，改变了人们对世界和自然的认识。从西方艺术史的角度来看，古希腊、古罗马和文艺复兴时期，人文主义的美学理想始终占据着主导地位。无论在哲学思想、艺术形式，抑或是景观美学领域，比例上的和谐与均衡构成了审美的标准和原则，形式美成为风景园林美学中形式主义和人文主义的雏形。

阿尔伯蒂在《建筑十书》中提出的"理想城市"（Ideal City）模式，引发了风景园林实践对几何形态的偏爱，而风格严谨又有意境风趣的意大利埃斯特庄园（图 5-11）和兰特庄园（图 5-12）表达了文艺复兴时期风景园林的审美理想。16 世纪的风景园林美学中充斥着浓郁的人文主义色彩和政治欲望。

图 5-11　意大利埃斯特庄园水景观

图 5-12　意大利兰特庄园鸟瞰图

　　埃斯特庄园高踞台地的顶端，庭院沿建筑的中轴线，依形就势地展开于层级分明、井然有序的台地阶层上。在中轴、中轴平行线、垂直平行轴线组上，每条轴线的端点与轴线的节点上，均衡地分布着亭台、游廊、雕塑、喷泉等各式景观。特别是庄园充分利用台地优势，规划了大小喷泉 500 个，堪称古典园林的水法典范。

　　埃斯特庄园以其突出的中轴线，加强了全园的统一感。庄园因其丰富的水景和水声著称于世。园内没有鲜艳的色彩，全园笼罩在绿色植物中，也给各种水景和精美的雕塑创造了良好背景，给人留下极为深刻的印象。埃斯特庄园在中轴及其垂直平行路网的规整、均衡的控制下，将埃斯特家族的故事化为跌宕起伏的喷泉来叙说传奇。

兰特庄园在空间尺度和整体布局上，从主体建筑、水体、小品、道路系统到植物种植，都充满了文艺复兴时期建筑那种典型的均衡、大度和巴洛克式的夸张气息。它的园林布局呈中轴对称、均衡稳定、主次分明，各层次间变化生动，又通过恰到好处的比例掌控形成了一个和谐的整体。庄园四层台地的布局均由一条中央轴线连接而成。中央轴线为一流水线，而各台地在此轴线上都设有水景。花坛、建筑、台阶等均对称布置在轴线两侧。

台地是意大利园林的一大特征，兰特别墅庄园由四个层次分明的台地组成：平台规整的刺绣花园、主体建筑、圆形喷泉广场、观景台（制高点）。兰特庄园作为意大利文艺复兴园林发展到鼎盛时期的代表，其造园特征继承了古罗马园林的特点，也体现出了人文主义者的审美意趣，即在均衡秩序下对自然要素的人工化再现。兰特庄园中各种形态的水景动静有致，变化多端又相互呼应，并结合了阶梯及坡道的变化，使得中轴线上的景观既丰富多彩又和谐统一，同时，沿中轴线布置的建筑和修剪整齐的刺绣植物花坛也体现了文艺复兴时期的人文主义特征，即浪漫的理想必须包含在严谨的、规则的布局形式中。

二、古典主义美学

17世纪古典主义美学强调优雅、明净、理性、秩序和简约俨然成为景观美学的主流，崇尚现实与理想的交融。西方人认为造园要达到完美的境地，必须凭借某种理念去提升自然美，从而达到艺术美的高度。因此，西方园林那种轴对称、均衡的布局，精美的几何图案构图，强烈的韵律节奏感都明显地体现出对人化美的刻意追求。西方最早的规则式园林出现于古埃及。从古代园林开始，经历了中世纪园林、意大利文艺复兴园林，西方人对比例、秩序与形式的热爱在法国古典主义园林中达到了高潮。

巴黎郊外的凡尔赛宫（图5-13）是古典主义景观美学的典范，其强烈的中轴、放射性的林荫道、奢华的跌瀑、浩大的泉池和瑰丽的林园均表现出古典主义美学凌驾于感性之上的理性控制力。凡尔赛宫的园林在宫殿西侧，面积有100万平方米，呈几何图形。南北是花坛，中部是水池，人工大运河、瑞士湖贯穿期间。另有大小特里亚农工及雕像、喷泉、柱廊等建筑和人工景色点缀其间。放眼望去,跑马道、喷泉、水池、河流等与假山、花坛、草坪、亭台楼阁一起,构成规则园林的美丽景观。最为引人注目的是,几何形规则式整体布局,轴线笔直的大道,宽阔铺展的草坪,图案般的花坛,开敞袒露的喷泉、水池和逼真的雕像,一切都尽显西方园林的艺术风格和西方人的审美趣味。

图 5-13 法国的凡尔赛宫

法国的沃勒维贡特庄园(图 5-14)是勒诺特尔最有代表性的设计作品之一,标志着法国园林艺术走向成熟。这是一个宽 600 米,长 1200 米,面积达 72,000 平方米的大型庄园,整体布局十分紧凑,一气呵成,各种景物依次展开,井然有序。花园四周由茂密的林园围绕,衬托出花园的开阔和精美,这是规则式庄园的典型做法。

花园整体分为三大段,各段具有鲜明特色,既统一又富于变化,第一段围绕着府邸,以刺绣花坛为主,强调景物的人工性与装饰性;第二段以草坪花坛结合水景,重点是喷泉和水镜面等水景,第三段以树木草地为主,点缀喷泉与雕像,自然情趣浓郁,使花园得以延伸。

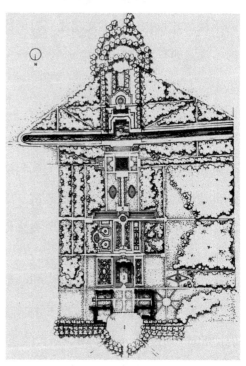

图 5-14 法国的沃勒维贡特庄园平面图

三、浪漫主义美学

18世纪古典主义的景观美学逐渐褪色，自然主义的思潮逐渐显现。启蒙运动所宣扬的自由精神强烈地冲击着唯理主义的思想禁锢，浪漫主义美学逐渐取代了古典主义美学，注重个人情感的表达，形式自由奔放。风景园林美学由秩序、简约和肃穆转向了更加曲折、更加诗情画意的审美价值。同时，浪漫主义思潮所强调的"回归自然"的热望也冲击了旧有的审美价值观，对自然规律的尊重和情感的表达压倒了对理性秩序的追求。

自然式风景园林取消了园林与自然之间的界线，亦不考虑人工与自然之间的过渡，将自然作为主体引入到园林中，并排除一切不自然的人工艺术，体现一种自然天成、返璞归真的艺术境界。从古代希腊到18世纪的英国，是一种从"世界的自然"到"自然的世界"的转变，这也可以看作是西方传统园林设计从古典主义向自然浪漫主义的转变。自然风景式园林"收集和剪裁自然美"的自然主义理想影响至今。

斯陀园（图5-15）位于英国白金汉郡，是一处18世纪英国早期的自然风景园。斯陀园从早期的奥古斯都式园林，经过近四十年的改造，最终成为英国自然风景园的代表之作。造园师和园主在斯陀园中设计了三条主要步道，它们分别是邪恶之路、美德之路和自由之路。这三条道路几乎包含了斯陀园所有的重要景点。这三条路上的景点建筑在设计和装饰上使用了希腊神话的人物形象、英国历史上某一领域的杰出贡献者、具有象征意义的绘画和具有深意的诗词等要素，传递该建筑的精神内核。

图 5-15　英国的斯陀园

斯陀园不仅是展示自然风景园营造手法的典范，与其他风景园不同之处在于，园中每一处建筑、水景、视轴的存在，都隐喻着园主对政治和哲学思想的追求。该庄园宏伟、简洁且又明朗，其景致也被称为"理想化的自然"。在斯陀园的改造设计中，从早期有意识地模拟自然环境到后来追求大面积的山庄农场，整个过程体现了英国园林师对大自然环境的效仿及利用。该园林的设计过程清晰地反映出英国自然风景园对"自然"概念的理解和运用，并通过不同时期园林设计手法的变化表现出来。

在总体布局上，造园家布里奇曼沿着府邸中心设置了整个园子的中轴线，并设计了左右对称的长方形花坛及一个椭圆形水池、两个细长形水池、笔直的林荫大道和一个较大的八角形水池。府邸设置在地势较高的地方，通过若干级台阶将各个景区相连。整个园林沿着大林荫道划分中轴线，但轴线两旁并不完全对称；一些道路顺应地形，已不是完整的直线形，小路径也弯弯曲曲；有些小溪已突破规则的几何形，轮廓很自由。这些手法的运用，使斯陀园与自然更加接近，为该园林向自然式园林的转化落下了伏笔。从斯陀园的设计历程可以发现，布里奇曼对"自然"的探索使该庄园走向自然化并成为可能；之后，威廉·肯特接替布里奇曼，在场地主轴线的东面创建了"极乐世界"，为了保持自然风格，放弃了原有场地的大量规则形式，并在河流边兴建了几座庙宇。而到兰斯罗特·布朗时，将原有的中轴线和直线道路都改为自由的曲线，从整体上彻底改变了严格的布局，将湖面做成曲线和小河湾，加入草坪、树丛配置，并且引进国外的灌木、树木，则显示出对自然手法的纯熟应用。斯陀园的变化反映了英国自然风景园从探索到成熟的发展过程。

第三节　现代风景园林整体审美

现代风景园林以古代园林为依托，结合时代审美需求不断地进行发展和创新。时至今天，风景园林审美意境被认为是审美文化，它属于社会感性文化的主要组成之一，以满足当代人类的精神需求为主要目的，同时又与生态环境、社会经济一起协调持续发展。

由此，现代风景园林设计学科已经是一门从区域的战略规划到后院和花园的设计，从污染地的生态重建到历史的设计复兴，从公共广场到私人花园图案的设计，覆盖了广阔领域的专业。在这样的背景下，风景园林师对美与艺术的追求与艺术家纯粹的艺术追求有着本质的区别。现代风景园林学应当有比"为艺术而艺术"更高的价值理念，它需要平衡和考量社会、生态、文化等多方价值。

一、体现"人性"的公共空间美

19世纪中叶至20世纪初，现代主义艺术改变了风景园林美学的浪漫主义理想。在现代主义美学盛行的同时，自然式和规则式的园林样式依然在风景园林设计中占据着主要地位，如奥姆斯特德设计的中央公园、埃利奥特设计的都市公园体系和盖瑞特·埃克博设计的洛杉矶住宅花园。不同的是，风景园林的设计实践更加注重民众对景观功能的需求。

纽约中央公园（图5-16）是美国第一个城市景观设计作品，面积达340,000平方米，位于纽约市最繁华的曼哈顿区中心。中央公园南接卡内基，北依哈林区，东畔古根汉姆博物馆，西靠美国自然博物馆和林肯表演艺术中心。该作品的设计者是奥姆斯特德与沃克斯。两位设计师针对快速发展的经济和人们快节奏的生活方式以及密集型网状街区的社会背景提出中央公园应该代表一个令人精神得到愉悦放松的自然天地的设计理念，在田园牧歌似的草地、风景如画的灌木丛、高低起伏的小山丘和平静如水的湖面的环绕中沉思道德提升才成为可能。

图 5-16　美国纽约的中央公园

该公园开辟了许多幽静的小路，将密集的人群进行分流，合理地规划各个分区，在"功能"与"形式"之间寻找最佳的"结合点"。公园有运动场、美术馆、儿童游戏场、植物园、动物园、影剧院、大草坪以及大面积的湖面、各种游步道等景点，空间之间相互渗透。与传统的西方古典园林不同，纽约中央公园在划分功能区域时尽量避免轴线布局，弱化直线，追求中国园林"虽为人做，宛自天开"的意境，有不规则的草坪、池沼。它开启了现代城市景设计中"以人为本"的先河，即从"人性"的角度出发，为大众设计一个宁静、休闲、慢节奏的舒适公共空间，强调公园的复愈性，使得不同年龄阶层的人在这样一个公共空间里都能放松和交往。

二、中国传统美学思想与现代技术结合的景观美

我国传统的阴阳观和风水观是传统美学的内核，在我国人居环境选址、规划、设计、营造中无所不在的被运用。它虽然充满神秘色彩，但也包含着人如何顺应自然的辩证。

在我国古代园林的营构中，常常运用到风水思想和阴阳观念。如"负阴抱阳，背山面水"就是风水观念中住宅选址的最理想格局。所谓负阴抱阳，是指基址背面有主峰来龙山；左右有次峰，左辅右弼山，亦可称为青龙和白虎砂山，山上要保持丰茂的植被；前面有月牙形的水面或具有弯曲的水流；水的对面有一个对景山——案山；基址的轴线方向则最好是坐北朝南。可见，以理想的风水格局进行的景观构筑具有这样的特点：以群山环绕、别有洞天、远离人寰的世外桃源为基本框架构成围合封闭的景观。中国古典园林很多都以这样的格局为创作蓝本。这与道家的回归自然，禅宗的出世哲学，以及士大夫的隐逸思想有着密切的联系。

如今，随着当代对我国传统文化的重视以及设计理念的回归，把传统文化中的阴阳观念化、风水美学运用于当今的城市规划、景观设计中，并把它们和当代新景观设计理念、设计方法、设计材料以及科学技术结合起来，拓宽了传统美学的应用范围。

北京奥运森林公园和中心区景观规划设计是中国哲学思想运用于现代设计规划的一次大胆尝试。奥运公园的规划通过全球招标由美国Sasaki景观规划公司和天津华汇工程建筑设计公司中标，并以这个方案为蓝本展开规划。公园以"人类文明成就的轴线"为主题，把城市中轴线向北延伸成为公园轴线。被绿色包围的比赛场馆对称地建

造在这条轴线的两侧。大面积的森林公园建造在轴线最北端，从森林公园北部松林密布的丘陵起，溪流蜿蜒向南流动，形成了一个湖泊。南北 2.3 千米的"千年步道"徐徐沉入湖泊。步道上有 6 个主题公园，分别代表五帝时代，周、唐、宋和明、清，体现了 5000 年的中华文明。湖水沿着轴线东侧向南延伸形成奥林匹克运河。整个水系的形状酷似一条龙，这条水龙与北京古城区内中轴线的水龙——什刹海中南海遥相呼应，形成对称式布局。

北京奥运森林公园设计理念强调"阴阳生万物""因果循环""重回混沌"的中国阴阳哲学。"阴阳合，万物生"的朴素宇宙观反映了人类对自然的崇拜和归依。设计师力图将传统文化的表达融合于现代景观设计中，与现代科学技术手段相结合，用现代的手法体现传统文化，产生不同的意境。特别是对中国阴阳哲学的概念、图形的多方位提炼，包括历史与未来、自然与人文、复杂与简单、硬质与软质、水与火、凸与凹、圆与方等内容的对比。用现代景观形式将其表现出来。"中国龙"的方案则与五行学说相联系，成为中心区重要空间节点的设计。中轴线由五个广场区域组成，每一个广场都体现了中国传统的"五行"文化——金、木、水、火、土。而每个广场都用其中一个元素来作为该广场的中心主题。"中国龙"这一理念也是源于中国传统文化中龙被视为中国神圣的象征，而龙又常常与水相结合，这里的水系便是以龙的形态构图，象征龙的精神在当今世界的影响。中国的色彩与五行相联系，春木东方色为青，夏火南方色为赤，秋金西方色为白，冬水北方色为黑，中央是土，叫做"统御四方色为黄"。奥运五环中的五种颜色也被巧妙地与"五行"元素联系起来，以铺地、花木、小品等方式表达出来。奥运五环的颜色代表了五大洲，相关画面也将沿中央轴线的灯塔上由巨型显示屏播放出来，从而吻合奥运五环的概念。

三、生态美学

生态美学产生于后现代经济与文化背景之下，由挪威哲学家阿伦·奈斯在 1973 年提出。生态美学以当代生态存在论哲学为其理论基础，突破主客二元对立机械论世界观，提出系统整体性世界观；反对"人类中心主义"，主张"人—自然—社会"协调统一；生态美学作为一种崭新的理论形态，其深刻性首先在于它所拥有的价值立场与理论向度。这种价值立场与理论向度突出表现于生态美学是从一种新的审美高度，重新思考人与自然、人与社会及人与文化间的审美关系。

20世纪60至90年代，后现代主义美学和生态美学同时对风景园林设计及其审美价值取向产生了重要影响。随着时代的发展，后生态主义逐渐占据了现代美学的主体，与此同时，另一种新的景观美学则试图通过区域生态环境恢复的过程体现审美理想与价值，如弗莱士河公园就是典型代表之一。它以垃圾场到公园的过程演变，强调了风景园林作为复杂生命系统的整体生态价值及其带给人类社会的长期效益，它以生态过程和生态系统作为审美对象，体现了审美主体的参与性和主体与自然环境的依存关系。同时，生态美学也被理解为在新的经济、文化、社会、环境背景下产生的关于人与自然、城市及社会之间动态关系的审美状态存在观，包含了生态学和美学的双重特性。生态美学的出现实现了美学从技术到观念，从人文到生态的转变，其思想基础是生态哲学的延伸和生态伦理学对自然价值的重新审视。以生态主义思想为主导的生态美学关注的焦点由美的实体转变为对人与自然物及无机环境关系的探讨，体现了人们对自然美的理解与超越。生态美学为现代风景园林催生了生态设计的出现，包括具有自然生态形象的景观、以生态手法建造的景观和具有生态意义的景观。

在2001年时，美国纽约的弗莱士河还是当时世界上最大的垃圾填埋场，成千上万的海鸥围绕着这座800万人造就的垃圾场上下翻飞。成堆的垃圾被慢慢移动的推土机推来推去，为的是腾出更大的空间存放更多的垃圾。这座位于斯塔顿岛（Staten Island）的垃圾填埋场比纽约中央公园还要大，由自称"纽约市建筑队队长"的罗伯特·摩斯（Robert Moses）于1948年负责修建的。詹姆斯·科纳Field Operations事务所在这次国际竞赛中获胜，创造性地将890.3公顷（2200英亩）的弗莱士河垃圾填埋场改造成纽约市最大的城市公园（图5-17），其特色是形成了广阔的潮汐湿地和溪流，超过64.4千米的小径步道，以及重要的娱乐、文化和教育设施，最终变成一个市民休闲娱乐的场地。

2012年，弗莱士河已经变身纽约市最大的公园，有五个主要区域：集会区、北公园、南公园、东公园和西公园。每个区域都有其鲜明的特征和规划程序，既包含有各生物领域的健康生态过程，又包含了人类对未来公园的期望，弗莱士河公园运用一些

图 5-17　纽约弗莱士河公园平面图

不同的大尺度元素来改变它的物质条件和用途。尽管建筑、结构元素能够强调、支持、活跃公园更大的组织结构，但是只有生命的元素在一个合理的代价上，才能表现场所的特征，并适合于大尺度操作，例如溪流、湿地、土丘、植物等。由此，土壤和景观构成公园的骨架，成为公园的主要吸引力和体验的主要媒介。

这个项目被重新命名为"生命景观"，捕捉到了它作为一个场所和一个过程的力量。生命景观作为一个场所，为野生动物、文化和社会生活以及运动娱乐提供了多样的储备。

生命景观作为一个过程，其深层意义上是生态的———种大规模的环境改造和更新过程，不仅恢复了整个场地中生态系统的健康和生物多样性，而且让即将使用新公园的人们振奋精神、重获想象力。生命景观与弗莱士河地区新生态的孕育有关，土壤、空气和水；植物和野生动物；计划和人类活动；融资、管理和适应性经营；环境技术、可再生能源和教育；人、自然、科技和生命之间相互作用的新形式，这些元素及其关系形成了一个新的生态系统。

四、现代禅意美

禅意文化是中国优秀文化流传至今的一种特有的文化意境，传统禅意园林经过对禅宗思想及园林文化的吸收、演变和发展，形成了其独特的造园风格和特点。在现代景观设计中，除了从传统园林中寻找建筑、植物、山石、水等典型代表要素的表象手法外，保留传统禅意园林的意境蕴含也是重要的处理手法。现代园林禅意精神主要借助于"禅意"这一传统文化的形式和内容，将其作为形式符号的词汇库，把传统禅意园林的典型代表要素运用到现代景观之中。具体来说，就是用当代的设计理念、材质、颜色去表现禅意空间美学，这样既能使设计内容与历史传统联系起来，又能在结合当代人审美趣味的同时，让人感受到文脉的延续，也可以理解为"禅意空间"的当代新表现。

苏州博物馆是著名的建筑师贝聿铭大师设计的杰作，是当代"禅意园林"景观设计的典型案例。苏州博物馆新馆位于苏州市古城区东北街，紧邻拙政园、忠王府、狮子林等传统园林建筑。博物馆利用现代工艺将传统意境营造模式"浓缩"为符合当代主流审美的简化、抽象模式。苏州博物馆在整体格局上继承了古苏州街区的历史风貌，色彩上沿袭了江南水乡古色古香的基本风貌，在造园设计方式上传承了苏州古典园林的风格，内涵上融入了苏州的人文精神与禅意文化，苏州古建筑的新呈现体现在苏州博物馆上，它不但成了苏州的标志性建筑物，也是古代建筑与现代建筑保持联系的一个纽带。

贝聿铭大师以现代感十足的钢结构取代了中国传统建筑以木结构为主的建筑构造，不仅仅是优化了建筑的稳定性，在玻璃屋顶与金属的衬托下，延续了传统建筑的美感又为建筑增加了怀旧情结，将天窗开在了屋顶正中间的位置，让自然光透过木贴面的金属，光线投射到场馆中的活动中心，这个光线经过反射与遮挡，变得非常柔和，在视觉上产生了不同的层次变化，使原本静态的建筑看起来有了律动，这充分体现了一种新的理念，用光线来做设计（图5-18）。同时几何形态的屋顶也继续传承了苏州传统的屋顶的形态，又改善了老建筑

图5-18 苏州博物馆的建筑空间

的局限性。苏州博物馆在整体设计手法上以简洁、自然为主,室内以立体水景莲花池为背景,创造了另一种充满禅意的山水意境。

中心庭院在布置上明显不是对称的,为总体布局带来一种不稳定性。在平面空间布局上强化了开合、虚实、通透等"化整为零"的韵律感,以此增加空间和景致的层次和深度。其建筑以"厅堂"为单元体,再以回廊空间连续单元空间,造型极简,体量均不大,整体以白色基调为主,灰色装饰,这是对江南白墙灰瓦的再造与升华,这种简洁的模式是我国禅意园林模式的继承与发展。

禅意文化对苏州博物馆中的庭院景观(图5-19)影响比较深,运用了惯用的留白手法,将整个空间体现出一种宁静淡泊的风格,从色彩看饱和度比较低,这也是禅意景观常用的黑、白、灰三种颜色。

图5-19 苏州博物馆的庭院景观

贝聿铭先生引入立体山水画的概念,"以壁为纸,以石为绘",将禅宗园林造景理念以耳目一新的直观形式物化为一幅江南烟雨山水的画卷。这幅山水以拙政园的一片外墙为背景,依墙而立,由大大小小的片石依据阴阳向背的排列组合而成,这些属于"实",假山在水中倒影以及天空的颜色等属于"虚",由此形成人工美与自然美相结合的律动美感。特别是精心打造石片的明暗变化,冷暖交互,厚薄对比,质感相异,起伏节奏,最终呈现出的清晰轮廓和剪影效果,形成了拳山勺水的禅境,增添了宁静的禅意氛围。

苏州博物馆在设计手法上以简洁、自然为主，摒弃机械的模仿与烦琐的装饰，不论是在设计思想，材料的选取，还是造园手法等方面，都伴随着中西方文化层面交流的加深，使这两种不同体系的造园模式相互碰撞并取得共鸣，为我国当代禅意园林模式的继承与发展提供了新的样板与参考。

思考题

1. 如何理解中国古代园林体现的太极同构整体美学？

2. 如何理解中国园林美学中的因地制宜？

3. 如何理解西方园林的浪漫主义美学？

第六章　风景园林空间审美

风景园林空间之美对传承古代的传统文化、传统艺术和其他美学思想、理念等方面都具有重要作用。因为风景园林空间中所产生的诸多概念，如营造、意境、形式能使游览者在园林的审美观欣赏过程中产生审美心理变化，进而产生愉悦心情，最终达到精神升华。

第一节　中国园林空间审美

中国古典园林的造园过程，一般要通过三个创作境界，即"生境""画境"和"意境"。中国园林内含园景、园境双层空间结构。表层是实体性园景空间，以"隐曲"为特征呈现"流动"态和"悠远"之感，营造耐游观的园景。深层是虚实相生的园境空间，以"空灵"为特征，具有虚化、意化、融合的美学功能，展现出情味美、朦胧美、超越美。园景向园境的转化就是物象—气象—意象—意境间的渐次转化。表层园景营构以深层园境生成为旨归，最终要由质趣灵，象外见象，心境融合生成意境。

所以，中国园林的营造要从构景与造境两个层面加以考虑。构景重在"构"，是景物在空间中的配置设计，重物与物的空间关系，遵循对称与均衡、统一与变化、对比与协调、疏与密、整与散等外在形式规律。造境重在"造"，追求无中生有，虚实相生，心与境偕，重在物与物、人与景的呼应感召。遵循形与神、质与灵、景与情的共生与融合，寻求客观景象的气韵、意境和主体审美情趣、感悟和感兴互发。这样中国园林空间就形成一个由表入里的双层结构空间，即园"景"空间和园"境"空间。表面上是物态化的园"景"空间，而当游园者逐渐深入就会演变为虚灵的园"境"空间。

一、空间布局之美

中国园林在空间布局上不仅要在有限的空间里构筑适合园林要求的建筑风格，把房屋、花木、山水融为一个整体；更重要的是，要合理安排园林中山水、建筑、花木等物质建构，以巧妙的空间布局来达到"咫尺山林""诗情画意"的艺术境界。所谓"咫尺山林""诗情画意"的艺术境界，就是以巧妙的空间布局来构成千岩万壑，清流碧潭，风花雪月，声色光影的生动景色，再现大自然的风景和人文景观，以丰富了园林空间的精神内涵，给人以审美的享受。

（一）"一池三山"的变幻美

中国传统古典园林中的山池变幻空间主要分为三种类型：一是以山取胜，变幻空间；二是以水取胜，变幻空间；三是池中设山，变幻空间。这三种空间的变幻，其本质都是用象征的方式，追求一种"虽由人作，宛自天开"的艺术境界。

中国古典园林中有完整的主附关系水体，它在造园中发挥着重要作用。特别是大型皇家园林，水体所占比重往往较大，如北海公园，北海的面积已经远远超过了园林总面积的一半以上。古人所谓神仙起居出没的仙境早在秦汉时代就反映到了园林景观之中，之后成为我国古典园林的经典布局形式。如北海琼华岛广寒殿左右小亭为"方壶""瀛洲"。明代进士邹缉在《北京八景图》中说："大山之顶有广寒殿，殿之四隅皆有亭，左二亭，曰玉虹、方壶；右二亭，曰金露、瀛州，半山有三殿，中曰仁智、东曰介福、西曰延和。其下太液池，前有飞桥，以通仪天殿，东有玉桥，以通琼林苑，山之上常有云气浮空，氤氲五彩，郁郁纷纷，变化翕急，莫测其妙，故曰琼岛春云"。

颐和园昆明湖中的南湖岛、藻鉴堂、治镜阁以及苏州留园中部湖心岛上的"小蓬莱"、拙政园中的远香堂前水中的"荷风四面亭""雪香云蔚亭"和"待霜亭"等园林构建的水中三岛，都是模拟海中的三神山而建造。

颐和园的昆明湖遗址的面积至今仍是清代圆明园、长春园、万春园面积总和的三四倍，同时，主附水体之间已有明确的仰承呼应关系。在中国传统园林中，面积较大的水域中常设有岛屿，且一些岛屿上置有重要建筑物，并富有一定的象征意义。皇家园林所沿袭的"一池三山"形制，就象征着东海和三神山。

以山池变幻形成的美在苏州古典园林中表现的比较突出，园中山池所占面积都比较大,大多把中部的山池作为全园的主景区,周围配以若干次景区,贯以小桥、绕以游廊,间列亭台楼阁,使空间既富变化,又有对比。山池一方面可以分割空间,使得空间变幻多样,小中见大;更重要的是,园林中的叠山、理水可以写意自然界真山真水之气势,使得有限的空间变得广阔无限,达到"山高水远"的效果。

在苏州的拙政园中,远香堂北部较宽广的水面,从西到东设有"荷风四面""雪香云蔚""待霜"三岛,旨在表现渤海中三座浩渺冥迷的蓬莱、方丈、瀛洲神山。池中设山,以象征蓬莱仙境,是典型的以山池变幻空间,其突破现实空间的藩篱,直指蓬莱仙境,由现实的空间转为缥缈的虚幻空间,意境无限。

（二）园林建筑分合空间

园林建筑分合空间是指园林建筑对园林空间起着划分和组合的作用。园林建筑不是一种纯粹的物质构建,作为生活方式的物质依托,园林建筑本身凭借人的想象而具有人的内在灵魂。在园居中,人的意蕴通过建筑而展开,精神与物质,虚远与具体等内涵在园林中密切地交融着。因此,园林建筑起着划分和重新组合园林空间的作用。由于这样的内在意蕴,古典园林建筑在空间的划分上,特别注重和宇宙的交融。概括而论,古典园林建筑的空间意识是"从有限中见到无限,又于无限中回归有限"[1]。传统古典园林中以建筑分合空间可以概括为三种类型:一是用主体建筑划分或组合空间;二是用院墙和廊屋分割独立空间;三是用敞轩、洞门、门窗等来透视空间。这三种空间分合,都是为了使空间变幻多端,达到空间无限延伸之感。

避暑山庄内建筑多种多样,有康熙和乾隆钦题72景及其他人文景观共120余处。有亭榭90余座,堤桥29座,寺庙16座,宫门9座,宫墙总计逾10千米。这些建筑均借地形、地势,创造自然一体的景观点。亭台楼阁隐露山间;涧泉溪流,长流不断。宫殿是紫禁城的缩影,其布局运用了"前宫后苑"的传统手法,由正宫、松鹤斋、东宫和万壑松风四组建筑群。由行宫区、湖洲区、平原区、山岭区建筑组成的建筑环境意境,凭着这一带的天然胜地,人工为之,巧夺天工,妙极自然。

避暑山庄的烟雨楼（图6-1）是仿照浙江嘉兴南湖鸳鸯岛上的烟雨楼修建的,坐落在青莲岛上（面积有两千平方米左右）,四面环水,岛的最高点上有一座凉亭,一座小桥与南面的如意洲连接,桥下的湖里盛开了荷花,整座岛上亭台楼榭,相互呼应,就

---

①曹林娣:《凝固的诗:苏州园林》,上海三联书店出版社,1999,第68页。

像一幅风景画。沿着小桥进去，两棵高高的古松遮盖着楼的顶部，红瓦青松，给人一种入仙的感觉。东边的楼上是"青杨书屋"，这里是皇上读书的地方，北面是万树园，绿绿的草坪犹如一块天然的地毯。在细雨蒙蒙的天气里，烟雨楼一会隐藏在水雾里，一会又将身影露在柔柔的雨丝中，再加之满湖荷叶上滚动着亮亮的水珠，不由得让人想起"大珠小珠落玉盘"的诗句。

图 6-1 承德避暑山庄烟雨楼建筑

（三）植物呈现空间

植物呈现空间是指园林中的花木对园林空间的变幻作用。园林的花木相比于山池和建筑有其自身的特点，花木不仅具有色泽美、姿态美，更有生趣美。花木馥郁繁茂，就必然会招蜂惹蝶，引来蝉、鸟栖息其上，飞鸣其间，这就将园林这本来"无声的空间"拓展为"有声的空间"。

中国传统古典园林中以植物呈现空间分为两种情况：一是运用花木的姿态来亏蔽空间，使得园林空间景观进一步深化；二是利用花木特殊的生命趣味，使"有声空间"得到充分的展示。植物对于空间的呈现，不仅深化、拓展了原本有限的园林空间，并且还为园林平添了很多生趣和生机，使得整个园林空间生机勃勃。

拙政园内的"玉兰堂""松风水阁""海棠春坞"（图 6-2）等景点，均是通过植物精心选择和合理配置，创造了鸟语花香与精神享受的双层意境，提高了园林的观赏性。特别是"海棠春坞"与"听雨轩""琵琶园"是拙政园中部景区既紧密相连又各具其美的三个主题小院。

中部景区的"海棠春坞"，是现存中国古典园林中以"海棠"为题名的代表性景点，位于玲珑馆东北方向，院中建筑坐北向南，与"听雨轩"用花墙分隔，西北有绣绮亭土石假山，是一个内环境幽静的封闭小院。其形式极为雅洁朴素，其造型别致，用书卷式砖额嵌于院之南墙。院内海棠两株，初春时分万花似锦，娇羞如小家碧玉，秀姿艳质。庭院铺地用青红白三色鹅卵石镶嵌而成海棠花纹，与海棠花相呼应。庭院虽小，但清静幽雅，是读书休憩的理想之所。"海棠春坞"整体布局简洁雅致，院落布置单一而有书卷气，栽植花木少但主题突出。黄昏时，院墙下，夕阳透过漏窗洒进金色的光影，微风拂过，娇艳的海棠花轻轻颤动，花香让空气都变得温润丝滑。宋代姚云文的《齐天乐》曰："柳花引过横塘路，萦回曲蹊通圃。插槿编篱，挨梅砌石，次第海棠成坞。"海棠春坞颇得此意境。

图6-2　拙政园内植物构成的海棠春坞

"海棠春坞"在植物栽种方面，选种十分考究，对栽种地点也有要求。无论形态还是颜色，都要与周围环境相互搭配。由于建筑和石头的存在，堤岸的树木不可能大量种植。通常在必要点睛的位置上植种一株或者双株形态各异的高大乔木或青松，配以几株开满鲜花的中型灌木和几簇低矮的灌木与建筑和石头形成一个良好的画面。同时，花草也选择在开敞处或石罅间，或者单植，或者簇植。由于小巧和景致布置的疏密得当，园林中不存在的大片丛林，只在园中另设一园或在角落种植小片竹林，以表现主人的清高和雅兴。

避暑山庄对园林树木花卉的处理与安排讲究表现自然。如"乾隆三十六景"第二十景的万树园就很典型（图6-3）。万树园北倚山麓，南临澄湖，地势平坦开阔。地上绿茵如毯，麋鹿成群，山鸡野兔出没。苍松、巨柏、古榆、老柳散置其间，遮天蔽日。

植物的穿插和设计都与自然环境相融合，更多体现自然生长的状态。松柏高耸入云，柳枝婀娜垂岸，其形与神，其意与境都重在表现自然。

图 6-3　避暑山庄万树园

二、空间营构之美

中国古典园林空间形态的营构比西方古典园林中的空间营构要复杂的多，每种空间形态的营构都不是由单一的要素构成，也不是各种空间的简单相加，但每种空间形态的营构，又可以通过各种造园要素来实现。它们既各成特色，又你中有我、我中有你、互妙相生、不可分割，通过不同的空间营构方式又营造出多样的古典园林意境。因此，造园者在造园时，要酝酿园林能够生成意境，就必须通过对植物、山石、建筑、水体的布局、配置和结合，从而形成不同的空间形态，或幽远、或深邃、或壮阔、或幽闭，从而营构出不同的园林审美意境。

（一）追求意境

隔则深，敞则浅，通过对园林空间的分割，使园林既有区区殊相的单元意境之美，又有浑然一体的系统意境之美，变化无穷而又联络有情，这是中国古典园林空间分割的意境美。任何园林的实际空间面积总是有限的，但意境却是无限的。中国古典园林尤其是江南私家园林，占地面积较小，却最擅长在有限的空间里创造出丰富多样的格局、特性的景观具有层出不穷、含蓄不尽的意境。梁思成先生总结说："大抵南中园林，地不拘大小，室不拘方向，墙院分割，廊庑分割，或曲或偏，随意设施，无固定程式"。

颐和园中的谐趣园（图6-4）是一座园中之园，通过曲折回廊与外界分割，营造静谧的小空间，但漏窗又使得内外景观相互渗透和联系。通过空间分割将园林分为若干空间，在这些空间又有主次关系，主体控制宾体、宾体映衬主体，宾主相生，主体控制增强了园林意境的凝聚力。

图6-4　颐和园谐趣园鸟瞰图

（二）序列之美

空间形式主要体现在序列之美中，风景园林中的序列美不仅要考虑园林中的固定点是否具有良好的视觉效果，更要考虑游客在游览过程中能否收获动态效果。比如要考虑墙壁、门洞和从窗户或墙壁射入室内的阳光所形成的黑白光影给人们带来了期待和惊喜，形成有等差、有节奏的空间安排。空间序列理论中，一个完整的空间序列是一个"起始—发展—高潮—尾声"等连续变化的过程。这就要求把分散的景物连接成一个完整的空间序列，即把园林中分散的景点连接成片段和断裂的线条，由此形成的线条就是园林中的观景路线。观赏路线的形式一般由园的大小决定，如个园、畅园、网狮园等小型园林多按环形、封闭式组织。

留园与大型园林相比，其空间序列组织更为复杂，这种序列具有循环迂回的特点，采用灵活多变的观赏路线和综合的空间序列组织形式。其整体空间序列可以划分为若干相互联系的"子序列"，而组织最关键的问题在于如何运用大小、疏密、开合等对比手法使之具有抑扬顿挫的节奏感。此外，还借空间处理，引导人们循着一定程序从一个空间走向另一个空间直至经历全过程。序列入口处封闭、狭长、曲折，视野极度收缩，直至绿荫处豁然开朗，过曲溪楼时达到高潮处，之后再度收束，到五峰仙馆前院又稍开朗,穿越石林小院,视野依次收缩至冠云楼,最后到前院则顿觉开朗。至此,可经园的西、北回到中央部分,从而形成一个循环线路。

（三）借景理法

借景是指在园林艺术中,在视力所及范围之内,借取园外之景或使园内各风景点互借并互相衬托,联成一体,这是中国园林艺术的传统手法。在中国园林中借景有收无限于有限之中的妙用,因为一座园林的面积和空间是有限的,采用借景可以扩大景物的深度和广度,丰富游赏的内容,形成多样统一、迂回曲折的观赏景点。

中国古代早就运用借景的手法。唐代所建的滕王阁,借赣江之景:"落霞与孤鹜齐飞,秋水共长天一色"。岳阳楼近借洞庭湖水,远借君山,构成气象万千的山水画面。杭州西湖,在"明湖一碧,青山四围,六桥锁烟水"的较大境域中"西湖十景"互借,各个"景"又自成一体,形成一幅幅生动的画面。"借景"作为一种理论概念被提出来,始见于明末著名造园家计成所著《园冶》一书。计成在"兴造论"里提出了"园林巧于因借,精在体宜";"泉流石注,互相借资";"俗则屏之,嘉则收之";"借者园虽别内外,得景则无拘远近"等基本原则。借景分近借、远借、邻借、互借、仰借、俯借、应时借7类。其方法通常有开辟赏景透视线,去除障碍物;提升视景点的高度,突破园林的界限。借景内容包括:借山水、动植物、建筑等景物;借人为景物;借天文气象为景物等。在中国古典园林中,运用借景设计了不少让人流恋忘返的景点。

拙政园运用了许多借景手法,全园的主体和精华在中部,山明水秀,厅榭精美,花木繁茂,有浓郁的江南水乡特色。池南厅、堂、亭、榭较为集中,有远香堂及东西两侧的枇杷园、海棠春坞、绣绮亭、听雨轩、小沧浪、志清意远、玉兰堂等建筑。池北以山、水、树木为主体,明净疏朗,形成自然山林境界。池中累土石,叠就东、西两座小岛,岛上分别建有雪香云蔚亭和待霜亭,其间遍植林木,岸边藤萝拂水,颇有山野气氛。池西有香洲、荷风四面亭、见山楼错落分布。池东置倚虹亭、梧竹幽居亭,在此处可远眺园外报恩寺内的北寺塔(图6-5),波光塔影,美如图画,是造园艺术"借景"中"远借"的范例。西部建筑临水傍岸,高低错落。池南主厅为鸳鸯厅,它的北面题名"卅六鸳鸯馆",南面题名"十八曼陀罗花馆",四隅各建耳室,其形制为国内孤例。池西建有笠亭、与谁同坐轩、浮翠阁、留听阁、塔影亭等。池东沿墙置水廊,廊两端有宜两亭与倒影楼隔水相对。宜两亭高踞假山之上,可俯瞰中、西两园景色,为造园艺术"借景"中"邻借"的范例。东部广植花木，有松岗、山岛、竹坞、曲水，其间散布兰雪堂、芙蓉榭、天泉亭、秋香馆、放眼亭、涵青亭等建筑。

　　在苏州古典园林中，留园也大量运用借景的造园技法对空间进行巧妙处理，留园通过多种借景方式，借眼前之"象"获得"象外之象"，扩展了留园的视觉空间，突破园林自身的空间局限，使留园在有限的空间中获得无限的意境。留园借远处的虎丘塔作为背景，在视觉上突破留园的空间局限，给人的感觉是在虚

图 6-5　拙政园内借北寺塔之景

实相生的景象中扩大了留园空间感，使留园能超越实物之"象"，获得无限的"景外之景"；还可以使留园同周围景观相互融合，眼前的实景与远方的虚景相互交融，扩大留园的空间感，丰富园内景观。

　　观赏者登上留园的冠云楼（图 6-6），可以远眺西北方向的虎丘塔。通过远借虎丘塔（图 6-7），留园园内景象得到外延，不仅在视觉上达到扩大园林景深的艺术效果，获得散点透视的视觉效果，还能超越空间边界束缚。

图 6-6　留园冠云峰和冠云楼

图 6-7　云岩寺虎丘塔

留园的邻借主要体现在借漏窗与诗文牌匾方面，在墙上大开漏窗，将隔壁子园的

景观纳入其中，巧妙地将园内外的景物结合在一起，克服园内空间狭小的局限，又借用诗文牌匾令园内外各要素之间形成相互依托的关系，使留园成为一个"隔而不断"的有机整体。留园的仰借主要体现在借冠云峰方面。观赏者在对留园的冠云峰进行观赏时，因仰视角的加大，冠云峰之景就构成了国画式的竖画轴构图，视线向天空消失，错觉上造成冠云峰的崇高感，从而在纵向上突破空间局限，扩大了留园空间尺度。

江苏无锡寄畅园，泉水充沛，自然环境优美，西靠惠山，东南有锡山，在园景布置上很好地利用了这些特点组织借景，在树丛空隙间中看见锡山上的龙光寺塔（图6-8），将园外景色借入塔内，从水池东边向西望，又可以看到惠山耸立在院内的假山后边，增添了院内的深度。

图6-8 江苏无锡寄畅园的借景

三、空间特征之美

中国古典园林的组织建构大致分为三个层次，同时也是渐次生成的三阶段，即：造园要素—园林景观—园林意境。在此过程中空间的营造起了关键性作用。造园要素通过恰当的空间布局构置出疏密有致、层次丰富、耐观耐游的园林景观；园林景观通过虚空的融合，由虚呈灵，使物象转生为气象，进而通过对审美想象空间的激发与开拓促成心境契合，气象化为意象创造空远灵动、含蓄蕴藉的意境空间。

（一）藏景与露景结合

中国的戏曲、绘画、书法、园林，均讲究欲扬先抑，追求含蓄之美。特别是园林，更强调咫尺万里，园小而景深的意境。

中国传统造园艺术往往认为露则浅而藏则深，为忌浅露而求得意境之深邃，则每每采用欲显而隐或欲露而藏的手法把某些精彩的景观或藏于偏僻幽深之处，或隐于山石、树梢之间。总之，古典园林，不论其规模大小，都极力避免开门见山、一览无余，总是千方百计地把"景"部分地遮挡起来，从而使其忽隐忽现，若有若无。

中国园林中蕴含着分与合、虚与实，更多的是蜿蜒曲折，目的都是为了达至藏露得宜的效果。藏、露皆有法，善藏更重要，所谓"为露一二，必藏之八九"。

藏则是为了更好地露。否则，藏之过深而不为人所知，便失掉了藏的意义。由此可见，露本身便带有暗示的作用。这种手法抓住人"窥视、好奇"的心理特征，层层引诱，以求得游园时的满足感和趣味性。同时，半遮半掩也有加强景深，更显景色幽远的作用。在古典园林里，一切都是半遮半掩的，花木里的亭廊，树阴草石里的流水，蜿蜒曲折的道路，跨水穿山的石桥阶步都是既引导与暗示更深远的风景，同时自身也是被引导与暗示的对象。

在古典园林中，凡借欲露而先藏，欲显而先隐的手法以求得含蓄、深沉的效果，并相应地采取措施加以引导与暗示，使人们能够循着一定的方向与途径发现景之所在处。藏少露多或藏多露少给人的感觉是很不相同的。藏少露多谓浅藏，可增加空间层次感；藏多露少谓深藏，可以给人极其幽深莫测的感受。但即使是后者，也必须使被藏的"景"得到一定程度的显露，只有这样，才能使人意识到"景"的存在，并借此产生引人入胜的诱惑力。

因此，不论是近景还是远景，高大的楼台还是小巧的亭榭，全部袒露一览无余总不如半藏半露显得含蓄、深远。古人有诗云"曲径通幽处，禅房草木生""峰回路转，有亭翼然"，这都是极富诗意的境界，引领游客的想象，这些境界是通过造园过程中有意识地用曲径、委婉、屏蔽等手法来实现的。曲径才能通幽，委婉才能含蓄，屏蔽才能隐秀。《游园不值》说："应怜屐齿印苍苔，小扣柴扉久不开。春色满园关不住，一枝红杏出墙来。"满园春色为柴扉所关，此为"藏"；一枝红杏出墙，此为"秀"（露）。由于这一枝红杏的秀出，逗引了过路人对满园春色的无限遐想，激发起入园欣赏的欲望。中国园林的主景与高潮往往是"犹抱琵琶半遮面"，其精华部分要"千呼万唤始出来"，方才见其韵味。这与西方规则式园林开门见山，一眼观尽的手法迥然不同。

狮子林的卧云室（图6-9）是安卧在峰石间的禅室，为二层重檐歇山卷棚顶楼阁。

其四周石峰相拥，如在云间，因取唐代诗人元好问诗句"何时卧云身，因节遂疏懒"为名。云在一般情况下其白色、质洁，在天上悠闲自在，无拘无束，舒卷自如，所以"云"字常和僧、道、隐士联接在一起。其所住之地为"云房"，古人往往把隐逸、出世称为"卧云"或者"云卧"。此室建于假山中的平地上，原为寺僧静坐敛心、止息杂虑的禅室。四周环以酷似群狮起舞的峰峦叠石，小楼恰似卧于峰峦之上。卧云室的楼阁飞檐高翘，造型充满动感，与四周的奇峰怪石配合协调，深藏于石林丛中，四周怪石林立，松柏蔽天，仅楼之一角间或从缝隙中隐约可见，远望幽深莫测。古人以云拟峰石，故小楼如卧云间。楼阁与清幽的环境相得益彰，创造了神秘意境。走近观之，趣味无穷。卧云室内有一副对联，是赵孟頫题写的元代天如禅师的诗句："人道我居城市里，我疑身在万山中"。

图 6-9　狮子林的卧云室

再如苏州古典园林中拙政园中的三十一景之一的小飞虹（图 6-10），是一座造型优美的廊桥。在我国文学史和风景园林发展史上把桥比喻为"飞虹"，是对它的美称。

图 6-10　拙政园中的小飞虹

小飞虹似廊而又架在水上，接连三楹，跨水而过，似桥而又有屋顶，迥然不同于一般的桥亭。这个水上构筑的路桥，两侧有一根根廊柱，其上有柔婉弧曲的卷棚和"川"子挂落，其下为石梁和"寿"字铸栏，这一风姿绰约、优美绝伦的穹隆桥廊，犹如彩虹连蜷饮天河，它不但使沧浪之水两岸的亭阁廊轩相互沟通，还把这里点缀得如同一幅精致雅丽的工笔画，而且把这里的水上空间做了有效的分割，使藏与其内的"小沧浪"水阁更见幽静，更为景深化。人们站在凭栏观望，南面映入眼帘的是幽静景深的空间美，而北面则是与水院相渗相通、广大空阔而不乏亏蔽之美的水环境。另外，如果游人站在小沧浪内，透过小飞虹隐约看园内景观，更显水面波光粼粼而富有层次感。除山石花木建筑在人视觉上造成的亏蔽，还包括心理距离的亏蔽。

（二）曲径通幽

曲径通幽作为中国古典园林游览线路的典型形态，既是曲而通达、引人入胜，又是曲中有直、曲折有度，从而让人亦步亦趋、步移景异。所谓"通幽"，那就是说，游人通过"曲径"到达目的地，并非死角绝境，而是具备审美特质的幽境，通过游于"曲径"而使审美感受不断得到提升最终到达"幽"，审美感受在此达到高潮，整体形成曲径通幽的意境美。这里的"曲径"不单单指普通的园路，还包括曲蹊、曲岸、曲桥、曲廊、曲堤等等。通过植物、山石、建筑而形成曲折变化的路径空间。

环秀山庄位于苏州城内景德路，今苏州刺绣博物馆内，占地仅 300 多平方米，山上曲蹊长近 70 米。环秀山庄厅堂与主要景象之间距离较远，厅堂北面有廊围成的庭院，即设空廊虚障，观山景是在北庭的临水空廊，人于廊中，距山近在咫尺，仰观不见峰顶，峻岩崖壁扑面而来，使巨幅山景有触手可及之感。自亭西南渡三曲桥（图 6-11）入崖道，弯入谷中，有洞自西北来，横贯崖谷。经石洞，天窗隐约，钟乳垂垂，踏步石，上蹬道，渡石梁，幽谷森严，阴翳蔽日。而一桥横跨，欲飞还敛，飞雪泉石壁，隐然若屏，沿山巅，达主峰，穿石洞，过飞桥，至于山后，缘泉而出，山蹊渐低，峰石参错，补秋舫在焉，可见其辗转反侧、亦步亦趋，补秋舫便是"幽"之所在了。

承德避暑山庄三十六景中的"芝径云堤"（图 6-12），是以杭州西湖苏堤春晓为原型而构建，它既有苏堤的旖旎风姿，同时又有自己独特的个性，特别是在象征功能方面超过了苏堤。

图 6-11　苏州环秀山庄的曲桥

图 6-12　避暑山庄的"芝径云堤"

康熙在《避暑山庄记》中写道"夹水为堤，逶迤曲折，净分三枝，列大小洲三，形若芝英，若云朵，复若如意，有二桥通舟楫"。这说明，芝径云堤自然蜿蜒、曲折有致，让人在"探幽"的过程中产生审美情趣，它将江湖面分为芝英洲、云朵洲、如意洲。其中芝英就是灵芝仙草，古人认为服用此药有长生不老的功效，云朵指的是川岳之上的五色祥云，如意一词是梵语"阿那律"的译音，是从印度传入的佛具之一，柄端作心形，或者云朵形、灵芝形，多用玉、骨、竹等材料制作，长一二尺，法师讲经时，手持如意一柄。常和"称心"结合在一起用。该三物，属于吉祥三宝。避暑山庄用它分别命名三洲，象征着海上的三神山。乾隆题《芝径云堤》诗：一径界双湖，芊锦仙草敷。探携皆上药，招引入方壶。

避暑山庄继承"一池三山"空间布局的基础上打破以前宫苑水中之山，而是采用四周都是水，是全岛且孤立于水中的布局，独创性地通过一条曲折的堤径把三岛既连为一体又分开，且相通的三位一体（图 6-13）。而这三个洲的大小、形状、景观也不一样，有主次之分。由堤径向西为芝英洲，其形如一片树叶，其上有乾陵题三十六景之一的采菱渡，还有殿，题为环碧；由堤径向东，导向云朵洲，它位于上下湖之间，犹如一片祥云，其上有康熙题名的"三十六景"之一的月色江声。沿堤径弯曲北上，就是最大的如意洲，其四面环湖，东北面为澄湖、南面为上湖，西为乾隆题写三十六之一的如意湖，洲岛上景观最为丰富。

拙政园的"柳荫曲路"游廊、曲桥，北京勺园中做"逶迤梁"的曲桥、江苏木渎镇的曲桥、上海古漪园的九曲桥（图6-14）和番禺宝墨园曲桥，均是由曲廊相连，回环曲折，步移景异，意境随情境的变化而产生变化。比如九曲桥分隔东西两湖，体现了"双水夹明镜"的意境。

图6-13 避暑山庄的"一径通三洲"鸟瞰

图6-14 上海古漪园的九曲桥

云栖竹径坐落于杭州五云山南麓云栖坞，是杭州西湖十大景区之一的云栖竹径（图6-15），翠竹成荫，营造出幽静的空间，一条夹径绵延一公里，蜿蜒深入，整个环境幽静清凉，与闹市相比，使人感到格外舒适轻松，爽心悦目。

（三）旷奥交替

"旷如"和"奥如"其实是对景物虚实的分析。最早由宋代柳宗元提出来的。他在《永州龙兴寺东丘记》中写道：

游之适，大率有二，旷如也，奥如也，如

图6-15 杭州的云栖竹径

斯而已。其地之凌阻峭，出幽郁，寥廓悠长，则于旷宜；抵近埒，伏灌莽，迥隧回舍，则于奥宜。

柳宗元对景域特征的概括，影响很大，"旷如"和"奥如"几乎成了概括景域特征的基本概念。其实，景域的旷、奥与景物结构的虚实是分不开的。"旷如"景域是一种寥廓悠长、虚旷高远、开敞疏朗、散发外向的景物空间，这种景物特征突出一个"远"字。"奥如"景域是一种具凝聚内向、狭仄幽静、屈曲隐蔽、深遂回舍的景物空间特征，透出一个"深"字，"幽深"是奥如境界的意韵基调，在景物空间的虚实构成上具有"聚""隔""曲""隐"等特点。

在苏州园林中，一般在大空间上来讲旷如之境来源于水面，而奥如之境则来源于山石、建筑等。在院门入口的处理上，也均有奥如之感。正像陶渊明的《桃花源记》所述："山有小口……初极狭，才通人，复行数十步，豁然开朗，土地平旷，屋舍俨然。"山洞奥如空间起到了欲扬先抑的作用。这里面的"山有小口"和苏州园林中的"入门皆狭"也是有相通之处的。狭后自然是旷奥相间，妙在互换。在苏州园林中，这种旷奥交替是很重要的一种对空间的处理手法，也能更好的在咫尺中营造出山林之感，真可谓"咫尺山林"。

苏州"怡园"在水的旷奥处理上也有很独到的手法，在步入园门之后，亦是相对狭窄的过廊，西行至岁寒草厅后便可隔花窗隐约望其水面，但终有花窗、廊柱阻隔视线，故不得知水面旷如全境。终行至南雪，眼前景物一览无余，隔曲桥跨碧水北眺小沧浪，景色之妙无以言表。偌大水面如镜般展于眼前，时而鱼跃涟漪骤起，流云倒映其间，此等湖光山色怎不让人流连忘返。

园林空间意境要求园中既要有曲折隐蔽、深邃回合的"奥如"空间，又要有开阔高远、寥廓悠长的"旷如"空间，二者交替互换，各极其妙而又相得益彰。以反预期心理的空间构成，给人一种出其不意的奇趣之美并留下深刻印象。中国古典园林不仅在景区的意境营造上下足功夫，而且在景区的连缀或过渡部分也同样注重意境的营造，从而与景区之间产生奥旷交替的空间变化。

留园入口与此相类似，从留园大门入口至山池、客厅、书斋区，必须经过狭长、封闭、曲折、忽收忽放、忽明忽暗，建筑空间变化无穷的 50 米长的走道。在此，有意识地使游人的视野受到极大的限制和极度收束，再经过几次收与放的对比，当游客逐渐进入目中主要空间时，便能令人产生豁然开朗之感。

在此，匠师采取收放相间的序列渐进变换手法，营造了一个曲折深邃的奥如空间，经过奥如空间的过滤，使得园内的静谧与园外的喧闹相分隔，使人在入口处收敛心神，为审美准备必要的精神条件。过此处后，转入"古木交柯"景点，通过漏窗隐约窥见院内景色，折西至"绿荫"，视域突然变得开阔，豁然开朗的中区景观呈现眼前，审美过程产生了惊喜之情。

（四）以小见大

计成在《园冶》中说："多方胜景，咫尺山林"。可见"咫尺山林，小中见大"不仅是绘画的表现手法之一，也是园林意境的重要表现手法，即通过这种手法将大自然的广博风光浓缩于小而精的园林之中。

网师园是"以小见大"造园手法的最佳代表。网师园位于苏州古城区的阔家头巷内，始建于公元 1174 年，至乾隆年间定名"网师园"，并形成现有格局。该园占地仅 8 亩，是苏州面积最小的园林，然而造园者对尺度的精确把握，对空间收放自如的处理，对园林建筑开合的潜心安排，使其不仅没有局促拥狭之感，反而营造出耐人寻味的园林景观，正所谓"勺水亦有曲处，片石亦有深处"。

网师园是典型宅园合一的私家园林。其东部为住宅区，整体结构严谨规则，整体空间虽小，却给人以大气之感。园子中部为主景区，值得一提的便是其中部设置的水景彩霞池（图 6-16），水仅半亩，水面聚而不分，池中不植莲花，使天光山色、廊屋树影反映于池中，反而显得开阔。另外，水池且四周封闭并无开敞空间，但造园者以开阔的水池为中心，于水边设置迂回婉转的长廊，采用山水对比、欲扬先抑的手法，使整体环境倍显幽深曲折。射鸭廊临水而建，小石桥及濯缨水阁等皆低临水面，使池面显现出水广流远的意境。此外，为了一再烘托宽广大气的氛围，园中较大体量的建筑都远离水边，并通过植物遮挡等手法来减小、虚化其体量感。如小山丛桂轩前面堆石，将轩体隐去大半，减少给人的压迫逼仄之意。网师园布局似断似续，景点多而不拥塞，真正步移景异，咫尺山林，兴趣无穷尽。

图 6-16　网师园中部水景彩霞池

第二节　西方园林空间审美

西方园林空间主从分明，重点突出，各部分关系明确、肯定，边界和空间范围一目了然，空间序列段落清楚，给人以秩序井然和清晰明确的印象，主要原因是西方园林追求形式美，该法则显示出一种规律性和必然性。

一、水体形成的空间

西方园林常以水体为布局中心。以意大利、英国和法国为主的西方园林追求大面积动水景观造型，常在石壁怪兽上喷出一股劲泉，或利用成组的雕像喷涌泉水。如英国约克城北边的霍华德城堡庄园于 1699 年建成，属于巴洛克式建筑，园内大面积湖水中的水景观就是由一组人物雕塑构成的，由此形成中心，周边是大面积的草地，形成了以水体为中心的景观空间。

英国自然风景园常借用自然河道或人工挖掘河道引入水体。这种小河、溪流、河道等与天然生成的溪流弯曲状态相近，一般为"S"形大角度线形水体。河道周围没有石材叠砌，而是自然河岸或植种水草，着重表现水体的天然状态。

英国自然风景园的水体沿岸通常采用柔美曲线，依构图和景观的需要，湖中布设规模不大且数量不受限制的小岛。湖泊两岸不似中国园林那样林立太湖石和建造各式建筑，而是种植各种各样的植物。建筑则建造在距离河流或湖泊较近的岸边，并在建筑的临湖面种植大面积的一直深入湖中的草坪。由此形成了比较旷野、视觉开阔的景观空间。

英国的查兹沃斯庄园受兰斯罗特·布朗设计风格的影响，庄园中的水体景观很有特点，贯穿花园的德尔温特河凸显自然风貌，且河岸顺应地势，呈"S"形（图6-17）。英式庭园的代表作斯陀园（图6-18）也是以自然为主，园内的湖泊多以大弧度"S"形曲线设计，不仅增加了地形的变化，也使水体随着湖岸而发生变化，增加了水体的动感，给游客以视觉变化。

图6-17 查兹沃斯庄园湖德尔温特河S"形曲线

图6-18 斯陀园湖泊沿岸"S"形曲线

二、建筑形成的空间

作为英国自然风景园的最高峰及典型代表的斯图海德园位于英国西南部的威尔特郡，由建筑师 Henry Hoare II 和 Henry Flitcroft 于 1745—1761 年期间建造。园中坐落着带有强烈希腊和罗马色彩的新古典主义建筑：阿波罗庙宇、芙罗拉花神庙、万神殿和帕拉第奥桥。园中虽然没有太多的小品建筑，但是每一座都恰到好处，所有的建筑都不是直白的，而是隐匿在树木中，偶尔露出一角，反而格外动人。

斯图海德园（图6-19）以其精湛的建筑和画境般的园林空间成为18世纪英国自然风景园中的典型代表。园林以水池为布局中心，沿水体设置环形游览路线并环绕水池修建包括宅邸、花神庙、先贤祠、阿波罗神庙和修道院等在内的二十余座重要景观建筑。这些建筑为环形布局上的景观点，而每个景观点又是欣赏湖水周围的开阔景观的最佳视点，形成了良好的对景关系。

图6-19 斯特海德园

把具有特定风格的建筑、雕塑、喷泉或废墟等作为整个场景的布局中心，发挥主体作用，并借助水体渲染、植物布景、点景题名等辅助方法，从而达到极富特色且又独立于其他景观之外的场景空间。

在斯特海德园中，园林空间重在表现特定环境氛围的场景塑造，建筑作为构图主体对于体现场景的景观氛围具有重大意义，而树木、草坪、水体等自然景观成为景观陪衬并与建筑相互分离。每个单体建筑的周围附有大片树林、灌木和草丛构成的不同场景区，成为相对独立的景观点。这些场景区的创作着重考虑景区环境氛围的营造，建筑比较坚固、稳重，色彩也较单一。建筑材料多为白色的大理石或坚固的青石，并采用或借鉴西方古典建筑的模式，以体现完美的外部造型为重点。建筑内部空间多不具有实际功能，个别建筑内部陈设雕像；还有一些建筑只具备外部形象，不存在内部空间。如古希腊的阿波罗神庙，建筑中心是带有神龛的圆形实体，外围的 12 棵科林斯柱子围成了通透且可以行走的柱廊空间。斯特海德园的建筑陈设主要出于景观和构图的需要，或作为场景区域主题创作的重要标志物，具有点景的作用。每个景区的主题建筑作为完美的造型体都具有其象征意义，并与周围的树木、花草和谐地交织在一起，如代表古罗马圣贤的先贤祠、供奉花神的花神庙等。

三、台地形成的空间

台地形成空间为以 16 世纪中期意大利的兰特庄园为代表。兰特庄园位于意大利古城罗马维特尔博附近的巴尼亚镇，是文艺复兴时期庄园中保存最完好的一座。庄园 1566 年由维格诺拉设计，大约建成于 16 世纪 80 年代，为巴洛克式庄园，以规则式布局为主，配置以自然景物。庄园依山就势开辟 4 层台地，中轴线明确，严格对称，整座庄园成长方形，长约 240m，宽约 75m，高差约为 5m，由四层台地组成，构成四个方形单元空间。一层台地园路为石铺道路，并以大面积花坛布置；二层台地建筑物占据一半以上面积三层台阶植被为大型乔木，搭配圆形水池，四层有大面积草地。连接二、三层的台阶并没有设纵向连接，而是设为横向上坡，其目的是让游客的目光转向美丽的水景。兰特庄园为台地园，所以台阶的布置尤为重要，台阶不仅仅是用于连接每层台地，还有引领人们视线的作用。所以每一层的台阶布置都有所不同。在台地四周则布置有对称的树木、绿篱和座椅等。

　　庄园以水景为主题。园内四层台地用一条中央轴线的水景观相连，这条主轴线以水从岩洞中发源到流泻到大海的全过程作为主要题材，而各台地在此轴线上都设有水景。花坛、建筑、台阶等均对称布置在轴线两侧。在园路布置方面也顺应轴线两侧布置，再以横向园路连接。

　　园中第四层台地是水源的来处。由顶端的水源洞开始，将水送至台地中央的是一个八角形的海豚喷水池。说是海豚喷泉但装饰着鹰，人面鸟翅的怪物，花瓶与巨型的头像，充满了巴洛克的怪诞的情趣。在四层平台的海豚喷泉之下，再沿斜坡用一条水龙虾形的水阶梯（图6-20）将水引到第三层台地。这里构思巧妙，水阶梯的尽头是一对逼真的蟹爪。渠水化为跌水从中流出，落入贝壳状的水池中，继续向下滑落到刻有海妖浮雕的半圆形水池中。再与从两侧小酒杯喷出的水一起汇入下一层更大的一个半圆形的水池中，水池两边各自斜倚着一个巨大的手持羊角的河神塑像，一为台伯，一为阿尔诺，象征着丰衣足食，它们与池泉一起形成一道壮丽的水景，称为"海神喷泉"，是为三台层地的主景。在这层台地的下半段中轴线上，水流经过一个长方形的石台（图6-21），中间是水渠穿过。旧时该石台有餐桌的功能，可藉流水漂送杯盘，水同时有降温的作用，保持菜肴新鲜，称为"餐园"，似乎是仿哈德良庄园"水餐桌"。

图6-20　兰台庄园的龙虾形的水阶梯

图6-21　兰台庄园的长方形石台

水流在第二、三台层之间又形成一个帘状瀑布，注入位于第二层台地后半段的圆形水池中；最后，在第一层台以喷泉的形式作为高潮而结束。可见，庄园将各种形态的水景结合起来，动静有致，变化多端又相互呼应，结合阶梯及坡度的变化使得中轴线上的景观既丰富多彩，又和谐统一，水源和水景被利用得淋漓尽致。

第三节　现代风景园林空间审美

人们在长期园林设计实践中积累了丰富的经验，并总结出了现代风景园林空间审美的基本特征，即主从与重点、节奏与韵律、层次与虚实等，虽然这些审美特点在中国古典园林的审美中也有，但在不同时期，表现形式和方法是不同的。在了解这些园林美学知识要点的基础上，并将其综合运用于具体景观设计实践中，才能使设计作品具有思想内涵。

一、视觉与形式之美

形式美学是一种强调美在线条、形体、色彩、声音、文字等组合的关系中或艺术作品结构中的美学观。

该艺术美学观点产生于 18 世纪英国艺术观，在 20 世纪广泛用于对文学作品、美术作品、建筑作品的分析与评论，同时也更多应用于现代景观空间的分析和研究中，其优点是可以找出空间中相对稳定的视觉特征，如一个景观的整体空间格局、形态特征、主要的标志物等。如上海的东方明珠广播电视塔（图 6-22），简称"东方明珠"，塔高

图 6-22　上海外滩的广播电视塔"东方明珠"

约 468 米。1991 年 7 月建设，1995 年 5 月投入使用。它位于上海市浦东新区陆家嘴世纪大道 1 号，地处黄浦江畔，背拥陆家嘴地区现代化建筑楼群，与隔江的外滩万国建筑相望。

设计者富于幻想地将 11 个大小不一的球体组合在一起，创造了"大珠小珠落玉盘"的意境，特别是两个大球的球体设计成红色，远观很显眼，极具视觉冲击力，符合当时审美。从配色及造型等方面给人一种海报的感觉，具有时代气息。同时它与周围的其它高层建筑以及黄浦江，共同组成一幅现代风景建筑画。

城市雕塑作为一种城市文化的表达形式，具有相对永恒性，也是人们认识城市景观空间、形成集体记忆的主要景观表现形式物体。广州越秀公园的五羊石雕塑（图 6-23）也是广州城市形象的代表雕塑景观，创建于 1960 年 04 月，用 130 块花岗石雕刻而成，体积 53 立方米。整个石像加上基座高 11 米，居首公羊的雄姿勃发，口含饱满稻穗，喻示羊城人们丰衣足食。其余四羊环绕于主羊周围，或戏耍，或吃草。五羊大小不一，姿态各异，造型优美，已经成为广州城市的标志。

图 6-23　广州越秀公园五羊石雕像

二、节奏与韵律美

节奏与韵律是造型艺术中的主要形式法则，通过点、线、面的空间变化体现出造型艺术的形式美。在园林景观设计中常见到节奏与韵律的运用，空间构图的艺术性很大部分是依靠它来获得。包括空间的对比与组织、景观节点的排列与布置、空间形态的比例与尺度等方面，其中以空间的对比与组织最易突显效果。如把具有大小、形状、开合等明显差异的空间，通过一定的序列关系组织在一起，将产生强烈的对比效果，从而相互衬托突出各自特点，创造出感人至深的节奏韵律。

如西安唐城墙遗址公园的书法景观空间序列以串联式路径组织形成三段式模式，共同决定其空间构成的特征及类型，有开敞型（图6-24）、半开敞型以及封闭空间型（图6-25）。公园场地的空间尺度变化有序，同时适宜的旷奥变化会使体验更加丰富。开敞空间在书法景观空间中，突出书法景观中心空间主要以大体量为主。半开敞空间在书法景观空间中，主要以中小载体的书法景观为主。封闭空间在整个空间中多以过渡空间出现，利用景观元素灵活分隔，暗示另外一些空间的存在。

图 6-24 西安唐城墙遗址公园开敞型书法景观

节奏与韵律还体现在空间序列中，唐城墙遗址公园中书法景观空间节点以双曲线式轴线串联，书法景观是体现唐城墙遗址公园的主题的核

图 6-25 西安唐城墙遗址公园封闭性书法景观空间

心，园内以唐诗为主线形成空间序列，使游客在游览过程中体会开合有致，起伏有序的节奏感，从而对公园产生特别的感情。

公园入口广场以唐代诗人介绍、吟诗坛、唐诗迷宫为空间主要元素，石鼓、石质文化柱等元素形成的空间作为过渡。阵列书法景观柱分别介绍了以李白、杜甫、韩愈等唐代诗人简介及其作品，通过排列使空间增加了层次和深度，垂直的书法景观柱能够在限定的空间下建立视觉空间框架，构成边界感弱且通透的空间，成为序列的开端。

之后通过地形起伏和线性排列的石鼓歌书法景观达到延续空间的目的。

中心节点以丰富多样的置石书法景观与趣味的雕塑书法景观分散于休闲凉亭的周边。分散的书法景观使游人产生从一个空间到另一个空间的转换感。空间节点次入口广场设置儿童书画墙，景观墙书画用儿童绘画来表现，空间内雕塑书法景观的尺度也与儿童高度相适宜，形成了协调主题延续，达到收尾的效果。书法景观空间序列通过主要空间与次要空间相衔接、相统一，形成序列的整体性。但在突出主要空间时，次要空间也需突出其个性，避免千篇一律的出现。

三、层次与虚实

在风景园林的空间审美中主要讲究空间层次关系和虚实关系，更多的是将二者综合起来进行考察审美对象。

园林的空间层次可分为三层：即近景、中景与远景。近景与远景都是有助于突出中景，中景的位置宜于安放主景，远景是用来衬托主景的，而前景是用来装点画面的，不论近景与远景都能起到增加空间层次和深度感的作用，能使景色深远丰富而不单调。近景、中景与远景相互协调、衬托，体现了园林景观表现的立体感觉。

另外，在园林景观美学中 "虚"与"实"也是其重要组成部分。"虚"与"实"早已是中国古典美学的重要范畴，"实"就是眼前所见之景，多为具象，容易被感知。"虚"就是联想和想象之景或事。虚则多少有些飘忽无定、空泛、不易为人们所感知，这正是它的巧妙之处，二者既是对立，也相生，互为表现，这种手法在绘画诗歌中很常见，比如绘画中的留白，诗歌中将描述的实景与过去未来乃至想象之景的结合。山与水相比较，山表现为实，水表现为虚。再就实讲，其突出的部分如峰、峦为实，而凹入的部分如沟、穴则为虚，还有体为实、影为虚，墙为实、影为虚等等。主从、疏密、轻重、藏露、凹凸都包含有园林景观的虚实关系。

在园林中"实有"部分指的是景物客体中的有形、有声、有色、有味的部分，如建筑、植物、假山、洞穴、道路、雕塑等；"虚有"部分指客体中无形、无声、无味的"无"的部分。但在景观设计中，实景与虚景是相对的，宽泛的、多义的，二者具有关联性，体现在具体的景观设计中就是疏与密、远与近、显与隐、藏与露、断与续、透与围、凹与凸、明与暗、动与静等布局上的关系。正是由于风景园林布局的虚实关系产生的意境之美，才使游客步入风景园林中不由得产生了联想、神韵、情趣等情感。可以说，虚实相生是一种意境的结构特征。

西安大唐芙蓉园是张锦秋的又一力作，占地 66.5 公顷，建筑面积近 10 万平方米。紫云楼是全园中最能全面展现大唐盛世景象的建筑（图 6-26），高 39 米，共 4 层，气势舒展朴实，庄重大方，色调简洁明快，展示了"形神升腾紫云景，天下臣服帝王心"的唐代帝王风范。站在紫云楼，南眺终南，北俯湖池，西望大雁塔，东对芳林。也可仔细俯瞰散落其周边的凤鸣九天剧院、御宴官、唐市、芳林苑、望春楼、彩霞亭、陆羽茶社、杏园、诗魂、唐诗峡、曲江流饮、旗亭、丽人行、桃花坞、茱萸台等景点。

图 6-26 大唐芙蓉园中紫云楼

紫云楼北侧的芙蓉池水面占地 20 公顷，运用传统"一池三山"的造景手法以小岛划分水面空间，湖心岛不与陆路相连；另外，建造者采取了"借景"手法，利用芙蓉湖水面宽阔的视野，将园外不远处高耸的大雁塔拉进芙蓉园内（图 6-27），这样，唐大雁塔与大唐芙蓉园的西大门、紫云楼、望春阁三大标志性建筑遥相呼应，构成了一幅完美的"时空对话"。

图 6-27 大唐芙蓉园开阔的水面将大雁塔"借入"园内

位于芙蓉湖东北岸的望春阁是仕女馆景区的主体建筑，以全面展现唐代空前开放的社会里自由女性的精神风貌为主题的展示区域。该建筑形制为六角攒尖顶阁楼，外三层内六层，与芙蓉湖对面高大雄伟的帝王建筑紫云楼遥遥相对，建筑造型也与紫云楼形成鲜明的对比，更衬托出女性的灵巧温柔。望春阁分别从服饰、政治、爱情等方面展示了唐代女性"巾帼风采，敢与男子争天下；柔情三千，横贯古今流芳名"的精神风貌。建筑采用八角攒尖顶形式，在展示精巧工艺的同时，不失应有的简洁大方，远远望去宛如一位亭亭玉立的少女屹立于芙蓉湖畔（6-28）。

6-28　大唐芙蓉园的芙蓉池、弧线长廊、彩霞亭、望春阁组成近、中、远层次景观

大唐芙蓉园的唐风建筑色调以青瓦顶、青砖墙、白粉墙、赭红或茶色木构成，都极为醒目；园林小品、车站、台座乃至垃圾箱或青素，或湛蓝，或艳红，都极为精致。建筑与理水、叠石、堆山、植物等相结合，大气磅礴之中透出错落有致，皇皇气象中闪出晶莹剔透，塑造"可行、可望、可吟、可品、可游、可居、可乐"之意境。大唐芙蓉园既是写实的唐史，也是写意的唐诗。漫步在芙蓉园内，能清晰地感受到有强烈的轴线、有对称及对位关系、主从有序、层次分明、虚实结合的景观关系，将唐代历史风貌和现代园林景观融合在一起。

思考题

1. 如何理解中国古代园林中的"旷奥"之美？

2. 如何理解中国园林的"水体空间"和西方园林的"水体空间"的美学异同？

3. 请结合具体案例分析当代风景园林的节奏与韵律之美。

第七章 风景园林要素审美

景观是由各种不同要素组成的，各要素是景观的细胞，且之间相互交织在一起，并以科学和艺术形式组合成各种具有趣味的空间供人们使用。各景观要素的个体审美整合成了风景园林的整体审美。

第一节 风景园林要素类型

景观要素是风景园林的个体成分，它是一个由多重系统构成的复杂综合体，从物质层面来分，由自然要素和人工要素组成。

一、自然素与人工要素

在风景园林中以人类为主体，以影响人类活动的各种自然的或人工的外部条件为依据进行划分，风景园林的要素分为自然要素和人工要素两种类型。

（1）自然要素。

自然中的天文气象、生物自然、山岳湖海、山峦起伏、湖海江河、植物群落、云蒸霞蔚、禽畜栖止等都可视作自然景观要素。在人类社会的进程中，生存、实用是先于审美，但艺术及其审美起源于劳动，当人类社会文明发展到一定阶段时，自然被作为人类的审美对象。

自然景观要素中主要有：山石景观要素、水自然景观要素、生物景观要素、气候景观要素等。山石景观要素有峰、峦、岭、崮、崖、岩、峭壁、岛屿等。水的自然形态有江河湖海、汹涌波涛、平静如镜、潺潺流水等，水域景观类型要素有江河、湖泊、池沼、泉、溪、瀑、潭、浪、潮等。生物景观要素包括植物类和动物类，植物类有森林、草原、花卉等，动物类有鱼类、两栖爬行类、鸟类、哺乳类等。气候景观要素主要有自然季节性的春、夏、秋、冬和气象中的风云雨雪、闪电彩虹等，这些要素构成了丰富的自然景观。

（2）人工要素。

经过人为加工（即造物活动）所产生的种种形态，即通常所说的造物或造型，是人对材料、技术进行组合加工的结果。在城市、园林、各种类型的建筑等人工景观中，到处都有人工要素的存在。在景观构成中，建筑装饰品和人工山石的岫、洞、麓、磴道、步道等都是景观中必不可少的要素。

构成景观的自然要素与人工要素虽然看似并不复杂，但由于历史、民族、审美、手法等因素的差异，运用的景观要素及设计方法不相同，由此产生了古今中外丰富多彩的景观特色。

二、硬质景观要素与软质景观要素

根据景观构成各要素的视觉感受与对象的本质特点如材料、肌理（或质感）的不同，可将其划分为硬质景观要素与软质景观要素。

（1）硬质景观要素。

景观中用混凝土、石料、金属等硬质材料加工制作而成的铺地、堤岸、围墙、广告牌、垃圾箱、座椅、栏杆、景观构筑等作为景观装点的有形物体，均为硬质景观要素。硬质要素通常是人造的，但也有例外，如山体是硬质的，但它也是自然的。

铺地，铺地是景观设计的重点之一，尤其以广场设计表现突出。世界上许多著名的广场都因精美的铺装设计而给人留下深刻的印象，如米开朗琪罗设计的罗马市政广场、澳门的中心广场等。同时，可利用铺装的质地、色彩等来划分不同的空间，产生不同的使用效应，如在一些健身场所可以选用鹅卵石铺地，使其具有按摩足底之功效。盲道与正常人的铺装也应加以区分，以方便盲人行走，这在城市道路规划中已有所体现。

景墙，传统景墙多采用砖墙和石墙。现代墙体材料有了很大发展，种类变化多样。例如园林中分隔空间的景墙，机场、高速公路的隔音墙，用于护坡的挡土墙，用于分隔空间的浮雕墙、水墙、玻璃墙等。

小品，小品一般是指在城市园林中起着点缀、陪衬、补强、点白等多种作用的小型构件、构筑物、建筑，虽不起眼，但又是景观中不可缺少的元素，不仅作为服务设施具有特定的功能性（如雨棚、休息椅、指示牌、垃圾桶等），还能够丰富空间，强化景点。小品的种类很多，包括坐凳、花架、雕塑、台阶、花池、矮墙、健身器材等。

服务设施，服务设施包括地面检查井盖、灯柱、树池、自行车架、音响、城市变电箱等设施，这些过去被人们疏忽了的细节对景观整体的艺术性也有一定的影响。随着景观审美意识的增加，人们逐渐意识到这些景观要素的重要性，例如井盖的造型、树池的处理，对它们的材料、细部及色彩加以研究修饰，并恰当地运用到景观设计中，与整体风格有机结合，能够形成别具一格的景观。

（2）软质景观要素。

软质景观要素主要指景观中柔软的、变化着的以及一些非永久性的要素。植物、水体以及细雨、阳光、天空等都可视作软质景观要素，其中植物和水体的设计是景观中重要的部分。植物分为木本和草本。木本植物即常指的树木，草本植物即常指的花卉和草坪植物。水体分为自然水体和人工水体。自然状态下的水体有自然界的湖泊、池塘、溪流等，其边坡、底面均是天然形成；人工状态下的水体如喷水池、游泳池等，其侧面、底面均是人工构筑物。

第二节　中国古代园林要素审美

中国传统园林是一个整体的审美系统，植物、亭廊、水系、假山等元素完美组合成一个完整、和谐、意境深远的艺术空间。中国传统园林既讲究整体美又避免细节景观的雷同，因此，各美学元素既独立，又相互关联、相为衬托。

一、建筑

中国古典园林和古典建筑之间的美学关系，可从两个角度来理解。狭义地说，建筑是园林建构的要素之一；广义地说，园林中每个部分、每个角落无不受到建筑美的光辉的辐射，它是把建筑拓展到现实自然或周围环境。在功能上，园林是建筑的延伸和扩大，也是建筑进一步和自然环境中山水、花木的艺术综合，而建筑本身，则可说是园林的起点和中心。总之，建筑是中国古代园林的第一要素。

个体建筑之美是群体美的基础，而群体建筑之美则是个体美的整合。园林建筑的形态主要有：台基层、屋身层、屋顶层。台基层是建筑的起点，屋身层是建筑的主体，包括墙、柱、门、窗等，屋顶层是建筑的顶点，或者说是终点。屋顶的分类如下，按立面来分，建筑有单檐、重檐。按结构形态，有硬山顶、悬山顶、庑殿顶、歇山顶（图7-1）、卷棚顶、穿窿顶等。在中国古典园林中，以上屋顶形态相互结合，构成了丰富多样的个体结合形式，形成了柔和委婉、典雅大方、灵活多变又和谐统一的结构形式。

图7-1 西安鼓楼的重檐歇山顶

（1）依照个体建筑在园林中的位置，园林中的主要建筑分为以下几类：

宫和殿，"宫"最早为一般房屋的统称，后来和室是同一概念。"殿"，古代泛指高大的堂屋，后来专指皇帝居所和供奉佛像的地方。宫和殿一般处于宫苑和寺院的中心位置，但在皇宫里，多用"殿"，如北方皇家园林颐和园中排云殿、紫霄殿、芳辉殿等。

厅和堂。二者界限不明确，园林中比较多用堂，如颐和园的玉澜堂、乐寿堂，拙政园的香远堂等。《园冶·立基》中说"凡园圃立基，定厅堂为主"。

馆，原为接待贵宾的房舍，后来，其含义扩大了，变化了。《红楼梦》中林黛玉在大观园里住潇湘馆，也有暂时居住寓意。《园冶·屋宇》中说"散寄之曰馆，可通别居者，今书房也称馆。"秦汉以来，帝王的另一个住处也称为馆。馆的建筑体量要比宫殿、厅堂小，不是正居和主位。如拙政园有卅六鸳鸯馆、玲珑馆等。

轩，在园林中的空间形式多样，是次要的，或者是体量小的厅堂。如苏州怡园的锁绿轩、网师园的小山丛桂轩、拙政园的听雨轩等。轩的典型性格是举高敞。《园冶·屋宇》说"取轩轩欲举之意，宜置高敞，以助胜则称"。因此，轩大多地处高旷、空间畅豁、气息流通，以便于观赏胜景。

室，前屋为"堂"，后屋为"室"，室指的是某一个体建筑所属的里间和稍间，也可以指深藏于其他建筑物后面独立的个体建筑，其总体共性特征就是深藏而不显露。在园林中，室的形式有多种。如狮子林的卧云室，就是被包围在石峰中。

（2）以个体建筑在园林中地势高低和纵向层次分为以下几类：

台，是古代宫苑中非常重要的艺术建筑，台具有祭天、观象、眺望、游赏等功能，如周文王有"灵台"、汉武帝太液池有"渐台"。明清时期园林中的台，多被亭和其他建筑所取代，或者和其他建筑结合起来。《扬州画舫录·工段营造录》中有"两边起土为台，可以外望者为阳榭，今曰月台、晒台"。

楼、阁。楼，这是园林中的高层建筑。至少有两层，有整齐排列的窗孔。园林中的楼，其性质功能是地处显敞，构筑高耸，凭槛及目四望，以消忧开怀。如避暑山庄的烟雨楼、上海豫园的卷雨楼等。阁也是古老的建筑，和楼相比，同中有异。楼带有堂正性、规整性。阁带有灵活性、多变性。另外，阁还可以是供奉佛教的宗教建筑，如颐和园中的佛香阁。阁还可以大量藏书，如宁波的天一阁、圆明园的文渊阁、避暑山庄的文津阁等。楼至少为一层或者多层，而以阁题名的建筑，可以是底层建筑，甚至是临水建筑，如狮子林的修竹阁、网师园的濯缨阁。可见，阁的适应范围大，带有多异性，而楼的内涵比较单一。但是，在现实中，多将二者相提并论，或者一起使用。因此，阁楼具有深邃、曲折、幽敞、宏丽的个性之美。古人有"阁楼非一势，临玩自多奇"的说法。

塔，俗称宝塔，是古代佛塔的简称。这种建筑塔的概念、性质、形式缘起于古代印度，被称作窣堵坡、属于宗教性质的高层建筑，也是佛教高僧的埋骨建筑。随着佛教在东方的传播，传入中国后，孕育出楼阁式木塔和砖塔、石塔。另外，还有密檐塔、喇嘛塔、金刚宝座塔、墓塔等。塔为多层形，其平面以方形、八角居多，层数一般为单数，多为七级，因此有"七级浮屠"之说。在东方文化中，塔的意义不仅仅局限于建筑学层面。塔承载了东方的历史、宗教、美学、哲学等诸多文化元素，是探索和了解东方文明的重要媒介。

湖山园林景观，因借助于塔而增加了新的美感。如苏州佛寺园林的虎丘，因岩寺塔而成为该地的标志性建筑物；西安荐福寺内的小雁塔（图7-2）是唐代密檐式砖塔中的代表建筑，由塔基、塔身、塔刹三部分组成，塔身十五级（层）。

图7-2　西安荐福寺内的小雁塔

"榭"在《汉字字源》中解释为形声字，"射"之异体，木表意，篆书之形像树木，表示木是榭的建筑材料，射表声，指射箭，有高远意，表示榭是建在高台上的木屋。从中也看出"榭"字的发展演变过程。儒家的经典之一，是中国古代最早的词典《尔雅·释宫》中关于榭的描述为"阇谓之台，有木者谓之榭……室有东西厢曰庙，无东西厢有室曰寝，无室曰榭。"从功能上讲，榭有远眺观景，存放乐器等功能。综上，榭在建筑形式上是指在台上建成的木屋 。"榭"字的发展演变过程如图（图7-3）。

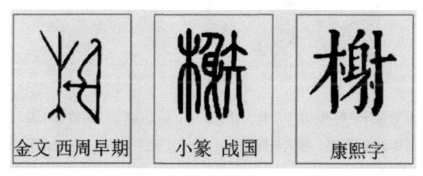

图7-3　"榭"的字形演变过程

在园林的发展中，台和榭逐渐分开。台属于高层建筑，榭主要成为临水建筑。将榭建于水边同样可以获得良好的视野。有记载的水边榭的图像滥觞于东汉中晚期，载体为画像石（图7-4）。榭多处在水边、花畔，与水、华池借景一体，成为一幅优美的图画，如嘉兴烟雨楼南厢的菱香水榭、上海豫园的鱼乐榭、苏州怡园的藕香榭、拙政园的芙蓉榭、承德避暑山庄的水心榭（图7-5）等，均是临水而筑，华榭与碧波两相依，相互装点，供游人品尝水景。

图7-4　汉画像水边的单体榭

图7-5　承德避暑山庄的水心榭

　　舫，舫原指并连的两船，《尔雅·释言》说"舫，舟也。"指的是在湖上游赏的精美小船，又称游舫、画舫。榭只是部分临架于水上，而多数舫全部或者部分建于水上。舫分为以下几类：

　　造型写实性的舫，如颐和园长廊西端湖边的清晏舫（图7-6），就是模仿西洋大轮船的石舫，其造型逼真，使人感到这艘轮船有迎着湖波驶向远方的意境。还有南京园的煦画舫、狮子林的石舫，均为写实之作。西安大唐芙蓉园芙蓉湖边的石舫（图7-7），停泊在岸边的柳树下，静中有动之感。

图 7-6　颐和园中的清宴舫

图 7-7　西安大唐芙蓉园中的石舫

集萃型的舫，是由多种个体建筑集萃而成。比较典型的是拙政园的"香洲"就是用几个建筑构成的，船首是一座平台，绕以低矮的石栏，中舱实际是水榭，最高的尾舱实际是楼阁，船尾是上船的跳板。"香洲"由几个高低不同，又高低幽敞的建筑组成，给游客提供了不同方位、不同层次、不同空间的观赏点，它体现了中国园林建筑的功能、结构、艺术三者的统一之美。南京煦园的"不系舟"，一艘用青石砌成、长 14.5 米的仿木石舫，现已成为煦园的标志，清乾隆曾题为"不系舟"，一语双关，石舫分为前后两舱，卷棚屋顶，覆以黄色琉璃瓦，有石制跳板可以登舟，舫身两侧镶嵌有雕刻着彩色图案的青砖雕花栏板，十分精细。

还有象征性的舫，是具象的模仿，被称为"船厅"，但它并不建于水中，也很少与水体相连。如广州顺德清晖园的船厅，实际上是建于池侧的楼阁，已不属于依水型建筑。上海南翔的古漪园中依岸而建的舫，既是对船的模仿，又是对船的扬弃，介于是与不是之间。江苏的退思园中的"闹红一舸"为一船舫形建筑，船头采用悬山形式，屋顶榜口稍低，船身由湖石托起，外舱地坪紧贴水面，水穿石隙，潺流不绝，仿佛航行于江海之中，船头红鱼游动，点明"闹红"之趣。另外，还有上海浦曲水园的旱舫建筑，以陆地当水。

（3）以个体建筑在园林中供游人游览、观赏的作用划分为以下几类：

廊，这是园林中最富于游赏功能的建筑类型。既能使游人避免日晒雨淋，又能分割或者围合空间，增加景深、还能沟通山水、花木、楼台亭榭，组织旅游路线，引导观赏等。如北京颐和园朱栏碧槛，宛如彩虹的长廊；北海静心斋依山围合、随时起伏的爬山廊；扬州寄啸山庄上下两层的复道回廊，苏州留园依墙而建的走廊；拙政园的"柳荫路曲"空廊等，这些廊建筑，个性不同，形态各异，形成的高低起伏、曲折连环、续断蜿蜒的美景，给人一种寻幽探胜的心情。

亭，是园林中最为重要、最富于观赏性的建筑。亭，留也。《园冶·屋宇》说"亭者，停也"。在园林建筑中，亭是人在游览中停顿、休憩、流连、纳凉和避雨的好去处，有使人减除疲劳，提高游兴的功能，同时还具备文人精神和美学价值。从古至今，在园林景观中亭是最为突出的亮点之一。亭，一般不设门窗，形态多样，能给山水增添色彩。亭常常与山、水、植物等结合起来组合造景，并成为园林中"点景"的手段，故亭有"园林之眼"的美称，也是园林中虚灵的"活眼"，有表胜引景、吐纳生气、创造意境等功能，其体积小、用料少、占地不多、形式多变、造型多样。中国园林无亭不园，在古代，更多地称为"园亭""池亭""林亭""亭馆"等，可见亭在古代造园中的作用非常大。如北京的陶然亭、长沙的爱晚亭、苏州的沧浪亭等，在园林中有着独特的个性。拙政园有"一座园林半园亭"的称谓。拙政园中景点有 39 个，其中以亭命名的景点就达到 18 处。不仅亭多，而且形式不一，从建筑形态到造型风格都体现了集锦式的构成特点。从平面形状可分为圆形的笠亭，扇形的与谁同坐轩，长方形的绣绮亭、雪香云蔚亭，六角形的荷风四面亭（图 7-8）、八角形的塔影亭（图 7-9）、正方形的梧竹幽居亭。

图7-8　拙政园的荷风四面亭　　　　　图7-9　拙政园的塔影亭

门楼，园林中的门楼具有依附性的装饰性建筑，其上的图案、装饰等有很好的审美艺术价值。牌坊含有历史价值和不同的纪念意义，具有烘托气氛、强化装饰的审美价值。照壁，可以立于大门前、也可以立于大门里，起着空间上的界定、装饰、照应、回护等作用，其上图案、砖雕、色彩等和园中其他建筑相联系，对园林烘托气氛、创造意境，有独特的审美。

二、山石

造园必有山，无山难成园，中国园林中假山是其重要组成部分。园林的叠山艺术由来已久，它的目的就是构筑一个登高望远，扩大空间的观察点。中国古代园林置石掇山始于秦汉，成熟于北宋，明清后逐渐走向高潮。可见山石是中国古典园林非常重要的景观元素。孔子在《论语·雍也》说"智者乐水，仁者乐山，智者动，仁者静，智者乐，仁者寿。"揭示了人与自然的关系及审美特征。《魏书》中有"山以仁静、水以智流"的观点，由此形成了"山—静—仁"和"水—流（动）—智"一线贯穿的关系。

在中国绘画和园林艺术中，山是一个复杂又具有象征意义的概念。在古代山水画中，除了点景人物和天、水、屋之外，其他的景物就是山。山的名称有岗、岭、峰、峦、岫等。峰是造园构景的主要元素之一，典型的性格特点就是峻拔，远观和近看的审美效果不同。峰，也是借景的对象之一，避暑山庄有康熙题三十六景的"锤峰落照"，描写了棒锤峰在落日中的景致。圆明园四十景有"西峰秀色"，杭州西湖有"双峰插云"。

计成的《园冶·掇山》中将园林中山的位置分为：园山、厅山、楼山、阁山、书房山、池山、内室山等类型，且对其大小、具体位置、视觉效果均有论述。关于峰，他是这样论述的：

> 峰石一块者，相形何状，选合峰纹石，令匠凿笋眼为座，理宜上大下小，立之可观。或峰石两块三块拼掇，亦宜上大下小，似有飞舞势。或数块掇成，亦如前式；须得两三大石压封顶。须知平衡法，理之无失。稍有歙侧，久则愈歙，其峰必颓，理当慎之。

计成提出了石峰的堆叠要求规律，就是要上大下小，高且险，似欲飞舞。苏州网师园五峰书屋后庭院中的大小三峰，就是这种气势。另外，《园冶·掇山》认为：

> 峦，山头高峻也，不可齐，亦不可笔架式，或高或低，随至乱掇，不排比为妙。

在中国古典园林中与山有关的还有壁、崖、岩、坡、垅、阜等（图7-10）。中国古典园林中的山石还含有"土"与"石"的结合成分。在具体的园林设计中有"土山"和"石山"之分，在实际园林中，多是土山带石，有"山无石不立"之说，同时再配以花树、亭桥，显出了山的灵动。

图7-10　中国古代园林中的山石

石是园之"骨"，也是山之"骨"。因此，中国古典园林中的石，既是山的组成部分，又可以独立地作为山的象征，一片石可以视为一座山峰。关于石的欣赏与品评，金学智在《中国园林美学》中列出了两大类型。这两大类品石美学范畴，第一类偏重于表现为"形"的风格内涵之美，第二类偏倚于纯形式之美。但在现实中，这两类是相互交叠，相互补充，不是非此即彼，相互割裂的孤立机械品赏，最多是有侧重点而已。

（1）与"神""情""气""韵"相联系的"形"品评系列

该类园林山石品评的范畴主要是依据其外形，而且这种分类有更多比拟于人的主要成分，有以下类型：

瘦，主要包含清、秀。瘦是对峰石的总体形象、身段身姿的审美要求。要求园林中的叠石耸立当空，具有纵向伸展的瘦长体形。如无锡园中的"美人石"，将其比作"窈窕淑女"，苏州留园的冠云峰，独立当空，孤高无依，颀长多姿，秀美出众，具有 S 段身形的曲线美。

通，主要包括透、漏、巧、玲珑、镂空等。这些均是太湖石的美学特点，但用来品尝其它石峰也是可以的。太湖石的透、漏之孔是自然形成的，具有三维空间的坚硬实体，它的穿眼宛转、剔透玲珑、窦穴通达，虚灵嵌空，形成了"虚而灵""通空灵""通精灵"之美，统称为通灵之美，与《老子·五章》《庄子·齐物论》中"唯道集虚""太虚"等有相通之处。

丑，包括怪、诡、险。唐代的白居易在《双石》诗中有"苍然两片石，厥状怪且丑"，东坡又曰"石文而丑"。宋代的范仲淹《居园池》有"怪柏锁蛟龙，丑石斗貐虎"。清代文学家刘熙载在《艺概》中说："怪石以丑为美，丑到极处，便是美到佳处"，概括了石的万千形态，千奇百怪。"丑"不但与怪相通，而且有含"诡""险"于内。

拙，主要包括顽、痴。"拙"是中国美学的主要范畴，与"巧"相反。中国古代文人信奉道家的"大巧若拙""大智若愚""故将得道，莫若守拙"。计成正是从巧相对的哲学思想，概括太湖石的瘦、透、露、皴的"巧"的同时，也肯定了黄石的"拙"。计成在《园冶·选石》中叙述：

　　黄石是处皆产，其质坚，不入斧凿，其文古拙。如常州黄山，苏州尧峰山，镇江圌山，沿大江直至采石之上皆产。俗人只知顽夯，而不知奇妙也。

文中指出了以黄石具有"拙"与"顽"的联系，为俗人所鄙视，不知道其妙处，却被赏石家欣赏、钟爱、赞美。另外，顽、痴，也是愚拙的形象，在品石范围内也是别具一格。

园林中假山一般有石山、土山、土石混合山三种。用于叠山的石材主要有两种，第一个是黄石，它主要是用于假山的基础部分又被称为叠角。第二个就是太湖石，太湖石有四大特点，分别是皱、瘦、漏、透。

雄，主要包括伟、高大。雄，是中国美学的一个范畴。有雄浑，积健为雄，含有伟、高、大在其内。另外，雄，具有雄伟、崇高的阳刚之美，其气势磅礴。宋徽宗建造艮岳，多用伟石。

峭，又是山石的另外一种风格美。这类石如笋、劈斧石、剑石等，干霄直上，陡峭劈立。峻中劲利曰峭。劈峰、独峰等皆有这种风格。其体现的审美有孤直、独立、劲挺、峻拔、英锐、干霄等。

（2）以园林山石表现为形式美的品评范畴

色，古人造园选石时，很注重石的颜色。品石更重石色。计成在《园冶·选石》中评太湖石"一种色白，一种色青而黑，一种微黑青"，昆山石"其色洁白"，宜兴石"有一种色黑质粗而黄者，有色白而质嫩者，掇山不可悬，恐不坚也。"，岘山石"色黄，清润而坚，扣之有声，有色灰青者"。锦川石"斯石宜旧。有五色者，有纯绿者"。石色总总，各有其美。

质，指的是石的质地。主要是靠触觉对石的感知和品赏。古代石谱在评石色的同时，往往兼评其质。"质"的概念，有其多义性或多面性，不易把握。但通过视觉之外，质，还使人们对石区别于颜色的另一个审美需要。如计成《园冶·选石》评太湖石，"其质文理纵横"；昆山石"其质磊块"；宜兴石或"质粗"，或"质嫩"；岘山石"清润而坚"；英石"其质稍润"；散兵石"其质坚"；锦川石"色质清润"；六合石子"温润莹澈……"这里，所谓"粗""嫩""润""坚"等，均为不同的质。

皱，也为绉、皴。该概念来自于中国古代山水画中画山的笔法。原意为（皮肤）因受冻而裂开。中国画技法中是表现山石、峰峦和树身表皮的脉络纹理的画法。画时先勾出轮廓，再用淡干墨侧笔而画，主要用于表现山石、峰峦特点的构造，主要有披麻皴、雨点皴、卷云皴、解索皴、牛毛皴、大斧劈皴、小斧劈皴等；表现树身表皮的有鳞皴、绳皴、横皴、锤头皴等。

文，指的纹、脉等。"文"的本义是"纹"，是原始时代"文身"的象形字。文，错画也。指实物纹理纵横相交，构成了形式之美。如《园冶》中说六合石有"五色纹者，甚温润莹澈，择纹彩斑斓取之，铺地如锦。"石上纹理主要表现四类：线文、斑文、花文、云文。

声，石本无声，但品赏、识别除借助视觉、触觉外，还往往可指敲击发声而诉诸听觉。《园冶·选石》也常写到品石以声鉴石，如说岘山石、湖口石"扣之有声"；太湖石、英石"扣之微有声"；昆山石"扣之无声"，并认为灵璧石最佳，"扣之铿然有声，其扁者可"悬之室中为磬"。

三、水体

文震亨在《长物志·水石》中说，"石令人古、水令人远，园林水石，最无不可"。强调水石在园林中的重要作用。美学家金学智认为："园林离不开山，也离不开水。山石是园林之骨，水是园林的血脉"[①]。在中国园林的选址中，首先要考虑到水，因为这是园林的"血脉"。《园冶·相地》中说："卜筑贵从水源，立基先究源头，疏源之去由，察水之来历"。

在中国古典园中，以水著称的有拙政园、网师园、退思园、寄畅园等。北京的皇家园林中，如避暑山庄、颐和园等均有极大面积的水域。避暑山庄康熙帝题三十六景中就有水芳岩秀、曲水荷香、风泉清听、濠濮间想、暖流喧波、泉源石壁、远近泉声、芳渚临流、云容水态、澄泉绕石、石矶观鱼、镜水云岭、双湖夹镜、水流云在、长虹饮练等，几乎占了一半之多。古人从哲学高度来探讨和概括水之美，主要有"洁""虚""动""文"等。所谓"洁"，就是洁净之美；所谓"虚"，就是虚涵之美；所谓"动"，就是流动之美；所谓"文"，就是"文章"之美，文章之美主要指的是水面有文澜绣绮之美，水纹波动之美等。

水的"活""流""动"审美特征，再看何绍基在成都望江楼上所书对联："花笺茗椀香千载；云影波光活一楼"。

望江楼在四川成都濯锦江边，相传为唐代女诗人薛涛故居，园内有薛涛井濯锦楼和吟诗楼。联文中"花笺""茗盌"分别与"云影""波光"相对，同时又是"自对"；

---

①金学智：《中国园林美学》，中国建筑工业出版社，2008，第175页。

"香"与"活"相对,"千载"也与"一楼"。此联妙在"香""活"二字,它不但像"诗眼"一样把对联点活了,而且揭示出水的动态美,把楼也活化了。

另外,水不还有自身的形、质、色、光、活动、声音之美丰富了园林景观,而且还能使环境中的其他景物活化甚至使它们富于动态。郭熙《林泉高致》写道:"山以水为血脉,以草木为毛发……故山得水而活,得草木而华。"山本静,水流则动。静态的山可以因水流而带有动态之美。所以说,"园以藏山,所贵者反在于水。"

湖海是园林中面积最大的水体形态类型。园林中的水以自然界的海、湖命名,是指其水体面积较大。以湖著名的园林比较多,如济南的大明湖、扬州的瘦西湖、颐和园的昆明湖,避暑山庄就是湖泊群(图7-11)组成,有意湖、镜湖、澄湖、上湖、下湖、长湖等。以海命名的有北京西苑的三海,如中海、南海、北海,圆明园的福海等。湖海之水有境界开阔、气度恢弘之美。

图7-11 避暑山庄的月色江声及其湖面

池沼,在古典园林中池沼的面积比湖海面积小,造型灵活多样,是中国古典园林的重要水体类型,被称为"池馆""园池""池亭""山池"等。池沼分为两大类:一类是规整式,其平面多几何形的图案美,多见于北方皇家园林。如紫禁城御花园的浮碧亭、澄瑞亭所跨的水池、慈宁宫花园的水池都是长方形的。静宜园见心斋水池是颇为别致的半圆形,圆明园的水池是"坦坦荡荡"规整对称。另一类是自由式,多见于江南园林。其形状多为不规整,表现出一种参差美、天然美。在设计时适当间以水洞、水口,呈现出活泼多姿、自然可爱，富有山林野趣。如寄畅园（图 7-12）、拙政园、师网园、留园、狮子林的水体和池岸处理，形态取法自然，参差自由、凹凸起伏，水面形态有聚有合。

图 7-12　江苏无锡的寄畅园的锦汇漪池水

溪涧，溪涧水面呈带形，是两向延伸的，给人以源远流长之感，表现出一种幽邃清静之美。古代画论有"溪涧宜幽曲"。溪涧以杭州西湖的十八涧为著名，这里山林幽静，溪流曲折，水声潺潺，鸟鸣啾啾，呈现出富有原始生态价值的野趣绿意。在东晋王羲之的《兰亭集序》中有："此地有崇山峻岭，茂林修竹，又有清流激湍，映带左右，引以为流觞曲水，列坐其次，虽无丝竹管弦之盛，一觞一咏，亦足以畅叙幽情。"之后"流觞曲水"成了后世园林溪涧景观的一大特色。

泉，泉是中国古典园林中重要的景观之一。泉令人清，与"水令人远"的密切相关，有"志清意远"的美学象征。泉的个性是鲜明的，形态多变，有特定的质感。避暑山庄的泉源有全国著名的"热河泉"之称，济南是著名的泉城，有七十二泉之称，最著名的是趵突泉。晋祠的泉水也很有名，李白用"晋祠流水如碧玉"的诗句赞美之。晋祠三绝之一的"难老泉"因与圣母殿的关系，有"灵泉""圣水"之称。

瀑布，瀑布流水向下倾泻，给人有崇高的景观美，还给人惊奇感。游客可以从中获得精神力量，有痛快淋漓之感。李白有"飞流直下三千尺，疑是银河落九天"的诗句，道出了瀑布的魅力。中国古典园林中纯天然的瀑布不多见，多为天然加人工形成的。如静宜园有"观瀑亭""源瀑亭"等狮子林"问梅阁"的北边有"飞瀑"景点。

另外，水体形态还有源潭等。在中国古代园林中，水体与曲蹊（小径）、曲桥、曲堤、曲岸、小岛、水中之塔、游鱼、水鸟、涉禽等结合，更能增加园林意境，如水与桥形成的小桥流水人家、灞柳风雪、湘桥春涨、津桥晓月、断桥残雪、六桥烟柳、双桥清音之景；水与堤岛形成的景观有苏堤春晓、琼岛春阴、环碧岛、月色江声岛等；与游鱼形成的景观有石矶观鱼、花港观鱼、鱼泉观鱼等景观；与水鸟、涉禽形成的景观有卅六鸳鸯馆、梅妻鹤子、灵鹤怪石、鹤步滩、携梅草堂。特别是鹤，在中国传统文化中是灵鸟，又是长寿的吉祥物，其姿态优美，在中国古典园林中有着特殊的象征意义和审美价值。

四、植物

中国园林的植物可以概括为花木，主要包括树、竹、花、草、藤和水生植物等。花木在园林中有着非常重要的地位。

宋代郭熙的《林泉高致》也这样说，"山以水为血脉，以草木为毛发……故山得水而活，得草木而华"。对于山来说，花木不仅是衣饰，而且是"毛发"。山得到了花木，就不会枯露，显得苍翠，也有了华滋之美，气韵生动，具有活泼的生趣。因此，可以这样说，画无花木，山无生气，园无花木，山无生机。因此，园林里的生意、生气、生机、生趣……和花木也存在着不可脱离的关系。

花木在园林建构中的重要地位还表现在"园林"一词上，"园林"要靠"林"字来组合，"园"离不开"林"。从发生学的视角看，"园"和"圃"一样，最早也是种植物的，不过着眼实用价值而非审美价值罢了。后来，园林发展为艺术，其别名如"林园""林圃""林泉""林亭""山林"等，也离不开"林"字。园林又称为"花园"，可见它又离不开"花"字。花木的欣赏主要有以下几类。

（1）花类植物。

花类植物主要有玉兰、山茶、桂花、水仙、牡丹、梅花、菊花等。主要欣赏花的色、香、姿等，欣赏花给人带来的欢乐、温馨、活力、希望、繁荣、幸福等。拙政园中"玉兰亭"的山茶花、苏州虎丘的玉兰山房、四川新郎桂湖、紫禁城御花园降雪轩亭前的海棠、颐和园排云殿旁的"国花台"牡丹等，皆为中国园林中的观花类植物典范。

（2）果类植物。

果类植物，主要指园林中的枇杷、石榴、橘、柿、花红等结果实的花木，在夏季欣赏园林中枝头硕果累累的丰收之美。如拙政园中枇杷园中的枇杷。北京圆明园中的长春园的石榴等。

（3）叶类花木植物。

叶类花木有垂柳、拐柳、枫香、黄杨、女贞、槲树、八角金盘等，主要是观赏其色、形、姿的美，品味其蓬勃的活力和长青的生命力，树叶的形、色形成的不同美，是园中景观的不同题材。如北京静宜园以红叶著称，每年秋季，漫山遍野、霜重色浓、秋色烂漫，使游客不由得想起杜牧的诗句"霜叶红于二月花"。再如西湖十二景中的"柳浪闻莺"、济南大明湖铁公祠的对联"四面荷花三面柳、一城山色半城湖"，道出了柳树在园林中情境与意境。

（4）荫木林木类植物。

荫木、林木类有松、柏、榆、朴、香樟、银杏、枫杨、梧桐等。该类植物是园林花木配置的基础，品种比较多。具有高大粗壮、枝叶繁茂，冠盖群木、古老长寿的特点，形成浓荫和成林之美。如避暑山庄的"松鹤清樾"，就是一种独特的风景。

（5）竹类植物。

春秋时期卫国就有淇园修竹。之后，竹就成为传统园林植物。竹林七贤之一的嵇康有园宅竹林，王羲之的《兰亭序》中有茂林修竹，一直到郑板桥的画竹，可见竹子贯穿于中国文学史、画史，构成了中国传统的竹文化。在中国园林配置中，竹产生了不可忽视的深远影响。

竹有青翠如洗、光照眼目的色泽之美，有清秀挺拔、摇曳婆娑的姿态之美，有摇风弄雨、萧萧秋生的音韵之美，有倩影映窗、翠影离离的意境之美。沧浪亭以竹胜，山楼北的"翠玲珑"，取宋代苏舜钦的《沧浪亭怀贯之》诗中的"秋色入林红黯淡，日光穿竹翠玲珑"之意为名，该建筑前后植竹，清韵悠然。广东顺德清晖园有"竹苑""风过有声竹留韵，月夜无处不花香"的美景，揭示了竹与风月相宜的园林审美意境。上海的古猗园取《诗经·卫风·淇奥》中"瞻彼淇奥，绿竹猗猗"之句，定名"猗园"。它以绿竹依依、曲水幽静、建筑典雅、韵味隽永的楹联诗词和优美的花石小路等五大特色闻名，具有古朴、意雅、清淡、洗练的独特风格，又有"苏州园林甲天下，沪有南翔古猗园"的声誉，园中的竹以常绿、素雅、清秀之姿，给人以淡雅秀美之情，使古猗园的园名与园景相统一。

清青园（图7-13）位于古猗园最东面，面积2公顷，园内植竹30多种，除明代建园时就有的方竹、紫竹、佛肚竹外，还有小琴丝竹、凤尾竹、黄金间碧玉竹、孝顺竹、哺鸡竹、龟甲竹、罗汉竹等，运用竹的不同色彩和姿态，创造多种多样的景色。竹与石相结合，形成竹石立体画。丛竹三五成群，配以曲折道路，构成了"竹径通幽"的景境，竹与建筑、小溪相结合，运用各种手法，创造了自然、宁静、幽美的空间，突出了以竹造景，"绿竹猗猗"的特色。小溪水边有"荷风竹露亭"（图7-14），曲廊两侧有修竹。亭旁怪石乱卧，亭前接水，如逢六月出水芙蓉，袅娜清风翠竹，意境深邃。圆形门洞上边柱子的楹联"一亭俯流水，万竹引清风"，与这里的情境很配，借龟山湖与清风融于景中，抒发出一种动静相宜、明快爽朗的意境。

图7-13 上海古猗园中的清青园

图7-14 上海古猗园中的荷风竹露亭

（6）草本及水生类植物。

草本及水生类植物。草本类植物一般比较小，茎秆柔软，常见的有芭蕉、菊花、凤仙、秋葵、萱草、秋海棠、鸡冠花、书带草、芍药等，这其中以芭蕉为最大，其修茎大叶、姿态娟秀、苍翠清洗，多种植于庭院、窗前或者墙隅。西湖的曲院风荷，有杨万里诗句的"接天莲叶无穷碧，映入荷花别样红"的美景。莲花有洁白、纯净之美。避暑山庄的"萍香泮""采菱渡"等景点以水生植物为主，形成了绿萍浮水、菱花带露的水乡野趣。

杜牧的《芭蕉》："芭蕉为雨移，故向窗前种。怜渠点滴声，留的故乡梦。"是第一首描写雨打芭蕉的作品。自此"雨打芭蕉"这含有丰富情韵的意象，便成为文人们争相表现的对象，将其与寒夜、冷雨、断肠人结合成诗人们表达思乡情、相思苦等常用

题材。蕉石小品是传统园林中常用的造景手法，芭蕉
经常与黄石、湖石等配置，放在庭院或建筑一角，富
有生机的芭蕉与置石相互掩映，别有意味。芭蕉配上
山石、花草，往往更显风姿雅趣，放于厅堂居室，则
有清风徐来、纤尘不染、绿意盎然、蕉石互映，使人
犹入画境之感。蕉影当窗也是极佳的园林造景手法（图
7-15）。园林中的门窗可以透过光线的变幻，展现出
光影错综的美，门窗也能作为框格，制造景深与距离感，
对观赏画面有装饰美化作用。

图 7-15　拙政园芭蕉景观

　　水生类植物常见的有荷花、睡莲、浮萍、芦
苇等。周敦颐的《爱莲说》对其有"出于污泥而不染"之美的评价，体现了莲花的
"香""净""柔""可爱"等审美价值。拙政园的香洲用一只旱船来表现（图 7-16），
船头是台，前舱是亭，中舱为榭，船尾是阁，阁上起楼，前面是一池荷花，意为"香草"，
该建筑线条柔和起伏，比例大小得当。夏天，荷花绕船盛开，旱船好像在荷花丛中缓
缓行驶一样，有影入花浪之感。另外，在中国古典园林的植物审美中，除过以上审美
之外，还有古、奇、名、雅等审美价值，它们是建立在一般独立景观审美基础之上的，
是一种外延的美学价值。

图 7-16　拙政园荷花池中的旱船

第三节　西方古代传统园林要素审美

与中国古典园林要素相比，西方古典园林除了具备建筑、植物、水体等要素外，在雕塑与喷泉的安置、广场与道路的形式等方面明显区别于中国古典园林，园林的构思立意、各要素的组织与手法也有鲜明的特点，有着不同于中国园林的景观要素审美。

一、建筑

在中国古典园林中，建筑与周围环境相协调，而西方古典园林中建筑占着主要的位置。建筑体量高大、严谨对称，通常位于轴线的起点上。另外，宫殿、水池、广场、树木、雕塑、台阶、道路等景观元素也是按比例的规则严谨地排列。建筑控制着轴线，轴线控制着园林，各要素在中轴线两侧依次排列，因此建筑统率着花园的其他要素，而其他要素从属于建筑。这就形成了以建筑为中心的主题审美。换句话说，建筑的艺术设计风格决定了园林的设计风格。

二、植物

在西方园林中，通常将植物塑造的空间作为建筑空间的附属或延伸，使庄园与周围环境相结合。常以绿色植物为主，沿园路和围墙密植，并修剪成绿廊或绿墙；台地上满是修剪整形黄杨或柏树围合的方格形植坛。高大的树篱通常作为雕塑和喷泉的背景，显得紧实匀称，偶尔也用于衬托色彩鲜艳的花坛。西方园林中营造植物景观的艺术形式有以下几种：

（1）花圃。将植物修剪成人工形状的植物造型艺术起源于古罗马，它不仅是基本的园艺修剪技术，而且具有装饰性和象征性的艺术。从中世纪到文艺复兴，植物造型艺术在西方园林中盛行不衰。起初古罗马人的庭园露天剧场，一般以草坪为舞台，用整形树篱作背景，称为绿荫剧场。西方园艺师将树木修剪成如锥体、球体、圆柱体、成菱形、矩形、圆形等各种图案，使之呈现出一种几何图案美，同时还定期按几何图形和各种纹样修剪和栽植，阻止其自然生长成形，因此，被称为刺绣花圃、绿色雕刻。

（2）丛林。丛林也可以叫方畦树丛，指的是在将同一树种种植在方形的植坛中，营造整体美、群体美和气势美视觉效果。丛林来自于将自然中神秘的树林世俗化，林地通常由一种常绿树木构成，林间浓荫蔽日，树干、枝叶的形状以及地面的投影都不断变幻，神秘莫测。丛林有时被用在园林中成为景色，有时种植在台地周围，是规则的内部花园和自然的外部环境的过渡地带。丛林树种主要是常绿乔木，有的也用落叶树。由柏树、冷杉、常绿橡树、月桂树和海岸松等松树组成，冷杉是欧洲云杉，或银冷杉，树下还搭配芳香的黄杨和香桃木、山茱萸、笃耨香树等。

文艺复兴园林中的植物并不全是修剪成几何形体，还有一些植物保留着花园的自然气息在意大利文艺复兴时期的园林设计中，树木打破了几何形园林构图的机械呆板感觉，是形成花园与自然融合的重要元素。丛林在法国式园林得到进一步发展，林地展现由众多树木枝叶构成整体形象，内部开辟有丰富多彩的活动空间，成为园林中重要的游乐部分，在构图上也与花园融为一体。直到今天，在埃斯特庄园和兰特庄园喷泉和石窟周围都有一片梧桐丛林。

（3）迷园。迷园的英文为"Maze"和"Labyrinth"①，也叫迷宫、迷阵等，是这一时期比较流行的园林形式。营造迷园的手法始于古罗马，最初是一条通向中心点的简易曲径。植物迷园是最常见的形式，但在文艺复兴式样的园林中，迷园几乎是不可或缺的附属物。意大利建筑师菲拉雷特在《建筑论》一书中提及，他在佐加里亚国王的花园中设计了一座迷宫，成为第一个在设计中采用迷宫的建筑师。到16世纪"迷园"和"迷宫"这两个术语差不多才可以互换。表面看来，曲折而复杂的迷园是玩弄运气的游戏，追求设计上标新立异等外在特性；实际上，迷园反映的是经过反复摸索才能走入正道的观念，是设计者有意识地将花园的组成部分转变成追求时代精神的呼吁，这正是文艺复兴时期享乐主义者园林所追求的休闲乐趣的真正意义。

迷园有的用大理石铺路，有的用草皮铺路，以修剪的绿篱围在道路两侧，形成图案复杂的通道。英王亨利二世曾在牛津附近建了一个迷园，中心部分是用蔷薇覆被着

①在西方学界，迷园主要有两种形式：Maze 和 Labyrinth。其中，Maze 指具有复杂分支系统，多路径混淆通往中心点的迷园；Labyrinth 指没有复杂分支，单路径导向中心点的迷园。然而，欧洲园林权威著作《牛津园林指南》及部分权威专家认为，Maze 即 Labyrinth，两者可互用，均表示具有复杂路径的空间。

的凉亭。欧洲迷园的围合形式十分单一，均由修剪成型的树篱围合成密实的植物挡墙以分割路径空间，使得迷园中的景色基本一致，高度（高度介于 2.0 米至 3.0 米之间）高于游人视线，枝叶生长密实的树篱增加了路径的不可识别性，以增强迷园空间的神秘性和趣味性。欧洲的谜园有单出入口、多路径树篱的曲径空间结构特征，如阿什科姆迷宫花园的树篱迷宫、汉普顿宫迷园、皮萨尼别墅庄园迷园、布朗维奇迷园、海威尔城堡迷园；也有多出入口、多路径树篱的曲径空间结构特征，如舍农索城堡迷园、美泉宫迷园、查茨沃斯庄园迷园（图 7-17）、奥尔塔公园迷园等。

图 7-17　查茨沃斯庄园以紫杉树做的迷宫

（4）绿廊。棚架和凉亭上攀附树枝或攀援植物形成绿色的遮阴空间是很早就有的做法，文艺复兴时的植物棚架常常连接不同花园区域形成狭长的通道，或在花园内部小径周围形成林荫路常称之为绿廊。在 16 世纪的美第奇家族的庄园里，绿廊都是花园的一大的特色，有直线型绿廊类似菲耶索罗美第奇庄园第二台层的植物长廊；还有曲线型的，例如费迪南多·美第奇 1951 年翻修的彼得拉亚庄园，从其半月形饰面的画作可以看到明显的弧形绿廊，绿廊周围有对称环绕种植的果园。走在绿廊的内部尤其是曲线回廊，不同的角度会带来不同的视线，加上植物掩映，会给人带来神奇的游览体验。覆盖绿廊的植物也是多样化的，通常格栅框架上会覆盖葡萄藤、常青藤，还有更绚丽的植物如玫瑰和茉莉等。

（5）林荫道。林荫道在古希腊时期就开始使用了，比如西蒙在雅典的集市上种植的梧桐林荫道，柏拉图学园中的银白杨、油橄榄和月桂形成的林荫道。到了文艺复兴时期，花园道路两边的树木沿直线等距种植，有的是轴线上的一整条，有的是纵横交错，供行人通行、散步或休憩。两侧茂密的树木十分对称，充分体现植物的秩序之美，这种营造狭长空间的手法和设计绿廊、双排绿墙有异曲同工之妙。林荫道在许多庄园中都有应用，树种多为本土的柏树、冬青等常绿乔木，搭配修剪整齐的黄杨或紫杉树篱。有时林荫大道也可能种植果树，比如 1504 年罗马多纳托·布拉特设计的梵蒂冈宫的望景楼庄园采用果树建造了柑橘林荫道。常绿林荫道是巴洛克式花园里应用的特色手段，每隔一段还要点缀雕塑。

三、水体

在西方古典园林中，方整的石块按墨线砌成边岸，水面被限制在整整齐齐的圆形、方形、长方形、椭圆形、多角形的池子里，位于庭园中心，或正对主体建筑、庄园入口等。水体的喷射、溅落、流动和水声以及明洁如镜的水面，都给园林带来活泼的气氛。为了突出人的力量，西方园林中广为布置人体雕塑于水池中，以显现人体与水交融之美。喷泉也是西方园林中最常见的水景。在中世纪庭园中，喷泉的形式与色彩已经相当丰富，成为庭园的中心装饰物。喷泉的样式完全随着建筑样式的变化而改变，逐渐由罗马式发展到哥特式，再到文艺复兴样式。在文艺复兴时期，喷泉成为庄园中最重要的景观元素，喷泉就是意大利式园林的象征。喷泉设计也完全从装饰效果出发，并在喷泉上饰以雕像，或进行雕刻，形成雕塑喷泉。喷泉与人体雕像、动物雕像相结合，更加烘托出亦真亦幻的效果。

西方园林也设计小瀑布，常采用阶梯的形式，称为"水阶梯"或"水台阶"，如蒂沃利的埃斯特庄园是利用阿涅内河的瀑布营造的，勒诺特尔式代表作之一索园中的水阶梯也比较典型。巴洛克时期的设计师，特别喜爱玩弄水技巧，想方设法营造所谓的"水魔术"，令人有耳目一新之感，常见的有水剧场、水风琴"惊奇喷泉"等形式。

四、铺装

西方古典园林道路的代表是笔直美丽的林荫道。道路与广场的设置一定是与建筑、园林的主轴线联系紧密，并在对称、规则、严谨的布局中布置在景观主轴线的两侧，还通过次轴线，直干道和斜干道将其相连，在纵横交叉的道路上形成小广场，不同标高的广场通过台阶、喷泉等要素组合成高差有序、层次丰富、层层叠加的开阔园林景观。

地面覆盖材料有植被层如草坪、多年生植物、低矮灌木，在所有这些铺地要素中，铺装材料是唯一"硬质"的结构要素。铺装材料相对于自然材料是一种硬质的、无韧性的表皮材料，能在地面上形成各种造型和图案，草坪和植被也可以作为地面材料，但必须借助其他材料的控制和人工修剪，才能达到类似的效果。

西方园林的铺装形式常常用不同色块板材进行拼贴，通过拼贴的方式突出其庄严、宏大的建筑体块。所用的材料中石材最为普遍，因此，西方大量存在着 200—300 年前的教堂、广场，而其室外铺装经历了数百年甚至千年的沧桑变迁，并没有过多损毁的痕迹。在铺装色彩中，西方园林的铺装色调常为石板的青灰色以及砖红色为主，艺术氛围极浓，使人能够静心感受这份艺术以及岁月沉积下来的文化。

五、雕塑

西方园林中的雕塑可归为雕塑与石作两类形式。西方古代的雕刻以石雕为主，并且与建筑的关系密不可分。因此，在建筑主宰一切的西方园林中，雕塑的地位十分突出。不仅用于装饰花园中的建筑，而且常常与喷泉相结合，或独立地布置于花园中，形成局部景点的构图中心。

石雕造型以团块为主，即以体面和空间的丰富变化来体现轮廓与纹饰的形状，且普遍采用浮雕的技法，给人以体积与团块的厚重美感。雕塑表现的形象主要是人体，或者是拟人化的神像，原因是西方自古希腊以来就有崇尚人体美的艺术传统；另外，借助神像和神话传说，可以表达人类渴望的超自然神力。雕塑或者置于小广场中央作为景观构图的中心，或者放在园路的交叉路口；或者放在喷泉水池之中等位置。石作典型的特征是合理的比例结构和逼真的动态，追求和谐、崇高、优美。在装饰图案上具象化，讲究真实性和自然性，内容大多直接采用自然界中的事物进行精准的模仿，例莨苕叶、忍冬草等植物图案；色彩上崇尚原真性，偏好保留石材的原始本色。石作的色彩装饰主要通过彩色大理石贴面和彩色玻璃来实现，以白色和灰色为主色调。如罗马万神庙建筑中分别用深红色花岗石和白色大理石作为柱子主体和柱头、柱础、额枋、檐部等部件，不再额外施彩。

第四节　现代风景园林景观要素审美

当代风景园林的景观要素与科技发展、城市发展、环境变化紧密相连,其造型、色彩、文化内涵等在继承古典园林景观要素的基础上再发生变化,呈现出中西古典园林复合型的设计风格。

一、植物景观

植物造景能够通过艺术手法并结合空间、地形及观赏需求展现其美学功能。通过植物的形体、色彩、季相以及寓意搭配,可以对人居环境起美化和调节作用,在满足人们审美需求的同时还能够净化空气,调节人们的心理和精神状态,达到平衡和协调。植物景观类型同样具有诸如颜色、大小、质地、形状、空间尺度等特征,要配合植物的特征进行造景,它是生物学和美学结合的产物,利用一定的组织编排手法(重复、对比、对称、变化等),将其组合成与自然或人造硬质环境相融,形成一定的美感,满足一定功能的整体植物景观画面,这幅画面随时间与空间动态变换形成景观意境。

在植物造景上强调构图美感,追求艺术和文化寓意的美学表达,还要确保植物种类的丰富性、多样性,以及植物群落搭配的科学性,以重复满足居住者多元化的情感与审美诉求。在植物造景上,还要注重植物颜色、大小、造型、形态,比例与尺度等,由此形成节奏和韵律美(图7-18)。

图7-18　西安城市运动公园鸟瞰

植物景观的美是与其他景观要素结合在一起形成的，比如一泓池水，荡漾弥渺，虽然有广阔深远的感受，但若在池中，水畔结合植物的姿态、色彩来组景，便能使水景平添几多颜色（7-19）。园林中土山若起伏平缓，线条圆滑，种植尖塔状树木后，就改变了对地形外貌的感受而有高耸之势。在居住区，绿地空间的平面、立面上配置色彩艳丽、造型多样的植物，用以烘托不同季节的环境氛围。巧妙运用植物的线条、姿态、色彩与建筑的线条、形式、色彩相得益彰，有种静谧的意境审美感受。在高层建筑前种植低矮圆球状植物，对比中显得建筑的崇高，低层建筑前种植柱状、圆锥状树木，使建筑看来比实际的高。

图 7-19　西安浐灞湿地公园

二、装置艺术景观

在景观设计的过程中，景观装置艺术是非常重要的一个环节，主要是通过某种特定的主题元素，将装置艺术与景观作品完美结合。它是景观设计与人文思想交流的载体，对提高整个景观的环境质量具有重要作用，它还是一种综合展示场地、材料和情感的艺术表现形式。

早期的装置艺术多是设计师在固定的空间，使用成品材料表达自己内心的情绪或是历史事件的再现，用来刺激观众的感官，这种装置的功能性更多的是从视觉的角度上来营造一种环境。而现在，沉浸式、互动式等多媒体艺术装置作为一种新兴的艺术浪潮，已经融入现代生活的各个领域，引领公共艺术发展潮流。无论是在公园、广场，还是热闹的街头，那些奇妙有趣的艺术装置作品不仅给人带来无限的创意和趣味，甚至引发深刻的思考。多媒体艺术景观装置综合运用声、光、影等，将科学技术完美地艺术化，挖掘并表达人与人、人与自然以及现在与历史之间深层次的对话（图7-20）。每一个艺术装置都是艺术家与观众的情感交流和对话。景观装置艺术营造的是一个能使人置身于其中的三维空间环境，通过特殊的色彩、材质进行重组，营造出一个能给人心理暗示及互动功能的空间环境。在景观装置艺术中，空间与人、人与人之间都产生了肢体的互相介入及情感的交流，它调动了人与空间之间的情感与感官体验（图7-21）。

图7-20　西安唐城墙遗址公园李白诗《对酒独酌》中的"举杯邀明月，对影成
三人"意境的景观装置

图7-21　西安唐城墙遗址公园中李白《宫怨》诗中"却下水晶帘，
玲珑望秋月"意境的景观装置

三、城市景观雕塑

城市景观雕塑存在于城市公共景观环境中，还被称为公共雕塑、景观雕塑和环境雕塑。城市景观雕塑一方面用于城市的装饰和美化；另一方面，它也是城市文化的一种重要载体。城市景观雕塑的出现不仅丰富了城市的景观，同时也丰富了城市居民的精神享受，一座优美的城市景观雕塑可以成为城市的标志和象征的载体。如青岛五四广场的雕塑《五月的风》，兰州市的《黄河母亲》、深圳的《拓荒牛》等就很有代表性。

城市雕塑艺术的核心就是美学价值，体现在以下方面。一方面是表达审美意蕴，通过独特的表现传达作者的思想和情感，另一方面是追求雕塑的生命力。城市雕塑创作美学法运用灵活性和变化性的创作法则，并根据环境空间的变化追求美，这样的雕塑更具有生命力。城市雕塑通常是通过不同材质的纹理机构、质感、颜色形成的艺术，具有意象之美，直接作用在人的视觉上而产生的一种审美感受，那就是意象之美。另外，城市雕塑还有人文精神之美。人文精神是一个民族深处的灵魂所在，是民族性格的特征，是哲学、宗教、艺术诸因素综合的结晶。只有雕塑主体及所放置的环境与整个公共环境、建筑协调一致，才能准确地体现人文精神之美。

"丝绸之路群雕"是西安市为纪念丝绸之路开辟2100周年，于1984年委托时任西安美术学院雕塑系主任马改户教授设计创作，历时3年落成的大型纪念性雕塑。在其完成后的20余年时间里，已经成为古城西安的标志性雕塑。"丝绸之路群雕"（图7-22）及群雕后的城墙，展示出一组中外混合的驼队商旅满载丝绸、瓷器、茶叶等即将西行的浩大场景。

图 7-22　西安丝绸之路群雕

这组群雕长 55.9 米，宽 3 米，刻画和表达有 3 个唐人，3 个高鼻深目的波斯人，14匹正在跋涉的骆驼、间杂着 2 匹马、3 条猎狗。石雕材质选用陕西关山的花岗岩石料，浅褐色的花岗岩石料古朴典雅，雕刻的线条苍劲而流畅，连绵起伏、浑然一体，将丝绸之路上长达二千多年的各国商贸往来的历史高度地概括地展现出来。

这些造型一字排开，细致入微的人物表情，都高度凝练在了花岗岩之上。站在雕塑的一端远看，整座雕塑犹如一条威武雄壮的脊梁，气势磅礴雄伟。每当沐浴落日余晖之时，便呈灿灿金色，犹如茫茫大漠上巍巍风蚀的城堡，更似戈壁中堆积的沙砾。整组雕像堪称是我国现代雕塑作品的上乘之作。凝望他们，就如同阅读一部沧桑丝路的历史，令人肃然起敬。

这是西安历史上第一座大型城市群雕，它赫然屹立在古城西安开远门遗址之上，成为当时轰动一时的艺术事件。几十年风云变幻，群雕璀璨依旧，不仅见证着长安古城、丝路古道的点滴变迁，也成为这座古城的标志性建筑和一段深厚的历史记忆……

广州佛山市政府门前广场的"五区同心"城市不锈钢景观雕塑呈立方体 6 个面分别用中国书法中的行书、草书、楷书篆书、隶书、黑体洞塑镂空设计，代表佛山一市五区（图 7-23）。该雕塑与后边市政府大门、红色底座、两边红色的字体"江山就是人民，人民就是江山"以及不同颜色的花卉、绿色草地等景观要素，协调一致。给人以团结、友爱、协做的精神之美。这座雕塑整体基材是不锈钢，整体高约 4.9米、长 9 米，重约 14 吨。由红色流云山形基座和金色正方体组成。红色山型基座用金色线条点缀，寓意"绿水青山就是金山银山"。

图 7-23 广州佛山市府广场的"五区同心"城市不锈钢景观

四、水景观

在水景观设计中有音乐喷泉、镜面之水、跌水、水帘、小品喷泉、雾化喷泉、跳泉等水幕电影等形式。城市水景观不附带其他功能，主要是起到赏心悦目，烘托环境的作用，这种水景往往构成环境景观的中心。装饰水景是通过人工对水流的控制（如排列、疏密、粗细、高低、大小、时间差等）达到艺术效果，并借助音乐和灯光的变化产生视觉上的冲击，进一步展示水体的活力和动态美，满足人的亲水要求。水景观具有水形美、动静结合之美、倒映之美等。流水能使人产生活泼、激情。特别是当今高科技的运用，更增加了水景观的无穷魅力。通过人工智能技术，设置了与人互动的广场喷泉小品。当有人靠近时，水柱缓缓喷出，当人们伸手触及水柱时，它能够跟随手部的高低移动进行水柱的控制，充满趣味性，同时也为夏日傍晚来广场纳凉的人们制造丝丝清凉。西安大雁塔北广场音乐喷泉（图7-24），喷泉的水柱随着音乐、灯光的变化，变幻着不同的姿势和高度，喷泉的造型也变幻莫测，惊艳靓丽，令观众激动开心、流连忘返。特别是夜幕降临后，喷泉内的彩灯齐亮，此时，水景观、声景观、光景观交相辉映融为一体，为雁塔喷泉又添上了一份独特的魅力。

图7-24 西安大雁塔喷泉广场的水景观

五、互动性景观

互动性景观就是探讨树、水体、建筑等常规的静态景观元素让其如何"动"起来，以实现景观与人在某种程度的"互动"，增加人的体验感受，在这种情形下，人造景观更多地是扮演着强化人与自然关系的角色。比如公共雕塑户外装置艺术，构筑物在设计中增强景与人的互动性，是一种有生命力的创新设计。在这种景观设计中，艺术因素仍然是不可或缺的，正是这些有趣味的艺术小品吸引得游客参与，成为让空间环境生动起来的关键因素。也就是说，正是人的元素参与到景观物的元素中，才使景观发生了变化，人体验到了其中的乐趣，从而使城市景观也变得更有趣，更加具温度。但这些设计需借助科技的力量，如电子感应系统、光电系统、传感器系统等才能实现。

比如水幕秋千景观（又叫水帘秋千、瀑布秋千）就让人惊心动魄。水幕秋千智能化地将音乐、人体动作，水幕等结合到一起，通过感应系统，捕捉人的动作和速度，控制水幕的速度和形态，精巧地计算水的降落时机，让人穿梭的时候不会淋湿，整个游荡过程让你感受到穿越水幕的惊险体验以及不湿身的意外之感，伴随着美妙的音乐和梦幻的灯光更让人沉浸其中。既能感受童年玩秋千的乐趣，同时又具有高科技感，给游客以刺激、冒险的内心体验之美。设计中小学的校园步道时要注意流线的变化，以激发学生参与景观的热情，丰富学生的想象力，提升创造力。尤其是充分利用步道的铺装设计，一般选择色彩构成丰富、线条简洁明快图案。比如，字母数字（图7-25）、化学公式、名言警句、跳格子、象棋等元素都可以运用到步道铺装中，体现出个性和文化底蕴，增添趣味性和参与性。

图 7-25　公园中体验景观水幕秋千

江西上饶景观雕塑《鄱阳日出》（图7-26）实现了全新的动态视觉语言即瞬息万变的动态雕塑。这座高22米，宽51米，重550,000千克的景观建筑，用灯光、音乐、喷泉和主体雕塑生动地演绎出鄱阳日出妖娆、壮丽、变化万千的动人景象。"鄱阳日出"

取意于"红红火火、山水文章、日月同辉"。一轮红日从鄱阳湖水面冉冉升起，初升的太阳朝气蓬勃、充满生机，象征着创造，象征着希望。寓意上饶的创业和各项事业蒸蒸日上、红红火火。

图 7-26   《鄱阳日出》的白天景观

晚上人们体验到的是一个集喷泉、瀑布水景、声音光电为一体，雾气环绕其间的动态日出形象。《鄱阳日出》通过电子媒介、虚拟技术对自然景观进行了"时空分离"和"时空凝缩"，实现了不同时空下的景观模式，即在夜晚和城市的公共空间也能看到凝缩的"鄱阳日出"（图 7-27）。另外，公众在欣赏《鄱阳日出》时，可以通过手机网络把即时照片上传到雕塑的屏幕，景观雕塑成为一个可承载的"容器"，把自然景观、生活的片段以及观赏者的心情收纳进来，成为景观雕塑的一部分，由此使雕塑的表现空间得到有效的拓展。作品通过这种"交互"的方式，传递着雕塑的"可读性""可变性"。在公众和景观雕塑的"互动"中，公众找到了自己的角色和位置，丰富了自身的内涵。

图 7-27   《鄱阳日出》的夜晚景观

六、景观生态学

景观生态学（Landscape Ecology）是 1939 年由德国地理学家 C. 特洛尔提出的，是研究在一个相当大的区域内，由许多不同生态系统所组成的整体（即景观）的空间结构、相互作用、协调功能及动态变化的一门生态学新分支。景观生态学强调空间格局、尺度及过程，注重人类活动与生态系统结构和功能之间的关系。斑块—廊道—基质是景观生态学用来描述空间结构的重要理论和基本要素，普遍适用于各类景观，包括荒漠、森林、农业、草原、郊区和建成区景观等。

（1）斑块。

斑块是景观格局的基本组成单元，是指不同于周围背景的、相对均质的非线性区域，并具有一定内部均质性的空间单元。从旅游景观资源上讲，指自然景观或以自然景观为主的地域，如森林、湖泊、草地等。斑块是有尺度的，它与周围环境（基底）在性质上或外观上是不同的空间实体。斑块还可指在较大的单一群落中散布的其他小群落，由自然因素造成的斑块相对均质，从视觉效果来看，具有匀称整齐之美；另外，由于它与基底及周边的斑块的颜色不同，形状不同，容易产生对比之美，互补之美。根据起源和成因，板块分为残留斑块、干扰斑块、环境资源斑块、人为引入斑块等。

在自然界中，斑块的形状是多种多样的。一般地讲，自然过程造成的斑块（如自然生态系统）常常表现出不规则的复杂形状，而人为斑块（如农田、居民区、城市等）往往表现出较规则的几何形状。斑块形状和特点可以用长宽比、周界面积比以及分维数等方法来描述。例如，斑块长宽比或周界面积比越接近方形或圆形的值，其形状就越"紧密"。根据形状和功能的一般性原理，紧密型形状在单位面积中的边缘比例小，有利于保蓄能量、养分和生物；而松散型形状（如长宽比很大或边界蜿蜒多曲折）易于促进斑块内部与外围环境的相互作用，尤其是能量、物质和生物方面的交换。景观斑块的形状与斑块边界的特征（如形状、宽度、可透性等）对生态学过程的影响可能是多种多样、极为复杂的。

（2）廊道。

廊道是指连通不同空间单元的线状或带状结构，它能够满足物种的扩散，迁移和交换，是构建区域山水林田湖草完整生态系统的重要组成部分。作为生态景观三要素之一，生态廊道将破碎化的各个斑块连接起来形成良好的生态网络，有利于维护生态系统结构的稳定性和生态功能的协调性，从而形成稳定的区域生态安全格局。廊道依据其组成内容和生态类型，分为森林廊道、河流廊道（图7-28）、道路廊道（图7-29）。其结构特征包括：宽度、组成内容、内部环境、形状、连续性及其与周边斑块和基层的相互关系。从美学角度来分析，廊道具有曲线美、流畅美。

图7-28　重庆市云阳的河流廊道

图7-29　西安市连接曲江新区和高新区的自行车专绿色道路廊道

（3）基质。

基质则是指空间中广泛分布的连续的背景结构，是斑块镶嵌内的背景生态系统或土地利用形式，一般指旅游地的地理环境及人文社会特征，具有地理特征之美、人文景观之美。比如，有的地形、地貌有其天然的外形、体态、色彩、肌理颜色之美等。另外，从景观生态美学来分析，基质还具有多样性、变化性、清洁性、安静性、自然性等审美特征。

思考题

1. 如何理解中国古代园林中的"叠山理水"之美？

2. 举例并说明西方园林审美要素中植物类型及其在当代景观设计中的应用。

3. 如何理解现代风景园林景观的要素审美？

第八章　风景园林审美评价

风景园林的景观评价是指运用社会学、美学、心理学、生态学、艺术、当代科技、建筑学、地理学等多门学科的观点，对拟建区域景观环境现状进行调查和评价，预见拟建地区在其建设和运营中可能给景观环境带来的不利和潜在影响，提出景观环境保护、开发、利用及减缓不利影响措施的评价。可见，景观评价是对景观属性的现状、生态功能及可能的利用方案进行综合判定的过程。另外，景观评价也有建后评价，目前这方面的评价比较多。

景观审美评价是景观评价一个分支，是指审美主体从自己的审美经验、审美情感和审美需要出发，去把握审美对象并对其作出评定的综合思维过程，是一种极为丰富而复杂的心理活动过程，也是审美主体与客观环境之间的一种复杂的相互作用及反馈过程。景观审美评价是主观的，它取决于审美修养、思想水平、个人的生活情感好恶等。

第一节　风景园林审美评价的特点和意义

风景园林审美评价与文学、绘画、书法、舞蹈等艺术审美有许多共同之处，同时也有自身的特点。风景园林审美评价过程对景观规划、设计以及景观提升有着重要现实意义，但目前风景园林景观审美评价多是建成后的评价，评价结果有待于对其他景观项目建设提供借鉴和参考。

一、风景园林审美评价的特点

风景园林审美评价是一种人为主观评判行为，但又具有一定的科学性、标准性和相对客观性，具有以下特点。

（1）评价主观性强。

风景园林审美评价是针对景观客观环境做出的审美判断，属于人类情感思维范畴（即审美思维和审美活动）所产生的意识形态或观念形态，这种审美意识或审美观由于缺乏统一的评价标准和方法，审美评价往往带有很大的主观性，受时间因素、空间因素和评价主体等诸多客观因素的影响。从时间演变来看，风景具有四时、季相及年轮的变化，不同时间段对应不同的景观效果。不同的观赏位置对于景观审美评价是不同的，景观在空间中存在近景、中景、远景的不同的感知效果，观赏主体亦有仰视、平视、俯视的不同观赏角度。作为评价主体的人，在对景观进行评价时往往带有个人的意志情趣、性格偏好，受个人知识背景、阅历见识的影响，从心理上对景观的感受不同。评价主体还因生活环境、社会角色、文化因素、经济收入的不同，对景观的感知也存在差异。

（2）定量评价有一定难度。

对于风景园林的客观审美要素来说，其形成受人文、自然、地域、社会、地理和生态等方面的综合影响，每个要素又具有独特审美特征，如色彩、形态、质感等很多指标在评价时具有模糊性，对于不同要素很难有一致的量化标准。目前对于景观各要素的审美还没有确切的标准与规范，评价方法也较为单一，整个评价过程没有固定的模式和章程，因此，风景园林的定量分析评价有一定难度。

二、风景园林审美评价的意义

风景园林评价审美是对多方向、不稳定审美活动的时代特征进行的定向化探索，以满足人们多元化的景观审美需求，对于风景园林艺术价值的展现具有重要的实践指导意义，有利于风景园林行业的向前发展，其具体意义如下：

（1）探索风景园林审美要素及规律。

人类从物质文明到精神文明创造了丰富的美的事物、美的文化，但在现代生活中"美"日渐变得单一、绝对、普遍，缺乏个性与差异性。美的丰富内涵被削弱，失去了其真实的意义。其原因在于美学和艺术理论与生活中的美相互脱离，人们在美的理论中找不到美的要求。风景园林审美评价通过对不同景观类型的审美要素分析总结，结合时代审美特征，可以探索与现实生活相匹配的风景园林审美观念，为风景园林艺术服务于当前社会及引领新的美学潮流提供支撑。

（2）确立风景园林审美标准。

除审美主体与客观环境的本身差异外，审美观念不会一成不变，具有明显的时代特征。风景园林作为协调人与自然关系的应用型学科，其所表达的自然美、生态美与社会美重在契合当下与时代发展的需求，如何去评判景观环境美的程度，这就需要一个具体的标准进行评判。在对景观内部结构的审美评判，应该具有共同的审美评判标准以指导风景园林艺术设计实践。

（3）为景观设计提供理论依据。

当前风景园林美学理论及评价包含了传统天人合一与山水理论、景观生态美学与环境心理学等，因此，风景园林审美评价就是依据相关理论体系对客观环境美学品质做出相对比较客观的判断。风景园林评价是问题分析的过程，就是把评价对象的复杂问题分解成简单的小问题，再对这些小问题（子问题）进行分析和评价，最终获得系统的综合评价。对小问题（子问题）的分析有利于景观的各方面优化，从多方面来提高空间和环境的利用价值。虽然目前的景观评价过程多为建后评价，但评价指标、评价结果和分析等仍然具有评价意义，因为评价的结果一是有利于为该景观项目以后的提升和更新提供依据；二是为目前正在设计或者在建的其它景观项目提供参考和借鉴。

第二节　风景园林审美评价理论

一、风景园林审美评价的起源

美国是最早开始研究景观审美评价的国家，20 世纪 60 年代诞生了以景观视觉价值为中心的"景观评价"，一直发展持续到现在。

克罗夫茨（Crofts）在 1975 提出了两种景观评价方法，丹尼尔（Danie）和维恩（Vining）在 1983 年将景观评价方法分为有公众偏好模式与成分代用模式，将景观的评价方法分为生态模式、形式美模型、心理物理、心理与现象模式。

20 世纪 70 年代前后，涌现了大量景观评价的方法，这时大多数学者普遍认为景观主要是视觉意义上的景观，景观评价的特点大多表现在两个极端方面，要么将评价标准放在人或团体的主观评价上，要么就放在评价物本身的属性上，这些评价方法可以细分为许多亚类，主要以描述因子法和公众喜好法为主。描述因子法包括生态和美学方面，一般是由专家评定。公众喜好法包括心理和现象两方面，通常采取问卷方式评定，数量整体方法包括心理物理、代理组成分法，是将主观和客观相结合的方法。

经过50多年的发展，由不同的理论体系衍生出了诸多的景观美学评价方法，依据俞孔坚的《风景园林资源评价的主要学派及方法》目前较为公认的四大学派有专家学派、经验学派、认知学派以及心理物理学派（表8-1），这些理论和方法各具特色，相辅相成、相互制约、相互影响，共同阐释风景园林的美学规律。

表8-1　风景园林审美评价学派比较

名称	认知学派	专家学派	心理物理学派	经验学派
理论依据	强调景观对人类认知和情感的重要性，并用人类进化解释审美过程	专业人士通过线条、形体、色彩和质地四个基本元素对景观进行分析与评估	根据刺激—反应模型，将人对景观的感知反应与景观的物理属性相联系	试图理解人与景观的关系，将景观审美视为人的性格、志趣、品格的表现
评价标准	一致性、复杂性、可读性、神秘性	形式美原则与生态性原则	群体的普遍审美趣味	个人的经历体会、文化背景
理论方法	Kaplan 风景审美理论模型	美国林务局 VMS 系统	SBE 法和 LCJ 法	山水意境及历史景观
性质	应用和理论、定量	问题导向、定性	问题导向、定量	应用和理论、定性

整体来看，四个学派的研究对象各有侧重，研究方法也各具特点。景观美学评价是一个过程，各个学派在理论体系、研究方法上互为补充，专家学派和心理物理学派则更加强调景观美学评价实际问题的解决，而经验学派和认知学派则更加注重景观美学评价理论方面的研究。

专家学派在实用性方面比较强，但缺乏公众参与性，虽然目前这一景观美学评价方法仍然占有统治地位，但其有效性差、敏感性低的特点，正在被越来越多的人所诟病。认知学派是把景观建立在人的认识和情感反应上，从人生存需要的角度去解释景观，从整体角度去考虑，这一学派抽象不具体、实用性差；经验学派，因为过于突出人在景观审美中的主观作用，忽略景观本身的质量，因此这一学派能向规划设计者提供的有价值信息就非常之少，实用性也比较差。

心理物理学派主要是通过测量大众对景观的评价，用相关的数学公式及统计学方法，建立完整的函数方程，对可识别的景观要素进行逐一的评价，这一学派在评价过程中更具科学性、得出的结果也更严谨，因此近年来，它被越来越多地应用到景观美学质量评价中。目前运用比较广泛的心理物理学评价法主要包含以下两种：一为审美态度测量法，以比较评判法为基础，被称为 LCJ 法；二为景观美景度评价法，也称为 SBE 评分法。就适用范围来看，LCJ 法包含信息量大，而且比较敏感，但只适用于样本较少的情况，一般样本数在 10—15 之间是比较合适的；SBE 法操作简单，大小样本均可，并且采用了客观科学的数据处理方法，在最大程度上减少了评判者个体差异对结果造成的影响，虽然 SBE 和 LCJ 在研究方法上差别不大，但从研究角度出发，若涉及的景观元素众多且受测者数量远远超过 15，显得 SBE 法更加实用。

二、风景园林审美评价相关理论

风景园林的审美评价要借助其他理论来进行，目前用到的主要理论有园林艺术理论、景观三元论、审美心理学、生态美学。

（1）园林艺术理论。

无论是中外古典园林还是当代园林景观设计，都属于空间造型艺术设计，设计师通过园林的物质实体反映生活美丑，表现园林匠师审美意识，它常与建筑、书画、诗文、音乐等其他艺术门类相结合而成为一门综合艺术。另外，园林艺术是一定的社会意识形态和审美理想在园林形式上的反映，运用总体布局、空间组合、体形、比例、色彩、节奏、质感等园林语言，构成特定的艺术语言、艺术形象和景象，形成一个更为集中典型的审美整体，以表达时代精神和社会物质文化风貌。因此，在风景园林审美评价中离不开园林艺术的相关理论，比如园林空间、地形、理水、植物、色彩等艺术设计理论。

（2）景观三元论。

刘滨谊在《现代景观规划设计》一书中提出了组成景观的三大元素：视觉景观形象、环境生态景观、大众行为心理。全球几乎所有的景观规划设计都包含这三个方面的元素，不同的只是针对具体的规划设计情况，三元素所占的比例不同而已。视觉景观形象是大家所熟悉的，主要是从人类视觉形象感受出发，根据美学规律，利用空间实体景观，研究如何创造赏心悦目的环境。

环境生态景观是随着现代环境意识运动的发展，注入景观环境设计的现代内容，主要是从人类的心理感受要求出发，根据自然界生物学原理，利用阳光、气候、动植物、土壤、水体等自然材料，研究如何创造令人舒适的、良好的物理环境。

大众行为心理是随着人口增长、现代多种文化交流以及社会科学的发展而注入景观环境设计的现代内容。主要从人类的心理感觉需求出发，根据人类在环境中的行为心理乃至精神活动的规律，利用心理、文化的引导，研究如何创造使人赏心悦目、浮想联翩、积极上进的精神环境。

（3）审美心理学。

审美心理学是美学和心理学的一个交叉学科，主要是研究艺术创作和艺术欣赏中的心理现象与规律。内容分为创作心理研究、欣赏心理研究、作品心理研究三部分，重点研究艺术创作主题在艺术创作中所显示的心理动力、心理特点以及制约其创作的社会文化心理因素，学科名称是"艺术心理学"。著名文艺美学教授陆一帆认为，审美心理是人类特有的心理，这种心理是人类历史发展的产物，它不仅具有生理性，更重要的是具有社会性。审美心理是和社会思想、文化修养、个人生活等各种因素紧密结合在一起的。审美心理学的研究已经成为中国美学建设中不可或缺的一部分，随着自然科学和社会科学的迅速发展，特别是现代心理学的产生，对审美心理的阐释更加采用趋向科学和实证的方法。

邱明正在《审美心理学》中对审美心理结构的建构、积淀和发展做了较为宏观的分析和论证，认为审美心理结构是人能动反映事物审美特性及其相互联系的内部知、意、情系统和各种心理形式有机组合的系统结构。它既是客体美结构系统和人自身审美实践内化的产物，又是主体在创造性的审美活动中能动创造的结果，是主客体双向运动、双向作用的结晶。一切客观存在的美只有经过人的审美心理结构的相互作用，才能被人所感知和进行能动创造。

（4）生态美学。

生态美学主要从生态审美角度探索实践模式，它的理论基础和研究内容主要来源于传统的自然美学和环境美学，从欣赏自然到探索环境，再到认知生态，这种承接逻辑体系使其不同于自然美学与环境美学。生态美学的起源可追溯到 1940 年代利奥波德

（A.Leopold）的《沙郡年记》一书中提出的环保美学（Conservation Aesthetic），虽与现今的生态美学（Ecological Aesthetic）有所不同，但书中包含了生态美学的主要价值观，奠定了其思想基础和理论框架。在 1960 年代以后，西方美学一直在积极研究环境美学，同时，西方生态美学的发展并没有停止，在理论研究和实际应用中取得了一定的成果，并为中国生态美学当代和未来的发展提供了一定的理论资源。

在 1990 年代中期，中国学者构建了一门将生态学理论整合到美学研究中的新学科，并将其命名为"生态美学"。关于生态美学的表达存在两种方式：一种认为生态美学主要是研究人对于生态环境的审美观，关注生态环境具有的美感形式，人对环境的纯粹审美活动和人的美感获得，并且根据生态世界的观点，按照美的规则，为人们创造一个生态平衡、和谐相处、充满诗意化的生存环境；另外一种观点把生态美学当成以生态学的整体性、主体间性的思维方式，反思现如今美学领域的理论困境，来打造一种新的适应当前社会发展的存在论美学理论形态。综上所述，狭义的生态美学主要是注重人与自然环境的生态审美关系。广义生态美学主要是人与自然、社会与自身生态美学的关系，是新经济文化时代下人类生存的全新概念。

第三节　风景园林审美评价体系

一、风景园林审美评价指标因子筛选方法

指标的英文"Indicator"来自拉丁文"Indicare"，具有揭示、指明、宣布或者使公众了解等含义。它是帮助人们理解事物如何随时间发生变化的定量化信息，反映总体现象的特定概念和具体数值，包括可以用数值来表示的客观指标和不能直接用数字来表示的主观指标。指标体系，亦称为评价指标体系，是指为完成一定研究目的而由若干个相互联系的指标组成的指标群。指标体系的建立不仅要明确指标体系由哪些指标组成，更应确定指标之间的相互关系，即指标结构。指标体系可以看成一个信息系统，该信息系统的构造主要包括系统元素的配置和系统结构的安排。系统中元素即指标，包括指标的概念、计算范围、计量单位等。各指标之间的相互关系是该系统的结构。进行景观审美评价首先要选取指标，要在众多的因子中选取普遍存在、对景观有重大

影响和能够量化的审美指标进行评价。评价指标筛选采用的方法主要有：头脑风暴法、德尔斐法、聚类分析法等。由于各种方法都有优缺点以及适用性，因此，可针对研究对象情况采取几种方法相结合的办法，以求使所建立的评价指标体系更加完善和科学。

（一）头脑风暴法

头脑风暴法又称智力激法（Brain Storming），是由美国的创造学家 A. E. 奥斯本在 1939 年提出，1953 年正式发表的一种激发创造性思维的方法。这种方法的原理是通过众人的思维"共振"，引起连锁反应，产生联想，诱发出众多的设想或方案。头脑风暴法分为直接头脑风暴法和质疑头脑风暴法。直接头脑风暴法的具体做法是，召开 10—20 人的小型会议，时间以 20—60 分钟为宜，围绕一个明确的议题，自由地发表各种意见和设想。质疑头脑风暴法就是对直接头脑风暴法提出的因素进行质疑和完善，并提出新的更好地让人认可的观点。由于这种会议创造了一种健康自由的讨论氛围，与会者思想奔放，相互激励，其中虽然会有一些不切实际的想法，但往往有价值的供选方案更多。当然头脑风暴法实施的成本（时间、费用等）比较高，并且头脑风暴法要求参与者有更好的素质，这些因素会影响头脑风暴法实施的效果。

（二）德尔斐法

德尔斐法（Delphi 测定法）是一种直观性预测方法，它的基本方法是对专家进行多轮的书面咨询。先制定一个关于需要咨询的问题咨询表，请专家"背靠背"地回答。咨询表回收后，对回收结果进行统计处理，将统计结果寄给专家并提出新的咨询。通过这样几轮咨询后，一般可以得出比较集中，比较正确的结论。

1. 德尔斐法主要步骤

（1）组成调查工作组。德尔斐法的实施需要一定的组织工作，首先应建立一调查小组，人数一般在 5—15 人，视预测工作量大小而定。调查小组成员应对德尔斐法的实质和方法有正确的理解，具备必要的专业知识、统计和数据处理等方面的基础，主要工作内容是：对信息收集过程做计划、选择专家、设计调查表、组织调查、对调查结果进行汇总处理。

（2）选择专家。德尔斐法是根据专家们对事物的主观判断做出评测的，选择理想的专家是应用德尔斐法的一项重要工作。选择什么样的专家，主要是由所要解决问题的性质决定的。在选择专家过程中，既要选择那些精通本学科领域，在本学科有代表性的专家，也要注意选择边缘学科、社会学等方面的专家，还要考虑到专家们所属部门和单位的广泛性，专家人数的多少视问题的大小和规模而定，一般以 10—30 人为宜。

（3）函询方式法。所谓函询方式是指调查工作组向专家们索取信息是采取向专家们函寄调查表的方式进行的。可见，调查表是进行德尔斐法的主要手段，调查表设计的质量直接影响到调查的效果。德尔斐法预测的调查表并没有统一格式，应根据所要调查的内容和评测目标的要求，因事制宜地设计。总的原则是所提问题要明确，回答方式及内容应简练，便于对调查结果进行汇总处理。调查表中应提供有关专家阐明相关意见的栏目。函寄调查表时应对评测的目的、填表要求等做充分的说明，还应向专家提供评价指标体系及对指标的说明等有关资料和背景材料，请专家根据自己对各指标相对重要程度的判断，按规定的量值范围，为各指标评定权值。

（4）调查结果的汇总处理。专家意见返回后，要检查各专家意见的集中分散程度，以便决定是否再进行下一轮调查。调查结果汇总以后，需要进行统计处理，国外学者的研究结果表明，专家意见的概率分布一般符合和接近正态分布，这是对专家意见进行统计处理的重要理论依据。若已通过，则各指标的权值应取各位专家最后一轮填报结果的平均值。

对调查结果进行处理和表达的方式取决于问题的类型和要求。对各类景观的评分、排序调查结果的处理，需要实现给定各排序位置的得分，然后可用总分比重法进行处理，即用各事项的得分在总得分中所占比重衡量其相对重要程度。

2. 对德尔斐法的评价

德尔斐法简单易行，用途广泛，费用较低，在大多数情况下可以得到比较准确的评测结果。德尔斐法是建立在专家主观判断的基础之上的。因此，专家的学识、兴趣和心理状态对结果影响较大，从而使结论不够稳定。采用函询方式调查，客观上使调研组与专家之间的信息交流受到一定限制，可能影响评测进度与结论的准确性。采用匿名方式调查，有不利于激励创新的一面。

（三）聚类分析法

聚类分析（Cluster Analysis）又称群分析、点群分析，是理想的多变量统计技术，是研究分类的多元统计方法，主要研究如何将客观事物合理分类的一种数学方法。它是根据事物本身的特性对被研究对象进行分类，使同一类中的个体有较大的相似性，不同类中的个体有较大的差异。聚类分析根据分类对象的不同，可分为样本聚类和变量聚类。样本聚类在统计学中又称为 Q 型聚类，它是根据被观测对象的各种特征，对各个样本按照其每个调查项目的变量值进行分类，其优点是可以综合利用多个变量的信息对样本进行分类，分类结果是直观的。聚类谱系图非常清楚地表现其数值分类结果，聚类分析所得到的结果比传统分类方法更细致、全面、合理。变量聚类在统计学中又称为 R 型聚类，对变量进行分类处理，反映同一事物特点的变量有很多，我们往往选择部分变量对事物的某一方面进行研究。

（四）主成分分析法

主成分分析法（Principal Component Analysis，简称 PCA）也称主分量分析，在保证信息损失尽可能少的前提下，经线性变换对指标进行"聚集"，并舍弃一小部分信息，从而使高维的指标数据得到最佳的简化。主成分分析法是希望用较少的变量去解释原来资料中的大部分变量，将我们手中许多相关性很高的变量转化成彼此相互独立或不相关的变量。通常是选出比原始变量个数少，能解释大部分资料中变异的几个新变量，即所谓主成分，并用以解释资料的综合性指标。由此可见，主成分析实际上是一种降维方法，其主要目的是希望用较少的变量去解释原来资料中的大部分变量。

在社会调查中，对于同一个变量，研究者往往用多个不同的问题来测量一个人的意见。这些不同的问题构成了所谓的测度项，它们代表一个变量的不同方面。主成分分析法被用来对这些变量进行降维处理，使它们"浓缩"为一个变量，称为因子。主成分分析法是一种数学变换的方法，它把给定的一组相关变量通过线性变换转成另一组不相关的变量，这些新的变量按照方差依次递减的顺序排列。在数学变换中保持变量的总方差不变，使第一变量具有最大的方差，称为第一主成分，第二变量的方差次大，并且和第一变量不相关，称为第二主成分，依次类推，一个变量就有一个主成分。

二、风景园林审美指标的权重确定方法

风景园林审美评价指标选取是进行景观评价的重要步骤和环节，主要包括审美评价指标的权重确定，审美评价指标体系的构建等内容。

（一）风景园林审美评价指标选取原则

要对风景园林进行审美评价并提出正确可行的评价方法，必须确定评价方法所应

遵循的原则。

1. 科学性原则

所谓"科学性"是指评价方法能够真实地反映事物的本质，体现景观环境审美特征，科学合理，客观公正。指标体系结构是否科学，直接关系到评价现有的定性评价结果的合理性。因而整个指标体系应能充分反映景观环境的审美特点以及涉及的各个领域的综合，单个指标的选取要考虑到同类景观之间的可比性以及数据的真实性。

2. 系统性原则

系统论认为系统是由相互联系、相互作用和相互制约的各种生产要素按一定的规则组成的、具有特殊功能和特殊运动规律以及综合行为的有机整体。风景园林作为人居环境的支柱性学科之一，融入了建筑学、地理地质学、生物学、植物学、生态学、美学、史论学、环境行为学、心理学等理工科、农林科及社会人文学科的理论，各学科理论相互交叉渗透，构成一个复杂的系统，有着其特定的结构、功能和运动规律。因此，风景园林美学评价指标体系要成为一个相互联系且有着内在逻辑的有机整体，它不仅能够从不同角度反映风景园林的特点，还要能够全面地反映风景园林的基本内容。因此，必须运用系统论的观点，将总体目标层层分解，体现出系统的层次性，再进行综合，从而构建起一个相互补充的指标体系。

3. 动态性原则

指标体系作为一个有机整体，要能全面地反映风景园林的诸多因素。但风景园林的发展情况也随着所处阶段的不同而有所区别，因此，指标体系的设计要充分考虑到动态性，反映其发展的过程或阶段。对景观环境进行分阶段评价，主要包括规划时现有景观审美评价、设计时景观预测审美评价、景观建设中的审美评价、景观建设成后使用审美评价，从而建立起一个动态的评价系统。

4. 可行性原则

所谓"可行性"是指评价方法切实可行，包括对基础数据采集的切实可行，既应选择较少并容易采集的数据进行评价，也包括评价过程的切实可行，即评价过程应清晰明了，易于操作。值得注意的是，景观基础资料并不丰富，因而这就要求建立评价指标体系时要注重其可行性。另外，评价指标应便于测量、计算、调查或搜集。指标和指标体系的设计必须明确计算方法、表达方法，建立具有普遍意义的数学模型，便于相关部门掌握使用。因此，设计指标体系必须简明易懂、符合数理逻辑、利于数学表达和统计计算。构建的评价指标体系要重点突出、一目了然、便于操作。只有坚持可操作性原则，评价的方法才能更好地为基层服务，被使用部门接受。

（二）风景园林审美评价指标的权重确定方法

风景园林各因素间存在着错综复杂的、相互联系又相互制约的关系，对其评价是一个多目标、多属性的问题。在这个复合环境系统中，各子系统或各要素的改变对整个系统的改变贡献不同或者说整个系统对于其不同子系统、不同要素的改变响应不同。因此不同的指标在评价体系中的重要程度有所差别，即不同的指标就具有不同的权重，要兼顾各因子在指标体系中的重要程度与出现次数来确定权重的分配，这是进行评价工作的必备条件。迄今为止，人们对权重的确定问题已进行了大量的研究，归纳起来有两大类。

1. 主观赋权法

主观赋权法是指评价者对指标的重要程度给出人为的评价，通常采用向专家征集意见的方法。主观赋权法得出的权值主要取决于提供意见的人对研究对象的认识，不同的人对同一问题会有不同的看法，所给出的权重也会千差万别。这种赋权方法的缺点带有较多的主观色彩。

2. 客观赋权法

客观赋权法指根据指标数值变异的程度所提供的信息来计算相应的权重。客观赋权法利用指标数据提供的信息确定权重，避免了主观因素的影响，使不同的评价者就相同的数据可以得到相同的评价结果，因此，被认为是较为科学的确定权重的方法，但该方法的缺陷是对具体实际重视不够。这里需要说明的并不是只有客观赋权法才是科学的方法，主观赋权法也同样是科学的方法。因为，人们对指标重要程度的估计主要来源于客观实际，主观看法的形成往往与评价者所处的客观环境有着直接的联系，因此从某种程度来说，主观赋权法也具有一定的客观性。

（三）风景园林审美评价指标内容

风景园林审美评价内容最后要转化为可操作的评价方法才有实际的意义和效果。因此，在建构科学合理的风景园林评价体系之前，先要确定评价内容。

1. 国外景观审美评价的内容

国外景观审美评价主要有 3 大类：

一是定性描述法：使用景观要素（线、形、色、质）、符号美学和形式美学原则来描述分析景观质量；

二是物理元素知觉法：先分辨出景观的关键因素再进行数理统计分析和定量化研究；

三是心理学方法：它基于主观判定，以刺激—反应理论为基础，用概念化理论与实验心理学方法进行理论模型构建和心理统计分析。此方法科学性较强又符合人的本能需求和审美心理。迄今为止，景观评价方法已初步形成公认的四大学派和两大阵营（景观环境科学、风景文化艺术）。

2. 景观审美价值评价内容

风景园林审美评价的实质审美价值分为悦形价值、逸情价值和畅神价值三个层次（见表 8-2）。

表 8-2　景观审美价值评价内容表

层次	层次名称	层次包含内容	强调重点
第一层	景观悦形价值	尺度、围合度、多样性、纹理、形式、线条、颜色、平衡、动态、图案等，愉悦审美主体的视觉感受	强调"景""色"
第二层	景观逸情价值	层次感、开阔度、新奇度，使审美主体产生愉快、严肃、平和、担心等心理感受	强调"观""赏"
第三层	景观畅神价值	庄严感、神圣感、敬畏感，审美主体产生精神感受	强调"悟""思"

第一层次是景观悦形价值，主要反映审美客体本身的形式美；注重景观本身（客体）美的属性，强调"景""色"价值。

第二层次是景观逸情价值，体现景观主题反映的内涵，注重反映审美主题的感官体验，强调"观""赏"等价值。

第三层次是景观畅神价值，主要反映审美主体受到启迪、产生联想和思考哲学等方面，强调"悟"和"思"等价值。

总的来说，风景园林的审美价值识别过程主要包括主体差异性的审美价值识别、历时性审美价值识别和审美价值的真实性、完整性评价。

比如，第一层的景观悦形价值中内容又可以进行更细致的分析（见表8-3）和评价。

表8-3 第一层景观悦形价值内容的细分

第一层	名称	包含内容
景观悦形价值	尺度	微观尺度、小尺度、大尺度、巨大尺度
	围合度	紧密围绕、封闭、开敞、暴露
	多样性	单一、简单、多样、复杂
	纹理	平滑、稍感粗糙、粗糙、很粗糙
	形式	垂直、缓坡、起伏、水平
	线条	直线、有角度、曲线、蜿蜒
	颜色	单色、暗淡柔和、丰富多彩、艳丽耀眼
	动态	死亡、继续、冷静、活跃
	图案	随机、有组织、有规律、形式感

目前人们对景观美学的研究多停留在居住区、公园、风景区、度假区以及道路方面，指标选择亦参差不齐。不同的研究方向对指标的选择都具有相同的共性，即形式和功能。形式一般从空间组织、形态、色彩、多样性等角度出发，功能则从心理感知的角度出发并对环境做出反应。下面从风景园林的空间的整体、建筑、绿化、道路4个指标内容为例，建立指标体系（表8-4），以便从宏观到微观进行分析，得出较为全面的景观评价量化指标体系，并得出两两相对的形容词对其进行评分，根据不同程度分为5级[1]（表8-5）。

表8-4 景观美学评价量化指标体系

---

①温先珠、梁永国、黄裕楷：《景观美学评价量化指标体系研究》，《城市建设理论研究》2018年第17期。

表 8-5　景观美学评价分级

评价项目	SD 法的评价尺度	得分
（01）整体满意度	满意—不满意	1—5
（02）空间开敞度	开敞—拥挤	1—5
（03）视野开阔度	开阔—封闭	1—5
（04）景观层次感	分明—模糊	1—5
（05）景观有序度	有序—杂乱	1—5
（06）景观可识别性	易见—模糊	1—5
（07）景观丰富度	丰富—单调	1—5
（08）交往空间丰富度	丰富—缺乏	1—5
（09）光线明暗度	明亮—昏暗	1—5
（10）色彩丰富度	丰富—单调	1—5
（11）建筑协调度	协调—失调	1—5
（12）绿化协调度	协调—失调	1—5

　　然后使用统计学、数学工具，把评价对象资料搜集、处理，再经过数量化的计算和分析，进而对评价对象实施判断的评价方法。对心理产生影响的因子众多，各因子对总体效果的影响比重各不相同，各因子值的确立需要借助分析工具，SPSS 是国际上较为认可的统计分析软件，被普遍用于社会科学、自然科学研究中。通过 SPSS 分析，我们可以得出各成分因子对整体景观美学的影响比重，然后得出各指标因子对结果影响的占比，对今后的景观设计提供参考和指引。

三、风景园林审美评价计算方法

　　风景园林审美评价方法的日益成熟，在各种学派的竞争之下，心理物理学方法被认为是目前风景园林审美评价最科学、最可靠的方法，其中运用最为广泛的评价方法有以下 6 种：美景度评价法（SBE）、审美评判法（BIB-LCJ）、层次分析法（AHP）、语义分析法（SD）、模糊综合评价法（FCE）、GIS 及其他新兴计算机技术运用法。

　　（1）美景度评价法。

　　美景度评价法（Scenic Beauty Estimation，简称 SBE 法）由丹尼尔（Daniel）等人提出，主要通过评判者结合自身的主观认知感受，通过对现场景观或照片进行打分，从而得出美景度量表。评价步骤一般分为 3 个过程：①获得景观的美景度量值，衡量公众对景观的审美态度；②景观元素分解，确定每个因素值；③建立美景度量值与各要素量值之间的数学关系模型。目前国外获得美景度值的方法主要有 3 种，即：描述因子法、调查问卷法和直观评价法。

目前，美景度评价法的发展较为完善和成熟，是一套科学的、精确的、广泛的、合理的景观评价方法。它是由观测者的审美尺度和景观本身的特征两方面决定的，是主客观结合的一种较全面分析方法。美景度评价的优点在于可以对较多的样本数量进行评价，能有效地提高评判者工作的效率，节省时间。不足是景观样本缺少相互比较，且此评价方法是建立在公众平均审美态度上得到评价模型，评价个体在年龄、审美等方面存在很大的差异，缺乏一致性标准，运用范围具有很强的局限性。

（2）审美评判法。

审美评判测量法（BIB-LCJ），是俞孔坚教授在结合 SBE 和 LCJ 优点的基础上提出的，主要用于弥补 SBE 法不能在样本中进行两两比较的缺陷，评价方法是把景观照片进行编号，根据照片数及其他条件选择 BIB 设计表，按照设计表把照片进行排列组合设计，以评价者的自身认知为标准，对景观的美感程度进行评价。审美评判测量法的优点在于可以对大样本风景两两对比进行评价，反映不同群体审美与景观内在特征的关系，多次比较，使得评价的数据更加准确，具有很高的可靠性。不足之处在于此种评价方法最终的结果分析都是由照片的排序来进行结果推导的，故而经常与其他评价方法结合来使用。

（3）层次分析法。

层次分析法（AHP 法）是由美国运筹学家萨蒂（Satty）教授于 20 世纪 70 年代提出来的一种定性与定量相结合的决策分析方法，此方法可以把一个复杂的多目标决策问题作为一个系统，将目标分解为多个目标或准则，进而分解为多指标（或准则、约束）的若干层次，通过矩阵的构造、排序计算和一致性检验，最后得出结果，可将人的主观性描述依据数量的形式表达出来，使得评价更为科学化、直观化，有效克服了决策者的个人偏好，现在已广泛运用于风景区、植物景观的评价中。但层次分析法在评价指标两两赋值时会存在专家意见分歧，对于评价因子的重要性会产生差异性，最终得出的结果可能会有一定的偏差，需要对大量的数据进行收集和处理，耗费的时间较长。

（4）语义分析法。

语义分析法（SD法），是美国社会心理学家查尔斯·埃杰顿·奥斯古德（Charles Egerton Osgood）提出的一种心理测定方法，主要用言语尺度从心理层面上掌握被试者对某种景观的认识，在评价中结合因子分析法使用。具体方法是通过筛选出与评价对象相关的形容词对，然后设定评判的尺度，分5—7个等级进行评价，最后利用因子分析法进行分析研究，根据选定的评价对象，进行形容词的选择，要尽量保证清晰、直观、准确。大量运用于公共空间、建筑空间、环境质量方面的评价。

语义分析法的优点是该方法采用定性和定量的分析，使得评价的结果具有客观性和科学性。同时也存在不足之处，因评价者认知水平不同，对于形容词的理解存在偏差，会导致在等级的选择上有差异。尤其是对较为复杂的空间景观进行评价时，采用形容词对可能也无法完整客观地对事物进行描述。

（5）模糊综合评价法。

模糊综合评价法是由美国自动控制专家扎德（L. A. Zadeh）在1965年提出的，简称FCE法。此方法不强调以人的主观意识为出发点，是一种基于模糊数学隶属度理论将定性评价量化的综合评价方法，能够克服打分法弹性较大的弊端与避免定性评判的主观随意性，具有结论明确、系统性强的特点，适合于解决各种受多因子影响的、模糊的、难以量化的非确定性问题，在经济、管理、环境、景观、工程、医学等诸多领域广泛应用此方法进行分析评价。该方法虽依据客观事实得出结论，但忽略了人在景观美学中的影响，故在近些年的景观美学研究中应用较少。

（6）GIS及其他新兴计算机技术运用法。

近些年，地理信息技术的发展，以及传统景观评价方法存在的缺陷。地理信息系统（Geographic Information System 简称GIS）方法和多种新兴计算机技术的方法开始在国外兴起，随后在国内也有越来越多的研究结合了GIS进行景观评价，地理信息系统（GIS）在景观美学评价中的普及是未来的一大趋势。

当前国内外学者已借助GIS及相关新型技术进行了相关研究。国外学者的主要研究内容有，GIS中View Scape模型的工作流程、3D可视化技术在景观评价中的应用等，研究结果认为3D可视化技术与人的主观评价结合是至关重要的，并且肯定了3D可视化技术在未来对于景观规划的实用性。

近年来，国内也有学者对 GIS 技术在景观评价中的应用进行探讨，主要有大数据背景下的 GIS 景观评价方法，并将传统定性方法转化为基于 GIS 技术的定量化研究，从而使景观美学评价更加科学，也有学者运用 GIS 技术结合 AHP、SBE 美学评价方法对山地公园景观进行评价，得出 4 个不同等级的公园分区，并对公园景观视觉美学提供建议。

但总的来说，地理信息系统以及计算机技术的应用在如今的景观美学评价中还处于起步阶段，将客观事实与人群主观意识结合起来是该技术的亮点所在，在今后的景观美学研究中，GIS 以及新兴计算机技术的应用将会成为景观美学评价的主流方法。

思考题

1. 如何理解风景园林审美的评价理论？

2. 掌握并理解风景园林审美评价体系及其计算方法。

参考文献

[1][明]计成著.陈植释.园冶注释[M].北京:中国建筑工业出版社,1981.

[2]彭一刚.中国古典园林分析[M].北京:中国建筑工业出版社,1986.

[3]梁思成.中国建筑史[M].上海:生活·读书·新知三联书店,2011.

[4]朱建宁.西方园林史:19世纪之前[M].北京:中国林业出版社,2008.

[5]周维权.中国古典园林史[M].北京:中国建筑工业出版社,1999.

[5]刘敦桢.苏州古典园林[M].北京:中国建筑工业出版社,2005.

[6]任晓红.禅与中国园林[M].北京:商务印书馆国际有限公司,1994.

[7]张家冀.中国造园艺术史[M].太原:山西人民出版社,2004.

[8]王晓俊.西方园林设计[M].南京:东南大学出版社,2000.

[9]周向频.中外园林史[M].北京:中国建筑工业出版社,2014.

[10]贾珺.中国皇家园林[M].北京:清华大学出版社,2013.

[11]佟裕哲.中国传统景园建筑理论[M].西安:陕西科学技术出版社,1994.

[12]夏咸淳.曹林娣.中国园林美学思想史(共4册)[M].上海:同济大学出版社,2015.

[13][美]史蒂文·C.布拉萨.彭锋译.景观美学[M].北京:北京大学出版社,2008.

[14]刘晓光.景观美学[M].北京:中国林业出版社,2012.

[15]王长俊.景观美学[M].南京:南京师范大学出版社,2002.

[16]陈从周.园韵[M].上海:上海文化出版社,1999.

[17]余开亮.六朝园林美学[M].重庆:重庆出版社,2007.

[18]金学智.中国园林美学[M].北京:中国建筑工业出版社,2008.

[19]金学智.风景园林品题美学:品题系列的研究、鉴赏与设计[M].北京:中国建筑工业出版社,2011.

[20]金学智.诗心画眼:苏州园林美学漫步[M].北京:中国水利水电出版,2020.

[21] 叶郎 . 美学原理 [M]. 北京：北京大学出版社，2009.

[23] 宗白华 . 美学导向 [M]. 北京：北京大学出版社，1978.

[25] 陈望衡 . 丁利荣 . 环境美学前沿 [M]. 武汉：武汉大学出版社，2012.

[26] 宗白华 . 美学与意境 [M]. 北京：人民出版社，1987.

[27] 吕忠义 . 风景园林美学 [M]. 北京：中国林业出版社，2014.

[28] 陈教斌 . 西方风景园林史 [M]. 重庆：重庆大学出版社，2018.

[29] 刘滨谊 . 现代景观规划设计 [M]. 南京：东南大学出版社，1999.

[30] 侯幼彬 . 中国建筑美学 [M]. 北京：中国建筑工业出版社，2009.

[31] 李春 . 西方美术史 [M]. 西安：陕西人民美术出版社，2003.

[32] 徐德嘉 . 古典园林植物景观配置 [M]. 北京：中国环境科学出版社，1997.

[33] 王霄 . 中国传统文化（第二版）[M]. 北京：清华大学出版社，2021.

[35] 刘庭风 . 园释 [M]. 北京：中国建筑工业出版社，2020.

[36] 刘庭风 . 园儒 [M]. 北京：中国建筑工业出版社，2020.

[37] 刘庭风 . 园易 [M]. 北京：中国建筑工业出版社，2020.

[38] 刘庭风 . 园道 [M]. 北京：中国建筑工业出版社，2020.

[39] 冯茁 . 园林美学 [M]. 北京：气象出版社，2007.

[40] 褚泓阳、屈永建 . 园林艺术 [M]. 西安：西北工业大学出版社，2002.

[41] 张小元 . 园林美学 [M]. 成都：成都时代出版社，2004.

[43] 周武忠 . 园林美学 [M]. 北京：中国林业出版社，2011.

[42] 张承安 . 中国园林艺术词典 [M]. 武汉：湖北人民出版社，1994.

[44] 梁隐泉 . 王广友 . 园林美学 [M]. 北京：中国建材工业出版社，2005.

[45] 毛松花 . 礼乐的风景：城市文明演变下的宋代公共园林 [M]. 北京：中国建材工业出版社，2016.

[46] 张淑娴 . 明清文人园林艺术 [M]. 北京：故宫出版社，2011.

[47] 陈从周著 . 凌原译 . 中国文人园林 . [M]. 北京：外语教学与研究出版社，2011.

[48] 曹林娣 . 中国园林文化 [M]. 北京：中国建筑工业出版社，2005.

[49] 曹林娣 . 园庭信步：中国古典园林文化解读 [M]. 北京：中国建筑工业出版社，2011.

[50] [明] 柯律格著.孔涛.蕴秀之域：中国明代园林文化 [M].郑州：河南大学出版社，2019.

[51] 潘谷西.中国建筑史 [M].北京：中国建筑工业出版社，2015.

[51] 李泽厚.美的历程 [M].北京：文物出版社，1981.

[52] 朱光潜.西方美学史 [M].南京：江苏凤凰文艺出版社，2019.

[53] 王书艳.唐代园林与文学之关系研究 [M].北京：中国社会科学出版社，2018.

[54] 周云庵.陕西园林史 [M].西安：三秦出版社，1997.

[55] 傅晶.王其亨.魏晋南北朝园林史探析 [M].天津：天津大学出版社，2018.

[56] 潘谷西.中国建筑史 [M].北京：中国建材工业出版社，2009.

[57] 朱钧珍.园林植物景观艺术 [M].北京：中国建材工业出版社，2015.

[58] 顾馥保.现代景观设计学 [M].武汉：华中科技大学出版社，2015.

[59] 陈从周.园林谈美 [M].上海：上海文化出版社，1980.

[60] 邬建国.景观生态学 [M].北京：高等教育出版社，2007.

[61] 曹汛.中国造园艺术 [M].北京：北京出版社，2019.

[62] 汉宝德.物象与心境：中国的园林 [M].北京：三联书店，2013.

[63] 陈志华.外国造园艺术 [M].郑州：河南科技出版社，2005.

[64] 林箐、张晋石等.风景园林学原理 [M].北京：中国林业出版社，2020.

[65] 萧默.建筑的意境 [M].北京：中华书局，2015.

[66] 贾珺、黄晓、李旻昊.古代北方私家园林研究 [M].北京：清华大学出版社，2019.

[67] 汉宝德.中国建筑文化讲座 [M].北京：三联书店，2020.

[68] 许万里.名画中的建筑 [M].北京：2014.

[69] 赵晓峰.中国古典园林的禅学基因：兼论清代皇家园林之禅境 [M].天津：天津大学出版社，2016.

[70] 高居翰、黄晓、刘珊珊.不朽的园林：中国古代园林绘画 [M].北京：三联书店，2012.

[71] 吴欣.山水之境：中国文化中的风景园林 [M].北京：三联书店，2019.

[72] 王其钧.画境诗意：中国古代园林史 [M].北京：中国建筑工业出版社，2011.